専修大学社会科学研究所　社会科学研究叢書 4

環境法の諸相

——有害産業廃棄物問題を手がかりに

矢澤昇治　編

田口文夫
平田和一　著
坂本武憲

専修大学出版局

まえがき

　2002年がまさに暮れなんとしている。本書を世に出すにあたり一言する。

　顧みるに，1996年，私（矢澤）が中国上海から帰国して間もなく，学部（専修大学法学部）のメンバー数人の間で，俄ではあるがごく自然に都市公害問題や有害産業廃棄物問題をはじめとする環境問題にアプローチしてみようとの話が持ち上がった。この結構な談合は，専修大学社会科学研究所の平成9年度特別研究助成という形で具体化することとなる。研究組織は，小野新，坂本武憲，白藤博行，田口文夫，平田和一，矢澤昇治の6名であり，年齢の理由で，矢澤が代表者となった。研究課題は，「国際化する環境リスクの民事法的制御と行政法的制御の可能性」といういささかどころではない大きなテーマであった。

　本共同研究は，いわゆる地球環境問題に対処する有効な施策を求めんとするものであった。従来，こうした環境問題については，既存の法領域ごとに，例えば，公害規制や自然環境の保全のための差止は民法が，公害犯罪は刑法が，地球環境問題については国際環境法が，という断片的なアプローチが採られてきた。われわれのグループの当初の基本認識は，このようなセクショナリズムによる問題把握の不十分性と問題解決のための施策論議の不可能性であった。この認識の下で，諸法の交錯領域である「環境法」を体系化さるべき法領域，「新しい法分野」としてとらえ，環境法固有の理念，目標そして方法を見出さんとしたのである。

　この特別研究助成の申請は，関係者の理解をうることができ，その後継続して3年間助成が認められた。とはいえ，研究計画の実施は，やはり困難を極めた。研究分担者の専門領域ごとに，わが国の環境リスクの現状と環境法の現段階を把握することからはじめ，共同研究者の比較法的分析の役割分担に応じて，各国の環境法制の検討も試みた。しかしながら，有害産業廃棄物の処理問題に収斂して環境リスクの制御を総合的に分析し，環境法の体系化したものの

一部を提供するまでには至らなかった。

　研究分担者の研究会における報告は，例えば以下のようである。「阿部・淡路編『環境法』における環境法について」（平田），「アイルランドにおける環境法」（小野），「厚木基地騒音訴訟：最高裁平5・2・25判決」（矢澤），「産業廃棄物処理施設をめぐる行政法の諸問題」（白藤），「公害・環境訴訟と私法的救済」（田口），「廃棄物汚染に関するフランス法の概観」（坂本），「産業廃棄物処理と行政救済」（平田），「循環型環境負荷低減化社会における環境行政および廃棄物行政の課題」（白藤），「環境保護の強化に関する1995年2月2日のロワ」（平田），「産業廃棄物の越境移動問題とバーゼル条約」（矢澤）である。研究会は，こうした定例研究会に加えて，合宿研究会も行った。足利市の畢山荘での合宿研究会では，関東学園大学法学部教授の深町公信教授から「主権免除」の報告もえた。また，この環境法研究グループの研究会には，学外者をお招きし，ご報告とご指導をいただくことができた。例えば，早稲田大学法学部藤岡康宏教授の「不法行為の事前差止について」，樋渡俊一弁護士の「日の出一般廃棄物処分場の事件」，フライブルグ大学Steinberger教授の「ドイツ憲法における基本権」（法学研究所と共催），県立新潟女子短期大学堀江薫助教授の「地球環境問題――全ての生命に対する構造的な侵害」などである。この紙面を借りて厚くお礼を申し上げる次第である。

　このような経緯で進められた本研究については，さらに，社会科学研究所から研究叢書として刊行助成がなされることになった。研究の成果を公にするだけでなく，学部教育の目的にもそれを利用させる趣旨であろう。そこで，本研究の担当者は，その執筆にあたり，学部学生にも理解できるように基本的な事項についても記述し，また，必要とされる資料，判例または条文なども参照し，引用するなどして，読者の便宜に供することに努めた。しかし，研究会における自由闊達な議論とは異なり，残念ながら最終的に研究分担者全員から原稿をうることができなくなり，当初の編集構想を断念せざるをえなくなった。本書は，4名の研究分担者による，5章で構成される。各章を構成する部分についての説明等はここでは省略することにする。ただ，全体的にいえば，環境

問題にかかる先達の著書，論文，資料，ホームページなども大いに利用させていただいた。本文中ではその旨を必ずしも表現していない箇所もあるが，本書はそうした研究成果の合作の賜に他ならない。引用，参照させていただいた諸氏方々に記してご理解を賜るとともに厚く感謝いたしたいと思う。

　終わりに，2002年12月29日付朝日新聞（朝刊）に掲載された記事を紹介する。

　「環境救うジェンダーの目」という大見出しのアジアネットワーク〈AAN〉「環境と開発」チームによる記事には，経済のグローバル化を背景に環境破壊が進むアジア，ここではネパールで薪集めをする女性が読み書きに加え，環境と健康，衛生の問題のみならず，森を守るため植林の重要性を学ぶ有様が見て取れる。分けても，今年のヨハネスブルクで開催された環境サミットで奮闘したといわれるインドの環境科学者バンダナ・シバ（Vandana Shiva）女史に対する伊藤景子記者のインタビューの内容は，十分に挑戦的であり，告発的であるが正鵠を得ていると思う。

　米国を中心とする世界経済の一体化を目指すのがグローバリゼーション。これは，人間と地球への暴力だというのだ。多国籍企業がインドに来て農業を単一大量生産工業にしようとした結果，インドの女性農民の伝統的な知恵や富，創造性が多国籍企業により奪われているという。先進国のシステムでは，安全な食品や水を手に入れることができない。選ぶ自由がない奴隷なのだということに気づいていない，と訴える。

　そして，われわれ環境法研究グループの新たなる一歩が始まる。

　終わりに，われわれの特別共同研究と刊行についてひとかたならぬ理解と協力をいただいた専修大学社会科学研究所古川純所長，黒田彰三事務局長ならびに関係各位に，また，本書の刊行にご助力をいただいた専修大学出版局の上原伸二氏に厚く感謝する。

　2002年大晦日
　　　　専修大学社会科学研究所環境法グループ（代表）　矢澤昇治

目　次

まえがき

第1章　公害・環境汚染に対する民事差止訴訟の動向と問題点
　………………………………………………………………田口　文夫　　1

Ⅰ　序　説　1
　1　公害・環境汚染に対する差止的救済のもつ意味　　1
　2　差止訴訟の現状と司法の役割　　4

Ⅱ　廃棄物処理施設の設置・操業に対する差止　　6
　1　裁判例の概観　　6
　2　裁判例の分析　　13
　　⑴ 全体的傾向／⑵ 差止の法的構成／⑶ 差止の要件／⑷ 被害発生の蓋然性の立証／⑸ 違法性の判断枠組における基本的視点／⑹ 違法性の判断要素としての諸事情

Ⅲ　都市型大気汚染に対する差止　　27
　1　裁判例の概観　　27
　2　裁判例の分析　　38
　　⑴ 全体的傾向／⑵ 抽象的差止請求の適法性／⑶ 差止の法的構成／⑷ 汚染物質と被害との因果関係／⑸ 違法性とその判断要素

Ⅳ　鉄道・道路・航空機騒音に対する差止　　47
　1　裁判例の概観　　47
　2　裁判例の分析　　61
　　⑴ 全体的傾向／⑵ 抽象的差止請求の適法性／⑶ 行政権の行使等との関係における司法判断適合性／⑷ 差止の法的構成／⑸ 違法性とその判断要素

Ⅴ 差止の要件をめぐる問題点と課題　73

　1　差止の法的構成　73

　　(1) 裁判例の分析から見た判例の動向／(2) 従来の学説の問題点／(3) 法的構成をめぐる新たな局面

　2　違法性の判断枠組　79

　　(1) 違法性の判断枠組をめぐる問題点／(2) 受忍限度論的利益考量の妥当性

　3　「公共性」の内容と位置づけ　84

　4　差止の訴訟要件論　86

おわりに　88

第2章　行政訴訟──産業廃棄物をめぐる紛争を素材に──
　……………………………………………………………平田　和一　89

Ⅰ　はじめに　89

Ⅱ　廃棄物処理法と廃棄物行政の位置づけ　91

　1　循環型社会における廃棄物処理法　91

　2　産業廃棄物処理施設の許可制度と廃棄物行政の位置づけ　93

Ⅲ　「環境行政訴訟」　97

Ⅳ　行政訴訟　98

　1　取消訴訟　99

　　(1) 処分性／(2) 原告適格／(3) 仮の救済（執行停止）

　2　不作為の違法確認訴訟　116

　3　義務づけ訴訟　116

　　(1) 義務づけ訴訟の必要性／(2) 義務づけ訴訟の許容性

　4　住民訴訟　122

　　(1) 住民訴訟への期待／(2) 産業廃棄物問題と住民訴訟／(3) 住民訴訟の行方

V　終わりに　133

第3章　環境問題が要請する行為規範学革新の方向性
　　──アダム・スミスからイマヌエル・カントへ──　……坂本　武憲　135

I　はじめに　135

II　スミスの経験的行為規範学の理論体系　139
　1　スミスの議論の進め方における特色　139
　2　共感についての理論　140
　　(1) 共感一般についての説明／(2) 共感による他人の感情の判断についての説明
　3　適切性の判断力についての理論　143
　　(1) 適切性の判断をもたらす感情の合致についての説明／(2) 適切性の判断への豊かさの影響についての説明
　4　善価値性と悪価値性の判断力についての理論．147
　　(1) 善価値性と悪価値性の判断をもたらす共感についての説明／(2) 正義についての説明／(3) 運による結果の達成・不達成が善価値性と悪価値性の判断に与える影響についての説明
　5　義務の判断力についての理論　154
　　(1) 自己の行為の是認と否認についての説明／(2) 一般的規則の形成と義務についての説明
　6　小括──スミスの体系に対する批判的考察──　157

III　カントの先験的行為規範学の理論体系　162
　1　カントの論証がめざす目標　162
　2　経験的認識を可能とするア・プリオリな原理についての論証　164
　　(1) 感性の形式についての理論／(2) 悟性による綜合的認識についての理論
　3　理論理性の純粋使用の不可能についての論証　168
　　(1) 理論理性の純粋使用の不可能についての論証／(2)「思惟する主観」の客観的実在証明の不可能について／(3)「自由」の客観的実在証明における二律背反につ

いて／(4) 最高存在者・神の客観的実在証明の不可能について
　4　「自由」に関する実践理性の能力についての論証　184
　　(1) 実践理性が自己に及ぼす先験的作用／(2) 実践的自由の先験的原理／(3) 心神・霊魂の不死及び神の存在の実践的要請について
　5　道徳との関係での法の一般理論について　190
　　(1) 法論が対象とする領域の確定（徳論との関係で）／(2) 法が実現すべき自由の内容（道徳との関係で）

Ⅳ　結　語　195

第4章　有害産業廃棄物の越境移動とバーゼル条約
　　　　　　　　　　　　　　　　　　　　　　　　　　矢澤　昇治　199

Ⅰ　はじめに　199

Ⅱ　地球規模での環境保全　201
　1　「宇宙船地球号」（Spaceship Earth）　203
　2　国連人間環境会議と「国連環境計画（UNEP）」の設立　203
　3　UNEPによる特別理事会の開催　205
　4　地球サミットの開催と「環境と開発に関するリオ宣言」　206

Ⅲ　有害廃棄物の越境移動　208

Ⅳ　有害廃棄物に対応する法システムの比較　212
　1　OECDの回収目的の越境移動規制システム　213
　2　RCRAとスーパーファンド法　215
　　(1) 1984年資源保護回復法（RCRA）／(2) スーパーファンド法
　3　EU環境法　220
　　(1) EU環境法／(2) EU環境法の基本原則／(3) 有害廃棄物の越境運送に関するEC指令／(4) 「環境と貿易」とマラシュケ合意

Ⅴ　バーゼル条約　231
　　1　UNEPによる有害廃棄物への取り組みとバーゼル条約への歩み　231
　　2　バーゼル条約の主たる規定の内容　232
　　　(1)　条約の対象とされる廃棄物と適用範囲／(2)　有害廃棄物の越境移動と処分の規制

　Ⅵ　紛争解決制度と損害賠償責任議定書　239
　　1　バーゼル条約第20条に定める紛争の解決　239
　　2　法律作業部会及び諮問サブグループによる紛争解決メカニズムの分析　241
　　3　バーゼル損害賠償責任議定書　243
　　4　発効期限と批准状況　247

　Ⅶ　おわりに　248
　　附録1：アジェンダ21行動計画　251
　　　　2：環境上健全な管理に関するバーゼル宣言　254

第5章　国際環境汚染に関する国際私法上の対応
　　――損害填補による被害者救済から環境破壊の事前差止に向けて――
　　　　　　　　　　　　　　　　　　　　　　　　　　　　　　矢澤　昇治　263

　Ⅰ　まえがき　263

　Ⅱ　国際環境破壊と隔地的不法行為　266
　　1　隔地的不法行為　266
　　2　国際環境法　267
　　3　貿易と環境　269

　Ⅲ　具体的な事件にみる伝統的な対応策
　　　――国際法，条約法，国際私法そして国内法　270

Ⅳ わが国の主権免除と国際裁判管轄権
　　——絶対主権免除主義の後進性　272
　1　主権免除と人権の救済　272
　　(1) 米軍によるわが国の産廃施設への仮処分申請と政府のおもいやり予算／(2) 米軍基地からの有害廃棄物／(3) 在韓米軍と地位協定／(4) わが国の地位協定と軍事高権／(5) 基地と環境問題／(6) 絶対主権免除から制限主権免除への流れを妨げるもの，そして，強制執行の免除／(7) アメリカ合衆国における状況／(8) わが国における差止訴訟の可能性
　2　強制執行の免除　281
　3　国際不法行為事件に関する国際裁判管轄権　282
　　(1) 国際不法行為事件／(2) 国際裁判管轄の決定の基準

Ⅴ わが国の国際私法における不法行為規定のいわゆる折衷主義
　　——その時代錯誤性　290
　1　不法行為の準拠法としての累積的適用主義　290
　2　類型説の登場　291
　3　国際私法立法研究会の試案　292
　4　解釈論の限界を強調する学説とその評価　293

Ⅵ 国際環境破壊に対処するための倫理観の再構築　296

Ⅶ むすび　299
　　附表　国際環境汚染に関する協定・条約　301

索引　307
執筆者紹介　311

第1章
公害・環境汚染に対する民事差止訴訟の動向と問題点

田口 文夫

 I 序　説
  1 公害・環境汚染に対する差止的救済のもつ意味
  2 差止訴訟の現状と司法の役割
 II 廃棄物処理施設の設置・操業に対する差止
  1 裁判例の概観
  2 裁判例の分析
 III 都市型大気汚染に対する差止
  1 裁判例の概観
  2 裁判例の分析
 IV 鉄道・道路・航空機騒音に対する差止
  1 裁判例の概観
  2 裁判例の分析
 V 差止の要件をめぐる問題点と課題
  1 差止の法的構成
  2 違法性の判断枠組
  3 「公共性」の内容と位置づけ
  4 差止の訴訟要件論
おわりに

I　序　説

1　公害・環境汚染に対する差止的救済のもつ意味

　周知のように，わが民法は，損害賠償の方法として，ドイツ民法におけるような原状回復主義（BGB249条，824条など）をとらず，債務不履行および不法行為のいずれの場合も金銭賠償を原則としている（417条，722条1項）。貨

幣経済の浸透した現代社会においては金銭によって損害の回復をはかるのが合理的なこと，および，原状回復が不能または回復に多額の費用を要する場合には加害者にとって酷な結果となることなどが，その主たる理由とされている[1]。これに対して，非金銭的救済ないし特定的救済といわれるもの，すなわち加害者に金銭給付以外の特定の作為または不作為を命ずる方法としての原状回復（＝被害者に生じた状態の復旧）および差止（＝侵害状態の停止ないし被害原因の除去）については，法令で特別に定めた場合または関係当事者間に特約がある場合にのみ例外的に認められるものとされている[2]。

　一般的にいって，侵害状態が一時的ないしごく短期間である場合は，金銭賠償または（限定的ではあるにせよ）原状回復が妥当な救済方法とされよう。これに対して，侵害状態が長期に及ぶような場合，もしくは侵害状態の発生が事前に高度の蓋然性をもって予測されうるような場合には，差止こそが本来的かつ最も効果的な救済方法といえよう。違法な侵害状態の発生ないし継続を——可能なかぎり事前に，または少なくとも将来に向けて——許さないことが，法の目的ないし使命に適うともいいうるからである。かような救済方法としての差止には，本案訴訟での終局判決による場合（＝終局的差止）と，保全訴訟での仮処分決定または判決による場合（＝中間的差止）とがある。前者は，——主として——すでに発生している侵害状態を将来に向けて停止させるもの（＝事後的差止）であり，後者は，侵害状態がいまだ発生していない段階でその発生を予防するもの（＝事前的差止）である。被害の未然防止という観点からすれば，後者すなわち事前的差止がより効果的であることはいうまでもない[3]。

　上に見たように，差止は，救済方法として有するその特殊・固有的な機能にもかかわらず，わが国の法制度上は例外的ないし補助的な救済方法として位置づけられているにすぎない。しかし，他方，公害・環境汚染事件のように将来にわたって侵害状態が継続する不法行為においては，単に金銭による賠償を認めるだけでは被害者の実質的な救済をはかることは不可能である。とくに，生命・健康に係わる重大な被害をもたらすようなケースにおいては，長期に及んだ裁判の結果ようやく金銭による賠償しか認められないというのでは，被害は

ますます拡大・深刻化し，時には回復可能な被害状態をも悪化させ手遅れとさせることにもなる[4]。それ故，公害・環境汚染事件における差止的救済の有用性と必要性は，比較的早い段階から，学説の指摘するところであった[5]。とりわけ，四大公害訴訟に代表される大規模公害訴訟で原告側の損害賠償請求を認容する裁判例があいついだ1970年代以降において，原告側の請求の中心が「損害賠償から差止へ」と転化する傾向を示すにつれ，差止的救済の必要性はより強調されるようになった[6]。さらに，近時では，少なくとも公害・環境汚染事件においては，非金銭的な本来的救済の実現を直接的に志向する差止こそ，むしろ第一次的な救済方法として位置づけるべきであるとする考え方も提唱されるに至っている[7]。

「損害賠償から差止へ[8]」が一種のスローガンとして定着化したといいうるほどに，今日なお，公害・環境汚染の被害者＝原告からする差止請求訴訟があいついで提起され，また，学説による差止理論構築のための努力が続けられている。しかし，「裁判例の概観」（本稿Ⅱ以下）から明らかなように，差止に対するわが国裁判所の姿勢はきわめて消極的であり，「損害賠償は認めるが，差止は認めない」という基本的スタンスは依然として頑なに維持されたままであるといわざるをえない。

(1) 『民法修正案理由書』416条・721条，岡松参太郎『注釈民法理由債権編』(1899, 有斐閣) 90頁，幾代通『不法行為』(1977, 筑摩書房) 270頁など，参照。
(2) たとえば，原状回復の例として，名誉毀損における「名誉ヲ回復スルニ適当ナル処分」（民法723条）をはじめ，鉱業法111条2項但書が定めるものなどがあり，また，差止の例として，商法20条・不正競争防止法3条が定めるものなどがある。なお，原状回復と差止は，重なり合う場合もある（たとえば，産業廃棄物の不法投棄による土壌汚染の場合に，廃棄物の除去を求めるとともに，汚染土壌を取り除いてきれいな土を投入させるなどのように）。また，差止は，典型的には工場の操業停止などをいうが，場合によっては，施設の改善や設備の新設を求めることなどをも含みうるものとして理解されている——幾代通・著＝徳本伸一・補訂『不法行為法』(1993, 有斐閣) 289頁の註(1)，参照。
(3) なお，事前的差止に関して，松浦馨「差止請求と仮処分」ジュリ500号 (1972) 368頁，矢崎秀一「公害の事前差止を求める仮処分の今日的課題」鈴木忠一＝三日月章・監修『新・実務民事訴訟講座14』(1982, 日本評論社) 281頁など，参照。

(4) 水本浩=遠藤浩・編『債権各論』(1986, 青林書院) 294頁 [三沢元次・筆], 参照。
(5) 徳本鎮「公害の私法的救済——継続的権利侵害の救済方法」ジュリ413号 (1969) 98頁, 沢井裕『公害差止の法理』(1976, 日本評論社) 1頁以下, 91頁以下, 淡路剛久『公害賠償の理論〔増補版〕』(1978, 有斐閣) 227頁, など。
(6) たとえば, 石田喜久夫『差止請求と損害賠償』(1987, 成文堂) 5頁は, 公害源たる企業に対する差止請求を消極に解する裁判例の傾向を批判しつつ,「損害賠償のみを許すにすぎないとすれば, 金を払いつつタレ流しを許容することとなり, 企業に反省を促し, 人類生存のために努力させるという機能は, 全く否定されるわけで, 公害を予防・除去するためには, 差止請求の承認こそ正道である, といわなければならない。しかし, かような認識が一般化するまでに, われわれはどれだけの試行錯誤と犠牲を重ねねばならなかったか, いまさら喋々する要をみない。」と述べる。
(7) 川島四郎「差止的救済形成の源泉としての『適当ノ処分』に関する一試論 (一) ——『創造的授権決定手続』を含む『適当処分手続』の構想と民事執行法171条の再構成——」熊本法学71号 (1992) 1頁, 5〜8頁, 同「大規模公害・環境訴訟における差止的救済の審理構造に関する予備的考察」判タ889号 (1995) 36頁。
(8) ただし,「損害賠償から差止へ」という言葉は, 損害賠償における金銭的救済の必要性・重要性を軽視するものではないことはいうまでもない。この点に関し, 川島四郎・前掲註 (7)・判タ889号37頁の註 (5) ——正確には「損害賠償だけでなく差止も」が至当である, とする——, 参照。

2 差止訴訟の現状と司法の役割

「損害賠償は認めるが, 差止は認めない」というのが現在の裁判所の基本的スタンスであると述べたが, 相隣関係的ないしは比較的小規模な生活妨害のケースについては, これまでも裁判所によって差止が認容されることはあった[9]。裁判所の上のような基本的スタンスが問題視されるのは, とくに, 大規模な公害・環境汚染のケース——すなわち, 本稿で考察対象とするような, 廃棄物処理施設の建設・操業, 都市型大気汚染, および鉄道・道路・航空機騒音——に関して, である[10] (以下, 本稿における叙述は, ことわりのないかぎり, 上記のようなケースを念頭に置いている)。

前述したように, 公害・環境汚染事件については, 損害賠償 (金銭賠償) よりも差止がより適切かつ効果的な救済方法であり, そのこと自体に関するかぎ

り，もはや異論はないものといってよかろう。では，裁判所によって差止請求が認められない，あるいは認められにくい理由は，いかなる点に存するのであろうか。差止を否定する裁判例は，つぎの二つに大別される。その一つは，(a)被害がいまだ受忍限度を超えていないとして棄却するもの，である。すなわち，これは，差止要件としての違法性の判断レヴェルにおいて，違法性が認められるための基準を損害賠償の場合よりも厳格にとらえることによって，あるいは違法性の判断要素としての「公共性」を重視することによって，差止否定の結論を導き出すものである。もう一つは，(b) 差止請求それ自体を不適法であるとして却下するもの，である。すなわち，これは，①「一定数値を超える汚染物質の排出（または騒音の侵入等）の禁止」を求める抽象的不作為請求は「請求内容が特定されていない」から不適法であるとし，あるいは，②「行政権」ないし「公権力」の行使との関係や，「民事裁判権の限界」「法的不能論」「統治行為論」「国の支配の及ばない第三者の行為」等を理由に不適法であるとし，却下するものである[11]。

差止否定裁判例が示す上記の理由のうち，(a) は，差止の実体的要件とくに違法性の要件に関わるものである。しかし，少なくとも大規模な公害・環境汚染事件との関係においては，第一に，違法性の判断について伝統的にとられてきた受忍限度論的利益考量が，はたして今日なお妥当するものなのかどうか，第二に，差止と損害賠償の場合とで，違法性が認められるための基準に段階差を設けること（＝違法性二段階論）が妥当といいうるか，第三に，違法性の判断要素としての「公共性」の内容および位置づけをどのようにとらえるべきかについて，再検討すべき必要があろう。また，(b) は，差止の訴訟要件に関わるものだが，これについては，第一に，抽象的不作為請求を不適法と解することについて，裁判所の理由づけが十分な説得力をもちえていないこと，第二に――より重要なこととして――，そもそも原告の差止請求を不適法・却下することの妥当性，換言すれば，「門前払い」判決を下すことにより実質的審理の可能性それ自体すら奪ってしまうことの妥当性，が問題とされよう。

本稿の考察対象でもある大規模な公害・環境汚染事件のケースにおいては，

従来の実体法や訴訟法の解釈運用によっては容易に解決しがたい困難な問題を含んでいることは否定しえない。しかし，この種の紛争事件への対処に関して，立法あるいは行政による指導的かつ抜本的な役割が必ずしも期待しえない現状からして，司法とくに裁判所の果たす役割はきわめて大きいといわねばならない。「法は生き物であり，社会の進展に応じて，展開して行くべき性質のものである。法が社会的適応性を失ったときは，死物と化する。法につねに活力を与えて行くのは，裁判所の使命でなければならない[12]。」からである。

(9) 戦後から昭和末期にかけての生活妨害の差止に関する裁判例を詳細に整理・分析したものとして，大塚直「生活妨害の差止に関する裁判例の分析(1)～(4)」判タ645号，646号，647号（1987），650号（1988），がある。その分析――とくに，「同上(4)」判タ650号32頁以下――によれば，日照妨害や小規模な騒音・振動等については差止の認容率が比較的高いのに対して，水質汚濁・大気汚染や大規模な騒音・振動については認容率がきわめて低いことが指摘されている。

(10) 川島四郎・前掲註(7)判タ889号35頁は，大規模な公害・環境訴訟事件に関する裁判例を見るかぎり，過去の損害賠償は認めるが差止請求は認めないという一般的傾向はほぼ定着したかのように見受けられる，と述べる。同旨，猪股孝史「差止請求・執行論の素描」星野古稀記念『日本民法学の形成と課題・下』（1996，有斐閣）967頁，など。

(11) これらの①・②を指して，差止請求についての「二つの壁」と称されることがある。大塚直「生活妨害の差止に関する最近の動向と課題」山田卓生・編集代表『新・現代損害賠償法講座2』（1998，日本評論社）180頁，など。

(12) 大阪国際空港公害訴訟・最高裁大法廷判決（本稿Ⅳ・1参照）における団藤重光裁判官の「反対意見」中の説示部分（民集35巻10号1409頁）。

Ⅱ　廃棄物処理施設の設置・操業に対する差止

1　裁判例の概観

廃棄物がもたらす公害・環境汚染は，廃棄物処理施設それ自体に起因するものが多い。そのため，とくに昭和40年代半ば以降，これら施設の設置・操業等の禁止を求める差止請求事例が頻発化する傾向にある[13]。そこで，以下，こ

れらの差止請求事例に関する裁判例を概観し，ついでその分析を通して，わが国の裁判所の動向を探ることにする[14]。

なお，廃棄物処理施設とは，一般には，「廃棄物の処理及び清掃に関する法律」（以下，廃棄物処理法と略する）および「廃棄物の処理及び清掃に関する法律施行令」（以下，施行令と略する）が定めるところの，一般廃棄物処理施設（ごみ処理施設，し尿処理施設，一般廃棄物最終処分場），および，産業廃棄物処理施設（産業廃棄物中間処理施設，産業廃棄物最終処分場）を指す。しかし，本稿で考察対象とする廃棄物処理施設は，より広く，いわゆる嫌悪施設（火葬場や下水道処理場など）を含めた広い意味で用いることにする。

廃棄物処理施設の設置・操業に対する差止請求事例を扱った裁判例は，（必ずしも網羅的ではないが）以下に掲げる44件である。ちなみに，これらの裁判例を差止対象である施設の類型別に区分すると，つぎのようになる（一般廃棄物処理施設は①〜④に，産業廃棄物処理施設は⑤・⑥に，それぞれ細区分される）。

①し尿処理施設に関するもの，5件（【5】【6】【9】【12】【13】），②一般廃棄物焼却施設に関するもの，14件（【10】【11】【14】【15】【16】【17】【18】【22】【23】【24】【26】【27】【28】【29】），③し尿処理施設および一般廃棄物焼却施設に関するもの，2件（【2】【3】），④一般廃棄物最終処分場に関するもの，5件（【7】【8】【19】【20】【25】），⑤産業廃棄物焼却施設に関するもの，2件（【34】【36】），⑥産業廃棄物最終処分場に関するもの，13件（安定型の【31】【32】【33】【35】【37】【41】【42】【43】，管理型の【30】【39】【44】，安定・管理・遮断型の【38】，および，タイプの不明な【40】），⑦その他に関するもの，3件（し尿投棄用露天穴の【1】，火葬場の【4】，下水道処理場の【21】）。

以下，各裁判例の概要を，判決年月日，事件名，原告（ないし仮処分申請人）の請求内容，「未投資・既投資」「未稼働・既稼働」の別，および，差止の諾否の順に示せば，つぎのとおりである。なお，最後の7件は，判例集未登載である[15]。

【1】	大津地判昭和37年9月10日（下民13巻9号1812頁）——「大津市し尿投棄事件」。し尿投棄用露天穴へのし尿の違法投棄による飲用水汚染・悪臭を理由に，し尿処理作業の禁止を求めたもの。［既投資・既稼働］《差止肯定》
【2】	広島地判昭和46年5月20日（判時631号24頁，判タ263号178頁）——「吉田町し尿・ごみ処理場事件」。し尿処理・ごみ焼却による飲用水汚染や大気汚染に起因する健康被害等を理由に，これら施設の建設禁止を求めたもの。［未投資・未稼働］《差止肯定》
【3】	広島高判昭和48年2月14日（判時693号27頁，判タ289号147頁）——【2】の控訴審判決。［未投資・未稼働］《差止肯定》
【4】	大阪地岸和田支決昭和47年4月1日（判時663号80頁，判タ276号106頁）——「和泉市火葬場事件」。完成間際の火葬場からの悪臭や粉塵による生活被害を理由に，工事続行および操業の禁止を求めたもの。［既投資・未稼働］《差止肯定》
【5】	鹿児島地判昭和47年5月19日（判時675号26頁，判タ282号210頁）——「国分市し尿処理場事件」。し尿処理による水質汚染・悪臭を理由に，既存のし尿処理施設の増設禁止を求めたもの。［未投資・未稼働］《差止否定》
【6】	熊本地判昭和50年2月27日（判時772号22頁，判タ318号200頁）——「牛深市し尿処理場事件」。し尿処理施設からの放流による漁業被害および生活用水汚染による健康被害等を理由に，施設の建設禁止を求めたもの。 ［未投資・未稼働］《差止肯定》
【7】	千葉地決昭和51年8月31日（判時836号17頁，判タ341号126頁）——「千葉市ごみ埋立処理場事件」。ごみ埋立による飲用水汚染・有毒ガスの発生・悪臭等を理由に，施設の建設禁止等を求めたもの。［未投資・未稼働］《差止否定》
【8】	東京高決昭和52年4月27日（判時853号46頁，判タ357号249頁）——【7】の抗告審決定。［未投資・未稼働］《差止否定》
【9】	松山地西条支判昭和51年9月29日（判時832号24頁）——「愛媛県土居町し尿処理場事件」。し尿処理による悪臭，生活・農業用水の水脈の枯渇，自然環境の破壊（海水浴や潮干狩の不能）を理由に，施設の建設禁止を求めたもの。 ［未投資・未稼働］《差止否定》
【10】	徳島地判昭和52年10月7日（判時864号38頁）——「徳島市ごみ焼却場事件」。ごみ焼却によって大気汚染・悪臭・排水による河川の汚染・浸水等の各種公害を発生させる蓋然性が高いことを理由に，施設の建設禁止を求めたもの。 ［未投資・未稼働］《差止肯定》

【11】高松高判昭和61年11月18日（訟月33巻12号2871頁）――【10】の控訴審判決。［未投資・未稼働］《差止否定》

【12】静岡地浜松支決昭和53年8月3日（判時897号16頁）――「浜松市西部衛生工場事件」。し尿処理施設からの放流水によって浜名湖（庄内湾）が汚染化・淡水化し，カキ養殖が不可能となる等を理由に，施設の建設禁止を求めたもの。［未投資・未稼働］《差止否定》

【13】東京高決昭和55年9月26日（判時980号36頁）――【12】の抗告審決定。［未投資・未稼働］《差止否定》

【14】松山地宇和島支判昭和54年3月22日（判時919号3頁，判タ384号72頁）――「宇和島市ごみ焼却場事件」。ごみ焼却による大気汚染・悪臭・騒音等に起因する健康上および財産上の被害を理由に，施設の建設禁止を求めたもの。［未投資・未稼働］《差止肯定》

【15】名古屋地決昭和54年3月27日（判時943号80頁）――「津島市共同ごみ焼却場事件」。ごみ焼却による大気汚染・悪臭・騒音等を理由に，施設の建設禁止を求めたもの。［既投資・未稼働］《差止肯定》

【16】高松地判昭和56年3月26日（判時1014号94頁）――「香川県引田町ごみ焼却場事件」。ごみ焼却による大気汚染・悪臭等を理由に，施設の操業短縮，一時中止，増設禁止等の操業規制を求めたもの。［既投資・既稼働］《差止否定》

【17】長野地松本支判昭和56年7月16日（訟月29巻3号352頁）――「松本市ごみ焼却場事件」。ごみ焼却による大気汚染を理由に，施設の稼働（操業）禁止を求めたもの。［既投資・既稼働］《差止否定》

【18】東京高判昭和57年8月25日（訟月29巻3号345頁）――【17】の控訴審判決。［既投資・既稼働］《差止否定》

【19】広島地判昭和57年3月31日（判時1040号26頁，判タ465号79頁）――「広島市北部ごみ埋立処理場事件」。ごみ埋立による飲用水汚染・大気汚染・土石流被害・その他の環境破壊（ハエ等の異常発生，ごみ搬入車両による交通問題等）を理由に，施設の建設禁止を求めたもの。［未投資・未稼働］《差止肯定》

【20】広島高判昭和59年11月9日（判時1134号45頁，判タ540号155頁）――【19】の控訴審判決。［未投資・未稼働］《差止否定》

【21】岐阜地判昭和58年10月24日（判時1106号128頁）――「土岐市下水道終末処理場事件」。下水処理による悪臭や水質汚染を理由に，施設の建設禁止を求めたもの。

［既投資・未稼働］《差止否定》

【22】名古屋地判昭和59年4月6日（判時1115号27頁，判タ525号87頁）——「小牧市共同ごみ焼却場事件」。ごみ焼却による大気汚染・悪臭・騒音等を理由に，主位的に施設の建設禁止，予備的に操業禁止を求めたもの。
［既投資・未稼働］《差止肯定》

【23】名古屋高決昭和59年8月31日（判時1126号15頁，判タ535号321頁）——【22】判決に基づく仮処分の執行停止を申し立てたもの。
［既投資・未稼働］《（申立認容＝）差止否定》

【24】名古屋高判昭和61年2月27日（判時1195号24頁，判タ591号38頁）——【22】の控訴審判決。［既投資・未稼働］《差止否定》

【25】奈良地五條支判昭和61年3月27日（判時1200号114頁）——「奈良県西吉野村ごみ埋立処理場事件」。ごみ埋立による生活用水汚染・土壌汚染・悪臭・その他の生活環境の悪化（カラス・野ネズミ・ハエ・野犬の大量発生）を理由に，主位的に施設の建設禁止，予備的に調停終了までの建設工事禁止を求めたもの。
［未投資・未稼働］《差止肯定》

【26】大阪地判昭和61年6月16日（判時1209号67頁，判タ605号108頁）——「松原市ごみ焼却場事件」。ごみ焼却による大気汚染，農業用水の汚染による農耕被害，悪臭等を理由に，施設の建設禁止等を求めたもの。［未投資・未稼働］《差止否定》

【27】大阪地判平成3年6月6日（判時1429号85頁）——【26】の本案事件。
［未投資・未稼働］《差止否定》

【28】福島地白河支判昭和61年9月24日（判自32号42頁）——「福島県中島村ごみ焼却場事件」。ごみ焼却による大気汚染などを理由に，施設の建設禁止を求めたもの。
［未投資・未稼働］《差止否定》

【29】松山地決昭和62年3月31日（判タ653号178頁）——「松山市ごみ焼却場事件」。ごみ焼却による大気汚染などを理由に，施設の建設禁止を求めたもの。
［既投資・未稼働］《差止否定》

【30】静岡地決昭和62年8月31日（判時1264号102頁）——「富士市製紙かす焼却灰埋立処理場事件」。製紙かす焼却灰（PS灰）による地下水汚染や大気汚染などを理由に，（私人設置の）管理型最終処分場の建設工事の続行禁止，および右施設への搬入・埋立禁止を求めたもの。［未投資・未稼働］《差止否定》

【31】仙台地決平成4年2月28日（判時1429号109頁，判タ789号107頁）——「宮城県丸森町産業廃棄物処分場事件」。飲用水・生活用水汚染，地盤崩壊，農道路肩崩壊

第1章　公害・環境汚染に対する民事差止訴訟の動向と問題点　　11

などを理由に，設置工事の完了した安定型最終処分場の操業禁止を求めたもの。〔既投資・未稼働〕《差止肯定》
【32】大分地決平成7年2月20日（判時1534号104頁，判タ889号257頁）──「大分県野津原町産業廃棄物処分場事件」。飲用水汚染・地盤崩壊を理由に，安定型最終処分場の操業禁止を求めたもの。〔既投資・既稼働〕《差止肯定》
【33】熊本地決平成7年10月31日（判時1569号101頁，判タ903号241頁）──「熊本県山鹿市産業廃棄物処分場事件」。生活用水汚染・大気汚染・土壌汚染・悪臭を理由に，安定型最終処分場の建設・操業禁止を求めたもの。〔未投資・未稼働〕《差止肯定》
【34】甲府地決平成10年2月25日（判時1637号94頁）──「山梨県若草町産業廃棄物中間処理場事件」。強い毒性のあるダイオキシンの発生による健康被害を理由に、中間処理（焼却）施設の禁止を求めたもの。〔既投資・未稼働〕《差止肯定》
【35】福岡地田川支決平成10年3月26日（判時1662号131頁，判タ1003号296頁）──「福岡県川崎町産業廃棄物処分場事件」。飲用水・生活用水汚染を理由に，安定型最終処分場の建設・操業禁止を求めたもの。〔未投資・未稼働〕《差止肯定》
【36】津地上野支決平成11年2月24日（判時1706号99頁）──「上野市産業廃棄物中間処理場事件」。地下水汚染・大気汚染を理由に，中間処理（焼却）施設の操業禁止を求めたもの。〔既投資・既稼働〕《差止肯定》
【37】水戸地決平成11年3月15日（判時1686号86頁）──「水戸市全隈町産業廃棄物処分場事件」。飲用水汚染を理由に，安定型最終処分場の建設・操業禁止を求めたもの。〔未投資・未稼働〕《差止肯定》
【38】熊本地八代支決平成5年2月3日（判例集未登載）。地下水汚染・土壌汚染を理由に，産業廃棄物最終処分場（安定・管理・遮断型としての許可を受けた施設）の隣接土地へ不法投棄された廃棄物の除去とともに，右施設の操業禁止を求めたもの。〔既投資・既稼働〕《差止否定》
【39】那覇地沖縄支決平成6年11月11日（判例集未登載）。地下水・土壌汚染を理由に，管理型最終処分場の建設禁止を求めたもの。〔未投資・未稼働〕《差止肯定》
【40】奈良地葛城支決平成8年1月22日（判例集未登載）。産業廃棄物が山積みにされている山の斜面の崩壊や廃棄物最終処分場の崩壊の危険性を理由に，右施設への搬入および埋立禁止を求めたもの。〔既投資・既稼働〕《差止肯定》
【41】長野地松本支決平成8年3月29日（判例集未登載）。水道水の汚染を理由に，安定型最終処分場の建設禁止を求めたもの。〔未投資・未稼働〕《差止肯定》

【42】	福岡地小倉支決平成9年4月7日（判例集未登載）。地下水（生活用水）汚染を理由に，安定型最終処分場の建設・操業禁止を求めたもの。[未投資・未稼働]《差止肯定》
【43】	津地四日市支決平成9年7月16日（判例集未登載）。農業用水の汚染による農作物被害を理由に，安定型最終処分場への廃棄物の搬入および埋立禁止を求めたもの。[既投資・既稼働]《差止肯定》
【44】	鹿児島地決平成12年3月31日（判例集未登載）。飲用水・生活用水汚染を理由に，管理型最終処分場の建設禁止を求めたもの。[既投資・未稼働]《差止肯定》

(13) 廃棄物による環境汚染の問題は，廃棄物処理施設それ自体に起因するもののほか，不法投棄（とくに産業廃棄物のそれ）に起因するものも少なくなく，これを扱った裁判例もいくつか散見されるが，本稿での考察対象としては，廃棄物処理施設に起因するケースのみに限定する。なお，産業廃棄物の不法投棄に関する問題を扱ったものとして，大塚直「産業廃棄物の事業者責任に関する法的問題」ジュリ1120号（1997）35頁以下，参照。

(14) 差止に関する裁判例を分析・検討したもののうち，ごく近時（平成以降）のものだけを挙げれば，以下のとおりである。大塚直「公害・環境の民事判例――戦後の歩みと展望」ジュリ1015号（1993）248頁以下，潮海一雄「処分場の建設，操業をめぐる民事裁判例の分析」ジュリ1055号（1994）39頁以下，植木哲＝木村俊郎「廃棄物処理・処分をめぐる許可と差止」関法45巻4号（1995）30頁以下，村田正人＝日置雅晴「資源循環型社会を求めて――改正法の積み残したものと判例の動向」自由と正義48巻12号（1997）114頁以下，近藤哲雄「産業廃棄物処理場に係る法的問題（上）――立地規制等に関する政策法務の視点から」自治研究73巻11号（1997）3頁以下，福士明「産廃処理施設をめぐる最近の判例」判タ972号（1998）89頁以下，潮海一雄「廃棄物処分場をめぐる法的問題」ジュリ増刊・環境問題の行方（1999）186頁以下，橘高栄子「廃棄物の処理に関する民事裁判例の分析（一）・（二）」立教大学大学院法学研究25号（2000）37頁以下，同26号（2001）77頁以下，など。本稿の考察も，これらの論稿に負うところが大きい。

(15) これら判例集未登載の裁判例の概要については，村田正人＝日置雅晴・前掲註(14) 121～125頁，近藤哲雄・前掲註(14) 6～7頁を参照した。

2　裁判例の分析

(1) 全体的傾向　　はじめに，前記した裁判例の全体的な傾向を見ておこう。

まず，とくに顕著な点として，全44件のうち，その大部分を仮処分申請事件が占めていることである。すなわち，【21】【23】【27】【28】の4件を除いた40件であり，全体の約91％を占めている。これは，廃棄物処理施設に起因する公害・環境汚染においては，被害が現実化する前の段階での，いわゆる事前的差止を求めることの必要性・重要性の高さを示すものといえよう。

つぎに，差止請求に対する裁判所の結論自体を単純に比較すると，全44件のうち肯定例が24件を占め，否定例の20件を若干上回っている。しかし，視点を変えて見るならば，つぎのような傾向がうかがわれる。

第一に，審級別で見ると，一審では，肯定例23件・否定例13件であるのに対して，控訴審では，肯定例1件・否定例7件となっている[16]。この比率から見るかぎり，控訴審レベルでは，差止が容易には認められない傾向を示しているといえよう。

第二に，施設別で見ると，一般廃棄物処理施設の場合が肯定例9件・否定例17件であるのに対して，産業廃棄物処理施設の場合は，全15件のうち肯定例が13件を占め，否定例が2件となっている[17]。産業廃棄物のほうが環境汚染の原因となる可能性が質的・量的にはるかに高いことと照らし合わせると，差止肯定の比率がきわめて高いことは注目されよう。

第三に，年代別で見ると，昭和40年代が肯定例4件・否定例1件，同50年代が肯定例6件・否定例11件，同60年代が肯定例1件・否定例6件であるのに対して，平成以降は肯定例13件・否定例2件，となっている。推測の域を出ないが，平成以降における肯定例の比率の高さは，裁判所の姿勢に一定の変化があることを示すものだといえようか。

第四に，施設の「未投資（＝計画段階）または既投資（＝建設に着手）」の別，および「未稼働または既稼働」の別でみると，(a) 未投資・未稼働の場合は，肯定例13件[18]・否定例12件，(b) 既投資・未稼働の場合は，肯定例6件・

否定例4件，(C) 既投資・既稼働の場合は，肯定例5件・否定例4件，となっている。もとより，差止の諾否については，なによりも被害発生の蓋然性が重要視されるべきであるが，他方で，差止請求の相手方（被告ないし仮処分被申請人）の立場からすれば，差止が認められることによって負うリスク（ないし経済的損失）は上記の(a)・(b)・(c)の順に大きくなっていくわけであり，これと当該施設の公共的性格（ないし社会的有用性）を考え合わせるならば，とくに(C)のケースにおいては，そうした事情が裁判所をして差止を否定的に判断させる方向で働きはしないかとも考えられる[19]。この点，少なくとも上記の集計結果を見るかぎり，肯定例と否定例の比率は拮抗しており，上に述べたような懸念は顕在化していないといえようか。

(2) 差止の法的構成　　差止請求権の法的根拠，ないし差止の法的構成については，これまでも学説によっていくつかの考え方が主張されてきた。大別すれば，権利的構成をとるもの——(i) 物権的請求権説，(ii) 人格権説，(iii) 環境権説——，および，不法行為的構成をとるもの——(i) 純粋不法行為説，(ii) 新受忍限度論的不法行為説，(iii) 違法侵害説——，である（なお，本稿V・1，参照）。これに対して，裁判例においてはどのような考え方がとられているであろうか。前記した裁判例44件について見るならば，おおむね，つぎのように整理できよう。

すなわち，①物権的請求権説に立つものが，3件（差止肯定の【1】【41】【43】），②人格権説に立つものが，11件（差止肯定の【19】【31】【32】【33】【34】【35】【37】【42】【44】，差止否定の【20】【21】），③物権的請求権説と人格権説を併用するものが，7件（差止肯定の【10】【14】【22】，差止否定の【7】【16】【27】【30】），④法的構成をとくに明示しないか，もしくは受忍限度論的利益考量を説くにとどまるものが，23件（上記以外の裁判例で，差止肯定の9件および差止否定の14件），である。

以上のように，法的構成を明示する裁判例は21件（上記①〜③の合計）だけであり，意外と少ない（全体の約47％）。また，このうち人格権説のみに依拠

する裁判例は11件（上記②）で，比較的には多数を占めているとはいえ，全体の25％にすぎない。他方，法的構成をとくに明示しない裁判例は23件（全体の約52％）もあるが，これには差止否定の裁判例14件も含まれていることに留意する必要があろう[20]。そこで，差止の法的構成に関する裁判例の考え方を単なる数量的結果のみに基づいて集約することは性急にすぎる[21]ものの，つぎのような傾向ないし動向を指摘することは許されよう。

　第一に，実質的な観点からすれば，裁判例においては，権利的構成とくに人格権説の立場をとるものが主流を形成している，と見ることができる。その理由は，(i) 人格権説を採用する裁判例の数は，物権的請求権説と併用する裁判例をも含めると18件（上記②③の合計）になり，全体の約41％を占めること，(ii) 物権的請求権説に立つ裁判例（上記①）の場合は，たまたま原告（仮処分申請人）が物権者であったという事情がその背景にあり[22]，人格権説に立った構成も可能と思われること，および，(iii) 原告が人格権説と物権的請求権説の双方に基づいて差止請求しているにもかかわらず，人格権説の立場のみから判示する裁判例が8件[23]ほど存在すること，である。

　第二に，学説における人格権説のなかには，受忍限度論的利益考量を排斥する見解をとるものが多いが（後述。本稿Ⅴ・1，参照），裁判例においては——右の学説と同趣旨と思われる裁判例も若干散見される[24]ものの——，人格権説の立場をとりつつ受忍限度論的利益考量をとり入れるというのが，一般的な傾向であるといってよい[25]。

　第三に，ごく近時における顕著な傾向として，人格権の意味・内容について，より踏み込んで具体的に言及する裁判例が多くなってきていることである。たとえば，その先駆と思われる裁判例【31】は，「人は……人格権としての身体権の一環として，質量共に生存・健康を損なうことのない水を確保する権利」，および，「人格権の一環としての平穏生活権として，適切な質量の生活用水，一般通常人の感覚に照らして飲用・生活用に供するのを適当とする水を確保する権利がある」としつつ，「これらの権利が将来侵害されるべき……高度の蓋然性のある事態におかれた者は，……将来生ずべき侵害行為を予防する

ため事前に侵害行為の差止めを請求する権利を有するものと解される」と述べる[26]。人格権の概念の中に「平穏生活権」（＝生命・健康を維持し，快適ないし安全な生活を営む権利）を取り込みつつ，これをより具体的に述べる裁判例は，その後も，あいついでいる[27]。

　第四に，人格権説および物権的請求権説以外の他の法的構成については，これを採用する裁判例は見あたらないことである。とくに，環境権説に対しては，「環境権」を認める実定法上の根拠がないこと（憲法13条・25条などはプログラム規定にすぎず，右規定からただちに私法上の権利が導かれるわけではないこと），および，「環境」の内容・範囲あるいは「環境権者」の範囲が不明瞭なことなどを理由に挙げて，これを正面から否定する裁判例がいくつか散見される[28]。なお，不法行為的構成については，これを明示的に否定する裁判例が1件だけ見られる[29]。

　(3) 差止の要件　　差止の要件については，裁判例の多くは，ほぼ共通して，つぎのように説いている。すなわち，差止が認められるためには，(a) 物権または人格権それ自体ないしはその行使が現に妨害され，または妨害される蓋然性のあること（＝客観的妨害状態の存在），および，(b) 差止を許容するのが相当とされる程度の違法性（つまり，受忍限度を超える違法性）のあること（＝客観的違法性の存在），が必要だとしたうえで，(b)の要件の判断要素として，(i) 被侵害利益の内容・性質・程度，(ii) 侵害行為の態様・程度・継続性，(iii) 侵害を生ずべき行為の社会的有用性ないし公共性，(iv) 地域性，(v) 被害防止対策の可能性，(vi) 被害防止のためになされた努力の程度，(vii) 公法上の規制基準との関係，などの諸事情を挙げる[30]。

　そして，上の要件を前提としたうえで，前記の裁判例44件は，差止肯定例24件と否定例20件とに分かれる。否定例が結論的に挙げる理由は，つまるところ，被害それ自体が発生する蓋然性がないとするもの，および，受忍限度を超える被害発生の蓋然性がない（つまり違法性が認められない）とするもの，とに集約される（後者のほうが多い）。もとより事実認定の部分に関しては評価

のかぎりではないが，問題は，上記の要件を前提にした上で，その要件充足のための判断枠組をどのように立てるか，であろう。すなわち，要件(a)に関しては，立証責任の問題（誰が・何を・どの程度立証すべきか），要件(b)に関しては，違法性の有無の判断にあたって具体的ケースごとにいかなる判断要素がどの程度重視されるべきか，および，（従来からの判断要素のほかに）新たに考慮されるべき要素はないか（たとえば，事前的手続き，とくに環境アセスメントの実施，あるいは被害者への事前の説明など）――が，むしろ重要であると思われる。そこで，以下，これらの点に関する裁判例の動向を見ていくことにする。

(4) 被害発生の蓋然性の立証　被害発生の蓋然性の立証に関しては，第一に，誰が，どの程度の立証責任を負うか，が問題となる。この点について，裁判例は，二つの考え方に分かれる。その一つは，公害訴訟の場合といえども民事訴訟の原則に従って原告（ないし申請人）が負担するべきである――原告側にとっての立証上の困難は，心証形成の過程で配慮されるべき問題であって，立証責任をあえて別異に解する必要性は認められない――とするもの[31]，である。もう一つは，原告の立証責任を前提としつつも，立証の程度を軽減しようとするもの，である。たとえば，裁判例【10】は，稼働中の施設による公害の場合と比べて，建設予定の施設による公害の程度を正確に予測し，その立証を尽くすことはきわめて困難であるから，「住民側としては，当該施設の規模・性質及び立地条件からして，自己らに受忍限度を超える公害被害の一般的抽象的蓋然性があることを立証すれば足り，右立証がなされた場合には，建設者の方で，右のような蓋然性にもかかわらず，当該施設からは受忍限度を超える公害は発生しないと断言できるだけの対策の用意がある旨の立証を尽くさない限り，その建設は許されないものと解するのが相当である。」とする[32]。同様に，裁判例【19】は，「本件のような事件の特質上，通常人において抱くであろう公害発生へのおそれが申請人らにおいて一応疎明された場合，証明責任の公平な分担の見地から，これを専門的な立場から，平明かつ合理的に被申請

人においてその反対疎明をしない限り，公害発生のおそれありと判断するのが裁判所の立場として相当であると考える。」とする[33]（なお，以上の判示部分中の傍点は，引用者による）。このように，原告の立証責任を軽減しようとする考え方は，近時の裁判例における有力な動向となっている[34]。

　第二に，被害発生の蓋然性の立証に関しては，立証すべき対象ないし範囲――具体的には，原告となった複数の被害者各人が被るであろう個別的な被害についてまで立証することを要するか――も，問題となる。しかし，この点については，裁判例の多くは，個々人の次元でいかなる被害が具体的に発生するかという予測までは必要でなく，仮処分の段階では，地域的包括的な被害の予測が疎明されれば足りる，と解している[35]。

　第三に，では，原告において，被害発生の蓋然性につき一応の立証（疎明）がなされたものと判断されうるのは，どのような場合であろうか。この点，裁判例においては，稼働中の同種施設（差止を求められている当該施設と設計製造者・規模・構造等を同じくする他の施設）における被害発生状況が，その判断材料として用いられることが多い。たとえば，「前記五ヶ所の各施設では設計どおりの運転ができていない場合が多いと推測せざるを得ない」[36]，または，「（被告において）先行埋立処分地の被害の発生及びその対策を十分に考慮しているとは認め難いといわざるを得ない」[37]などとして，被害発生の蓋然性がある（その疎明があった）と認定されるケースである[38]。もっとも，これとは反対に，同種施設と当該施設との相違点を認定したうえで，被害発生の蓋然性を否定したケースもある[39]。

　(5) 違法性の判断枠組における基本的視点　　裁判例は，違法性の判断枠組については，(3)で見たように，被害者および加害者側の諸事情を比較考量したうえで受忍限度を超える違法性の有無を決する，との態度をとっている。問題は，そのような判断枠組のなかで，基本的にいかなる判断要素をどの程度重視すべきか，にある。たとえて言うならば，施設の公共性ないし社会的有用性が高ければ，被害はなお受忍限度内にあるとして差止を否定的に考えるのか，

それとも，重大な被害発生の蓋然性が高ければ（もしくは，高くなるにつれて），受忍限度論的な利益考量の働く余地はなくなる（もしくは，小さくなる）と考えるのか，ということである。

この点，裁判例は，加害者側の事情に比較的重点を置くものと，被害者側の事情をより重視するものとの，二つに大別されるように思われる。

まず，前者の考え方は，差止否定の裁判例にいくつか見られる。すなわち，(i)差止が認められる場合に被るであろう加害者の損害ないし社会的損失を強調するもの(40)，(ii)施設の公共性からして被害者には高度の受忍義務があるとするもの(41)，および，(iii)生命・健康に対する侵害がある場合でも，受忍限度を問題とする余地がないとはいえないとするもの(42)，などである。

これに対して，後者の考え方は，差止肯定の裁判例に多く見られるが，これはさらに，以下のようなタイプに分けられる。その一は，被害発生の蓋然性が高いときは，特別の事情がないかぎり受忍限度を超えると解するもの，である。たとえば，裁判例【3】は，多数の被害者が健康上の被害を受け，かつ住居を生活活動の場として利用することが困難となる蓋然性が高い場合には，「その被害は金銭的補償によって回復し得る性質のものではないから，たとえ公害発生原因となる施設が公共性の高いものであっても，他に特別の事情のない限り受忍の限度をこえるものとして差止請求が許される。」とする(43)。その二は，被害の重大性それ自体をもって受忍限度を超えると解するもの，である。たとえば，裁判例【32】は，「身体，生命の安全は，最高に尊重されなければならないことは明白であるから，債務者主張の右公共性を斟酌しても，右権利侵害の高度の蓋然性は，受忍限度を超えるものであり，本件申立ての被保全権利の存在を肯認しうるというべきである。」とする(44)。その三は，受忍限度論的利益考量にはほとんど触れることなく，被害の重大性ないし人格権の重要性から直接に差止肯定の結論を導き出すもの(45)，である。

(6) 違法性の判断要素としての諸事情　違法性の有無（＝受忍限度内か受忍限度を超えるか）を決するための判断要素に関して，裁判例は，具体的事案

との関連ではどのような態度を示しているであろうか。

　裁判例が自ら判断要素として掲げる前記の諸事情（(3)参照）について見るならば、まず、「被侵害利益の内容・性質・程度」が最も重要視されるべき判断要素であることは、もとより当然といえよう。実際、前記の裁判例は、ほぼ例外なく、「被侵害利益」を中心に置いて違法性の判断にあたっており[46]、かつ、たとえば生命・健康に重大な被害を及ぼす蓋然性が高い飲用水汚染のケースにおいては、差止の認容率がとくに高い[47][48]。

　これに対して、「侵害行為の態様・程度・継続性」および「侵害を生ずべき行為の社会的有用性ないし公共性」、とりわけ後者に関しては、裁判例には、判断要素としての位置づけ（ないし重要度）について"温度差"があるように思われる。すなわち、すでに見たように、一方で「公共性」を重視するような裁判例が――差止否定例において――若干散見される[49]とともに、他方では、「公共性」を違法性減殺事由の一要素とするにとどめたり、あるいは、「公共性」があっても被害発生の蓋然性が高いときは差止が認められる、とする裁判例が比較的多く見られる[50]。近時では、後者の考え方が有力な傾向にあるといってよかろう。

　つぎに、「公法上の規制基準との関係」については、多くの裁判例が一応これを考慮に入れてはいる[51]ものの、判断要素としての位置づけについては、「公共性」の場合と同様に、若干の"温度差"があるようである。すなわち、たとえば、裁判例【20】が、「公害対策基本法に基づく環境基準など公法的規制の数値も、受忍限度の重要な判断要素の一つである」とする[52]のに対して、裁判例【13】は、公害対策基本法に基づいて設定された環境基準は行政上の指針にすぎないから、右基準に適合しない状態にあるからといって直ちに義務違反となるわけではない、とする[53]。

　「被害防止対策の可能性（ないしその実施状況）」についても、ほとんどの裁判例はこれを考慮に入れており、諸事情のなかで右事情を比較的重要な判断要素として位置づけているように思われる。事実認定の当否はともかくとして、若干の例を示すと、差止肯定例では、(i) 被告（被申請人）において実施

可能な各種調査をすることにより，設置予定の施設から生ずるであろう被害の有無・程度等を検討すべきであったのに，そうした調査をしなかったとするもの[54]，(ii)なすべき事前の調査ないし措置が不十分であったとするもの[55]，さらには，(iii)事前の調査が不十分であるのみならず，訴訟における被告の対応にも問題があったとするもの[56]，などがある。他方，差止否定例では，(i)施設の建設計画上，公害発生に対する一応の防止措置がとられているとするもの[57]，(ii)施設の構造や正常な運転からみて被害防止が見込まれるとするもの[58]，および，(iii)有害物質除去装置の設置その他の防止体制からして被害の発生は相当程度防止することが可能だとするもの[59]，などがある。

　最後に，「被害防止のためになされた努力の程度」については，どうであろうか。これは，上に述べた「被害防止対策の可能性（ないしその実施状況）」と連続的な関係にあるものといいうるが，たんに「努力の程度」というのでは，判断要素としては弱く，かつ不明瞭にすぎる。より積極的に，被告（被申請人）側において，当該施設の計画・設計段階から建設ないし稼働にいたる前の過程において，いわば「なすべき事前的な手続き」として，どのような対応をとったか，という意味づけを与えるべきであろう。そして，そこでいう事前的手続とは，具体的には，当該施設の適地性ないしは代替地の検討をも含めた環境アセスメントの実施，および，原告（申請人）を含めた地域住民への説明，などが挙げられよう。裁判例においても，主として上に述べたような具体的手続が問題とされている。ただし，違法性の判断要素としての位置づけについては，ここでもまた"温度差"が見られるように思われる。以下，右の事前的手続の中心を占めるであろう環境アセスメントについて，見ておくことにしよう。

　まず，そもそも環境アセスメントとは，どのような内容のものをいうのか。これについて最も具体的かつ詳細に論じているのは，裁判例【22】である。すなわち，「第一に，公害発生が予想される事業の内容を明確にすること，第二に，当該事業計画の実施により発生が予想される公害が防止できるか否かの検討のための具体的調査項目，調査方法の検討，右検討により決定されたところに従った調査の実施，第三に，右調査結果を分析・解析した結果に基づいて，

当該事業が現実に稼働したときにどのような公害が発生するか，ないし発生しないかを予測し，第四に，右予測結果に基づいて，当該事業の実行，一部修正あるいは中止を判断する，以上の四点である。」[60]と。

つぎに，環境アセスメントの実施それ自体が法的義務たりうるかについては，裁判例のほとんどが，これを消極に解しており，その理由として，現行法上環境アセスメントの実施を義務づける法的根拠が存在しないことを挙げている[61]。もっとも，法的義務はないにしても，環境アセスメントの実施の有無をもって違法性の判断要素とするかどうか（つまり，アセスメントの不実施を違法性を充足させる要素の一つに加えるか否か）については，裁判例は，見解を異にする。すなわち，差止否定例は，「被告が……原告指摘のアセスメント手続を履践していないことは，なんら原告の本件差止請求の諾否に消長をきたすものではない」[62]と述べるなど，ここでも消極的な態度をとっている[63]。これに対して，差止肯定例の多くは，「法制度として規制されていなくとも……アセスメントは必要不可欠と解される[64]。」として，より積極的な態度をとり，かつ，具体的事案との関係でも，アセスメントの不実施ないし不十分・不適切な点を違法性の判断要素として取り込む傾向にある[65]。

(16) すなわち，控訴審における肯定例として【3】，否定例として【8】【11】【13】【18】【20】【23】【24】。

(17) ただし，否定例のうち，【38】は，施設が（倒産によって）事実上閉鎖されたままであることから，差止請求が理由なしとして却下されたものであり，実質的には否定例に含まれないといってよかろう。

(18) なお，肯定例のうち，【2】および（その控訴審である）【3】においては，施設の建設には着手していないが（その意味で，未投資），用地買収は済んでいる。

(19) ちなみに，裁判例【10】（未投資・未稼働の施設につき差止を肯定）は，つぎのように述べる。すなわち，「一旦ある施設が建設され稼働し始めた後，その差止を認めることは，建設者に莫大な犠牲を強いるものであり，種々の利益較量からして，よほどの公害でない限り容認することは困難であり，付近住民としては損害賠償あるいは移転補償を要求しうるにとどまることが多いと思われるが，建設計画段階においては，これと利益状況を異にし，……事前差止を認められたからといって，施設建設に資本を投下している場合に比べるとはるかに損害は少ないと思われ（る）。」（判時864号74頁）。

⑳　この点に関連して、大塚直「生活妨害の差止に関する裁判例の分析（4・完）」判タ650号（1988）36頁は、「差止を棄却ないし却下する場合には、差止の法律構成を明示しないで、単に受忍限度を越えていないと判示するのが最も容易であるからにすぎないともいえよう。」と述べる。

㉑　そもそも、これらの裁判例でとられている法的構成は、審理の対象となったそれぞれの具体的事案との関連において（ないし、訴訟当事者とくに原告側の主張する法的構成に対応する形で）示されたものであること、に留意する必要がある。その意味で、個々の裁判例においてある法的構成を採用することは、必ずしも他の法的構成を否定することを意味しているとまでは言い難いし（たとえば、①の物権的請求権説の立場から差止を肯定した裁判例が人格権説を否定したものだと即断することはできないように）、また逆に、法的構成をとくに明示しないからといって、一般的に差止の法的構成を不要視する立場をとっていると見ることもできまい（なお、前掲註⑳参照）。

㉒　すなわち、原告（仮処分申請人）は、【1】では、し尿投棄用露天穴の付近の土地所有権者、【41】では、水道水の所有権者（地方自治体）、【43】では、農業用水の水利権者であり、いずれも水道水（飲用水）ないし農業用水の汚染が問題となったケースである。なお、この点に関連するが、人格権説に立つ裁判例【20】は、人格権のほかに、土地所有権も妨害排除請求権を有するが、所有権の被侵害利益には、㈠所有権の財産的利益そのものと、㈢人が土地を利用して生命健康を維持し快適な生活をする利益（＝人格的利益）とがあるとしつつ、当事者が被保全権利として土地所有権を主張する際に㈢の利益をいうのであれば、右利益は人格権そのものにほかならないから、人格権の侵害として主張すればよい、旨を述べる（判時1134号62〜63頁）。

㉓　本文中の、②の人格権説に立つ裁判例のうち、【19】【20】【21】【31】【32】【33】【35】【37】が、そうである。

㉔　たとえば、裁判例【19】は、「本件施設の建設により、……住民に回復困難な被害の生ずる蓋然性が極めて高いのであるから……、被保全権利（人格権）の存在と保全の必要性が認められる」と述べ、また、【31】や【33】は、「このような人格権の重要性にかんがみると、人格権を侵害された者は、物権の場合と同様に、排他性の現れとして、……侵害行為の差止めを求めることができる」と述べるが、いずれも、判示部分の中で受忍限度論的利益考量についてはとくに言及していない。このほか、【34】【37】も同趣旨と思われる。

㉕　本文中の②・③に掲げた裁判例18件のうち、前掲註㉔に挙げた5件を除く、13件の裁判例。

㉖　判時1429号115頁。

㉗　裁判例の【32】【33】【34】【35】【37】【42】【44】など。いずれも、【31】と同様に、産業廃棄物処理施設に起因する飲用水ないし生活用水汚染が問題となったものである。

㉘　裁判例の【5】【7】【8】【20】【21】【27】【30】【31】など。

㉙　裁判例【30】は、「不法行為に基づく法律効果は、特別の規定がないかぎり、損害賠償請求権のみに限られ、差止請求権発生の余地がないことについても、多くの説明を

(30) ここでは，裁判例【27】によった（判時1429号90頁）。このほか，この要件を明示的かつ詳細に述べるものとして，【7】【20】【21】など。
(31) これを明言する裁判例として，差止否定例の【11】【20】【27】など。
(32) 判時864号73頁。なお，前掲註(31)の裁判例【11】は，【10】の控訴審判決であるが，東孝行「判批」別冊ジュリ126号《公害・環境判例百選》(1994) 35頁は，両判決の関係について，【10】は事実上の推定説をとったものであり（立証責任の転換を肯定したものではない），また【11】も，証拠の評価にさいしては本証と反証とを対比して検討しているから，立証責任の原則論においてはそれほどの隔たりはない，と述べる。
(33) 判時1040号41頁。
(34) 本文に掲げた【10】【19】のほかに，【31】【34】【35】など。
(35) たとえば，裁判例【7】は，将来の被害を予測した上での事前的差止請求であること，および，被害の及ぶことが予測される多数人について被害の程度を個別的に判断することは容易でないことを理由に挙げ（判時836号19頁），また，裁判例【19】は，「一定程度の環境汚染の地域的な包括的な予測が疎明されれば，それは即ち地域住民個々人に被害を及ぼす蓋然性が認められるという意味」である，と述べる（判時1040号44頁）。このほか，【2】【4】【14】【22】も同旨。

 なお，上記の裁判例のうち【19】を除く5件の裁判例は，これを「申請人適格」の問題として論じているが，この点に関して，裁判例【20】は，「不作為の給付請求である差止訴訟についても，申請人は，被申請人の行為によって自己の権利を侵害されるおそれがあると主張しさえすれば申請人適格は認められる」から，「被害の有無，程度は申請人適格の問題ではなく，まさに被保全権利の問題である。」と述べる（判時1134号57頁）。
(36) 裁判例【6】——判時772号25頁。
(37) 裁判例【25】——判時1200号122頁。
(38) なお，裁判例【10】は，被害発生の蓋然性の判断にさいしては，「同種施設の稼働状況の実態が重視されねばならない。」と述べる（判時864号73頁）。これに対して，潮海・前掲註(14)ジュリ1055号48頁は，「他の地域の同種施設で被害が生じていないからといって当該地域で問題がないとは必ずしも言えないと思われ，付随的判断基準と考えるべきであろう。」とされる——なお，以上の引用文中の傍点は，いずれも引用者が付したもの——。
(39) たとえば，裁判例【7】は，同種施設と比べて施設の構造面で相当の配慮が払われていること，および，地下水対策もなされていること，を理由に挙げる（判時836号23頁）。このほか，【9】は，同種施設において良好な成果をあげているものも存在すること（判時832号30頁），また，【21】は，同種施設においては特段の公害発生は見られない状況にあること，を理由に挙げる（判時1106号132頁）。
(40) たとえば，裁判例【7】は，「加害者側，被害者側及び社会的な種々の事情……を比

較衡量してみて，差止めを受ける側の被害及び社会的な損失を無視しても，なお差止めを認容するのが相当であると解される程度の違法性の存在を要件として……妨害排除ないし妨害予防請求ができるものといえる。」と述べる（判時836号23頁）。加害者・被害者双方の事情を比較考量するとしつつ，結局のところ，違法性判断の最終的局面では加害者側の事情を重視するものだといういう。

(41) たとえば，裁判例【12】は，地方公共団体によって建設計画がなされている屎尿処理施設の公共性からして，被害者は，私人の事業に起因する公害についての受忍限度よりも高度の受忍義務を負担している，と説く（判時897号37頁）。しかし，当該施設の有する「公共性」とは，当該施設が正常な操業ないし稼働をするかぎりにおいていいうることであって，被害を発生させる蓋然性が高いときは（当該施設が公的なものであれ，私人によるものであれ），むしろ，「公共性」は減退すると考えるべきではないかとの疑問を感じざるをえない。

(42) たとえば，裁判例【20】は，「被控訴人らのいうように，人が生命，健康に被害を受けたときは，如何に些細なものであっても，ある意味では金銭によって償えないもの，他にかえ難いものといえ，したがって，それに対する加害の違法性は強い。しかしながら，それだからといって，人の生命，健康に対する侵害の場合は，始めから受忍限度を問題とする余地がないとはいえない」と述べる（判時1134号63頁）。「(生命・健康に対する) 加害の違法性は強い」としつつ，「受忍限度を問題とする余地がないとはいえない」と述べるのは，一種の論理矛盾であるだけでなく，被害者側の事情を重視する裁判例（後述）と比べても，きわめて対照的である。

(43) 判時693号33頁——なお，判決は，特別の事情として，①施設改善・公害監視体制等の具体的計画の提示，および，②他の代替適地またはより高度の能力を有する設備が皆無であることの疎明，を挙げつつ，本件では右のような特別の事情が認められない，と判示する——。このほか，裁判例【6】は，漁業その他生活上の被害の蓋然性が高いことを前提としつつ，「たとえ……本件施設のように公共性の高いものであっても，その建設を許容すべき特別の事情がない限り，受忍限度を越える違法なものとして建設差止が認められるべきである」とし（判時772号26頁），【14】は，被害の蓋然性があれば原則として施設の建設は許されないが，特別の事情いかんによっては例外的に建設が許容される場合がある，旨を説く（判時919号21頁）。

(44) 判時1534号117頁。このほか，裁判例【35】および【44】も同旨と思われる。

(45) 前掲註(24)に掲げた裁判例，参照。

(46) なお，大塚・前掲註(20)36頁以下の分析は，裁判所が，生活妨害のケース一般においても，「被侵害利益」を最も重要なファクターとして用いていること，を指摘する。

(47) 飲用水汚染が問題となった13件のうち，差止肯定例は，10件（【1】【2】【3】【19】【31】【32】【35】【37】【41】【44】）であるのに対して，差止否定例は，3件（【7】【8】【20】）にすぎない。本稿のⅡ・1，裁判例の概要・一覧，参照。

(48) もっとも，被侵害利益が中心的かつ重要な判断要素になるとはいっても，「はじめに

差止ありき」ではないから，被害発生の蓋然性の立証（疎明）がなければ差止が認められないことは，当然の帰結である。たとえば——事実認定の当否はともかくとして——，裁判例【30】は，被害発生の蓋然性についてなんら具体的な主張・立証がなされていないから，「(被告が)本件計画を推進してきた手続の当否や受忍限度につき検討をするまでもなく」差止は認められない，とする（判時1264号115頁）。

(49) 裁判例の【7】【12】【16】など。

(50) 前掲註(43)(44)(45)に挙げた裁判例。

(51) たとえば，塩化水素等に関する大気汚染防止法上の規制値や行政上の指標を超えるおそれがある（差止肯定の【14】【15】）とか，あるいは逆に，環境基準を超えていない（差止否定の【24】），国や自治体の定める大気汚染物質の排出基準を遵守しうることが明らかである（差止否定の【27】），規制値をはるかに下回る良好な操業実績をあげている（差止否定の【16】），など。

(52) 判時1134号63頁。

(53) 判時980号42頁。

(54) たとえば，裁判例【6】は，①事前に施設の性能を検討するほか，②予定地付近海域の潮流の方向・速度等の専門的調査による放流水の拡散・停滞の予測，および，③魚介類や藻類への放流水の影響についての生態学的調査をおこなうべきであったのに，これらを怠った，とする（判時772号27頁）。なすべき調査・措置を怠ったという点では，裁判例【10】も同旨（判時864号79頁）。

(55) たとえば，裁判例【15】は，①現在および将来にわたってのごみ量，ごみ質，気流の状態等についての事前調査が必要であるのに，これが不十分であったこと，②有害ガス分析選定装置を設置したものの，申請人らに公開しなかったこと，③操業開始前に，施設からの有害物質の排出が規制目標値範囲内であることを確認するために試運転期間を設けたが，右期間も不十分であったこと，などを認定している（判時943号81頁）。

(56) 裁判例【19】は，被告には，先行各埋立地における環境汚染の問題について真剣に調査し，可能な限度でその反証を提出するなどの積極的な訴訟活動が見られないばかりか，本件予定地のみが適地であると主張してきた応訴姿勢にも問題があった，とする（判時1040号44頁）。

(57) すなわち，裁判例【21】は，本件処理場の建設計画においては，汚水処理によって発生が予想される水質汚濁・悪臭等に対して一応の防止・緩和措置が講じられているから，右建設計画に従うかぎり被害発生の蓋然性はない，とする（判時1106号133頁）。

(58) すなわち，裁判例【12】は，施設の運転・管理体制に疑問の余地はあるものの，施設の構造・設備が現在の最高の技術水準のものであるから，正常な運転をすれば保証数値（＝施設の建設請負人が汚染物質濃度の最高値として保証した数値）を確保する十分な能力がある，とする（判時897号28頁）。

(59) 裁判例の【23】【24】【26】など。

(60) 判時1115号46頁。なお，同判決は，環境アセスメントには，他に住民参加およびその

ための具体的手続（アセスメント結果報告書の公開，住民の意見書提出等）を加える見解もあるが，わが国法上は，住民参加を義務づけたアセスメント法が存在しないから，住民参加をアセスメントの必要条件とみるわけにはいかない，と述べる。
(61) 差止否定例の【8】【11】【12】【26】【27】（このうち，【11】は，法的根拠の不存在に加えて，行政主体の政治責任の問題でもある旨，述べる），および，差止肯定例の【14】【22】など。
(62) 裁判例【21】——判時1106号134頁。
(63) たとえば，裁判例【20】は，「事前に環境影響評価をなし，住民の意見を聞くのが相当である。」と述べ（判時1134号66頁），また，【27】は，「環境アセスメントの徹底及び住民参加を極力図ることが好ましいことはいうまでもない」と述べつつも（判時1429号101頁），いずれも，結論としては，アセスメントの不十分さが違法性を帯びることはない旨，判示する。このほか，前掲註(61)に挙げた差止否定の裁判例も，ほぼ同様の判断を示している。
(64) 裁判例【22】——判時1115号46頁。
(65) たとえば，裁判例【10】は，環境アセスメントを行って代替地がないことを確かめたうえ，その調査結果を住民に示すとともに，公害防止対策や補償問題を含めて誠意ある交渉をするならば，右補償の履行，不慮時の操業中止等の確約等を条件として，施設の建設が許されると解する余地がないわけではない，と一般論を述べつつ，結論として，（被告は）「市民のためのごみ処理という責務に追われるに急であり，近隣住民に公害を及ぼさないよう留意し，慎重な調査・交渉を行うべき責務を閑却したものであるというべきである。」と判示する（判時864号40頁）。そのほか，具体的事案との関係で，アセスメントの不十分・不適切さを指摘するものとして，裁判例【14】【19】【22】など。

Ⅲ 都市型大気汚染に対する差止

1 裁判例の概観

わが国の戦後における大型の大気汚染公害として社会的な注目を浴び，かつ最初に裁判所の判決が下されたのは，四日市公害訴訟である[66]。ただし，右訴訟における中心的課題は，原告・被害住民から石油化学コンビナートを形成する被告・複数企業に対して，工場排煙に起因する健康被害についての損害賠

償を求めるという点にあった。これに対して，右訴訟判決後の昭和50年代以降に，千葉市をはじめとする全国7地域であいついで提起された大型の大気汚染公害訴訟においては，損害賠償を求めるだけでなく，硫黄酸化物等の汚染原因物質それ自体の排出差止を求めることが，むしろ中心的課題とされた。

　これらの都市型大気汚染に対する差止請求訴訟は，今日まで，計9件を数える[67]。すなわち，①千葉川鉄公害訴訟，②西淀川公害第一次訴訟，③川崎公害第一次訴訟，④倉敷公害訴訟，⑤西淀川公害第二～四次訴訟，⑥川崎公害第二～四次訴訟，⑦尼崎公害訴訟，⑧名古屋南部公害訴訟，および，⑨東京公害訴訟，である。このうち，①および④は，企業のみを被告として，工場排煙の排出差止を求めたものである。これに対して，②・③および⑤ないし⑧は，工場排煙と自動車排気ガスとによる複合大気汚染が問題となっている点，および，企業のほかに道路管理者（国・道路公団）の責任が問われている点で共通性を有し，また，⑨は，道路管理者とともに自動車メーカーが被告とされている点に，特徴がある[68]。そして，これらの訴訟は，すでに一審判決が下されており，さらに，②ないし⑦については，原告と被告（企業および国・道路公団）間において，一審係属中ないし控訴審係属中に，それぞれ和解が成立している[69]。

　以下，①ないし⑧の裁判例について概観した後，若干の分析・検討を加えることにする[70]――なお，⑨（東京地判平成14年10月29日――自動車メーカーに対する損害賠償請求および差止請求を否定，判例集未登載）は，本稿の脱稿間際に判決が下されたため，考察対象に加えなかった――。これらの裁判例における争点は，多岐にわたる――すなわち，差止以外にも，因果関係の認定の仕方，共同不法行為の成否，損害額の算定方法，損益相殺の可否，および，消滅時効の起算点，などが問題になっている――が，ここでは，もっぱら差止に関する法理論構成に焦点をあて見ていくことにする。また，上記の各訴訟においては，被害の重大性および因果関係の立証の困難性といった問題はあるものの，侵害行為の態様それ自体は単純で，かつ類似する面も多い。すなわち，いずれの場合も，工場操業ないし道路の供用に伴って排出された汚染物質（硫黄

酸化物・窒素酸化物・浮遊粒子状物質など）に起因する健康被害──「公害健康被害の補償等に関する法律」（以下，公健法という）所定の指定疾病（慢性気管支炎・気管支喘息・肺気腫など）への罹患またはその悪化，──が問題とされている。したがって，事案の概要については，ごく簡明に紹介するにとどめる。

【1】千葉川鉄公害訴訟判決──千葉地判昭和63年11月17日（判時平成元年8月5日臨時増刊号165頁[71]）

［事案の概要］　原告(X)は，患者原告ら73名（公健法に基づく認定患者およびその訴訟承継人で，損害賠償の請求主体），並びに，差止原告ら169名（右患者原告らを含む住民および本件地域内に勤務場所を有する者），である。被告(Y)は，本件地域内に主要工場たる本件製鉄所を有し，かつ差止対象となった第六溶鉱炉を稼働させている製鉄会社である。Xらの請求内容は，①健康被害に対する損害賠償（死亡患者につき3,000万円，公健法に基づく一級患者につき2,000万円など），②第六溶鉱炉の操業停止，および，③現行の環境基準値（二酸化窒素については旧環境基準値）を超える汚染物質がXらの居住地または勤務地に侵入することの差止，である。

［裁判所の判断］　①については，本件製鉄所から排出された汚染物質が本件大気汚染の主要な汚染源となっていること，および，右汚染物質と健康被害との間の因果関係に高度の蓋然性が認められることを肯定したうえで，患者原告らのうち46名につき，請求額を一部（一人につき16万円余～245万円余の限度で）認容した。しかし，②については，第六溶鉱炉から排出される汚染物質が本件大気汚染に対してどの程度の影響を及ぼし，かつ差止原告らに対してどの程度の被害を与えているのかを特定しなければならないが，Xらはこの点につき何ら主張・立証をしていないから，人格権等の存否につき判断するまでもなく失当であるとして，棄却した。また，③については，第一に，Yが履行すべき義務の内容が特定されていないこと，第二に，差止原告らの各住居敷地内または各勤務先敷地内に到達する三物質（二酸化硫黄・二酸化窒素・浮遊粒

子状物質）が本件製鉄所から排出されたものであることを識別することは事実上不可能であることからみて，請求の趣旨が特定されずかつ強制執行も不能であるとして，請求を不適法・却下した。

【2】西淀川公害第一次訴訟判決——大阪地判平成3年3月29日（判時1383号22頁[72]）

［事案の概要］　原告(X)は，西淀川区内に居住する住民117名（公健法に基づく認定患者60名，および，死亡した認定患者の相続人ないし訴訟承継人57名），である。被告は，西淀川地区やその隣接地域に工場等（計18ヵ所）を設置しているY1ら（企業10社），並びに，Y2ら（国道2号線・同43号線の設置・管理者である国，および，阪神高速大阪池田線・同大阪西宮線の設置・管理者である阪神高速道路公団），である。Xらの請求内容は，①健康被害に対する総額38億円余の損害賠償（死亡患者につき5,000万円，公健法に基づく特級・一級患者につき4,000万円など），および，②認定患者の居住地を基準にした環境基準値を超える汚染物質の排出差止，である。

［裁判所の判断］　①については，二酸化硫黄および浮遊粉じんと疾病との間の因果関係を肯定（ただし，窒素酸化物については否定）したうえで，認定患者ら67名についてY1らの責任を認めたが（Y2らの責任は否定），うち7名については填補済みと判断し，結局，Xらのうち76名について請求額を一部（総額3億4,336万円）認容した。しかし，②については，「訴訟上の請求は，……被告にとっては最終的な防御の対象となるものであり，また判決の既判力の客観的範囲を明確にするためのものであり，かつこれに対応する判決がなされた場合は，強制執行にまで至るものである」から，「一義的に特定されていなければならない。」との一般論を述べたうえで，「原告らの請求では，被告らにおいて如何なる行為をなすべきか明確でなく，被告らが履行すべき義務の内容が特定されているとはいえない」から，Xらの請求は不適法として却下を免れない，とした。

【3】川崎公害第一次訴訟判決──横浜地川崎支判平成6年1月25日（判時1481号19頁）[73]

［事案の概要］　原告(X)は，川崎区内等に居住または勤務する公健法認定患者（104名）およびその相続人（24名）の計128名，である。被告は，川崎区内に事業所を有するY1ら（企業13社），並びに，Y2ら（国道1号線・同15号線・同132号線・同409号線の設置・管理者である国，および，高速横浜羽田空港線の設置・管理者である首都高速道路公団）である。Xらの請求内容は，①健康被害に対する総額約26億円の損害賠償（死亡患者および公健法に基づく特級患者につき3,000万円，同一級・二級患者につき2,000万円など），および，②Xらの居住地または勤務地内への環境基準値（二酸化窒素については旧環境基準値）を超える汚染物質の排出差止，である。

［裁判所の判断］　①については，二酸化硫黄と疾病との間の因果関係のみを肯定したうえで（二酸化窒素については否定し，浮遊粒子状物質については説示なし），認定患者104名中の96名についてY1らのうちの一部企業の責任を認め（Y2らの責任は否定），うち6名については填補済みと判断し，結局，Xらのうちの106名（認定患者90名）について請求額を一部（総額約4億6,300万円）認容した。しかし，②については，第一に，「Xらの居住地等において請求の項記載の違反状態が生じたか否かを認識することが極めて困難であり，また，仮に……違反状態を測定あるいは認識することができたとしても……右違反状態が被告らの排出行為等によるものであるか否かを判断することもまた事実上困難であること」，第二に，「被告らにおいてどのような方法又は態様をなすべきかが明確ではな」く，請求が特定されていないことを理由に，請求を不適法として却下した。

【4】倉敷公害訴訟判決──岡山地判平成6年3月23日（判時1494号3頁）[74]

［事案の概要］　原告(X)は，倉敷市内の水島コンビナート周辺に居住または勤務する公健法認定患者53名（死亡患者の相続人を含む），である。被告

(Y)は，右コンビナート内に事業所を有し，かつ工場操業を行っている企業（8社），である。Xらの請求内容は，①健康被害に対する総額16億円余の損害賠償（死亡患者につき4,000万円，生存患者につき公健法認定の等級に応じて2,000万円～3,000万円など），および，②Xらの居住地において環境基準値（二酸化窒素については旧環境基準値）を超える汚染物質の排出差止，である。

［裁判所の判断］　①の損害賠償請求については，二酸化硫黄その他の汚染物質と疾病との間の因果関係を肯定したうえで，Xらのうちの52名（消滅時効が完成している1名を除く）についてYらの責任を認め，うち11名については填補済みと判断し，結局，Xらのうちの41名について請求額を一部（総額1億9,000万円）認容した。しかし，②については，訴訟上の請求は一義的に特定されている必要があるとしたうえで，Xらの請求は，結局，Yらの行為により汚染物質の濃度を一定の数値以下の状態におくという作為を求めるものであるが，Xらは右結果を実現させるための具体的な方法を明確にしていないから，Yらの履行すべき義務を特定しているとはいえず，不適法であるとして却下した。

【5】西淀川公害第二～四次訴訟判決——大阪地判平成7年7月5日（判時1538号17頁(75)）

［事案の概要］　原告(X)は，西淀川区内に居住または勤務する公健法認定患者432名（死亡患者の相続人を含む），である。被告(Y)は，国（国道2号線・同43号線の設置・管理者）および阪神高速道路公団（阪神高速大阪池田線・同大阪西宮線の設置・管理者），である（なお，共同被告とされていた企業10社中9社とはすでに和解が成立し（前掲註(69)参照），会社更生手続中の1社に対する訴えは取り下げられている）。Xらの請求内容は，①健康被害に対する総額85億9,694万円の損害賠償（死亡患者につき2,500万円，公健法に基づく特級・一級患者につき2,000万円など），および，②認定患者の居住地を基準とした環境基準値を超える窒素酸化物（旧環境基準値）および浮遊粒子状物質の排出差止，である。

［裁判所の判断］　①については，まず，二酸化窒素等の三汚染物質と疾病との因果関係につき時期を画して総合評価したうえで，Xらのうち，昭和46〜52年度において国道43号線および阪神高速大阪池田線の道路端から50メートル以内に居住していた18名について，Yらの道路管理者としての責任を認め，総額約5,942万円（患者一人につき68万円〜727万円）の賠償を命じた。しかし，②については，Xらのうち，上記道路端から150メートル以内に居住している者について，抽象的差止請求を求める原告適格を認めつつ，被害はなお受忍限度内にあるとして請求を棄却し，その余のXらについては，原告適格を否定して請求を却下した。

なお，判決文中の差止に関する説示部分を要約すれば，以下のごとくである。㈤生命・身体への侵害のおそれがある場合の差止請求においては，侵害原因それ自体を排除することを求めれば足り，その方法についてまで具体的に特定する必要はない（つまり，抽象的差止請求は適法），㈣本件差止請求においては，その目的達成の手段として，道路施設の改良や交通管理行為なども可能であり，かつその選択は被告に委ねられているから，原告らの請求は，公権力の発動を求めるものとはいえない（つまり，本件差止請求は民事訴訟として不適法とはいえない），㈥都市型複合大気汚染下における抽象的差止請求については，個別の汚染源主体が特定され，かつそれが主要な汚染源である場合には，その汚染源主体の責任範囲内において達成すべき事実状態を特定してその差止を求めることは可能であり，また，道路沿道の相当な範囲内（道路端から150メートル以内）に居住する者は，右差止につき原告適格を有する，㈡しかし，原告適格を認められる者であっても，現状の大気汚染濃度や本件各道路の公共性を考慮すれば，受忍限度を超える侵害があるとはいえず，差止を認めねばならない必要性はない。

【6】川崎公害第二〜四次訴訟判決——横浜地川崎支判平成10年8月5日（判時1658号3頁[76]）

［事案の概要］　原告(X)は，川崎区内等に居住または勤務する公健法認

定患者295名（死亡患者の相続人を含む），である。被告(Y)は，国（国道1号線等の設置・管理者）および首都高速道路公団（高速横浜羽田空港線の設置・管理者），である（なお，共同被告とされていた企業13社とはすでに和解が成立——前掲註(69)参照）。Xらの請求内容は，①健康被害に対する総額約64億円の損害賠償（死亡患者および公健法に基づく特級患者につき3,000万円，同一級・二級患者につき2,000万円など），および，②Xらの居住地において環境基準値（二酸化窒素については旧環境基準値）を超える汚染物質の排出差止，である。

　［裁判所の判断］　①については，自動車排気ガス中に含まれる二酸化窒素等はXらの疾病を発症または悪化させる危険性があり，かつ，二酸化窒素等を含む本件汚染物質と疾病の発症・悪化との間には因果関係が認められるとしたうえで（この点，二酸化窒素についての因果関係を否定した第一次訴訟判決とは，認識を異にする），Xらのうち，上記・本件道路の沿道50メートル以内に居住または勤務する者48名について，Yの責任を認め，総額約1億4,900万円の賠償を命じた。しかし，②については，Xらのなした抽象的差止請求の適法性は肯定しながらも，Xらのうち，本件各道路の道路端から50メートル以内の沿道地域に居住する者にとっても，本件道路からの汚染物質の排出の危険性はさし迫ったものではなく，本件道路の有する公共性を犠牲にしてまで差止を認めるべき緊急性はないとして（なお，右沿道地域外に居住する者はそもそも受忍限度内にあるとする），請求を棄却した。

【7】尼崎公害訴訟判決——神戸地判平成12年1月31日（判時1726号20頁[77]）

　［事案の概要］　原告(X)は，尼崎市内に居住する公健法認定患者400名（死亡患者の相続人を含む），である。被告(Y)は，国（国道2号線・同43号線の設置・管理者）および阪神高速道路公団（阪神高速度道路大阪西宮線の設置・管理者），である（なお，共同被告とされていた企業9社とはすでに和解が成立——前掲註(69)参照）。Xらの請求内容は，①健康被害に対する損害賠償

(積極的および消極的財産損害並びに非財産的損害を一括し，かつ患者一人につき3,000万円，2,000万円，1,500万円の三段階に分けつつ，一律に請求），および，②二酸化窒素および浮遊粒子状物質の一定レベルを超える排出差止[78]，である。

　［裁判所の判断］　　まず，①については，(i) 国道43号線（およびその高架構造にある大阪西宮線）沿道50メートル以内の沿道汚染と健康被害との間の集団的な因果関係を肯定し，かつ，(ii) 右沿道50メートル以内に居住・通勤等することにより継続的に沿道汚染に暴露した者（暴露患者）79名のうち，公健法の暴露要件を充足する者50名について，沿道汚染と各人の疾病との間の個別的因果関係を肯定したうえで，Yの道路管理者としての責任を認めた。つぎに，②については，差止請求を人格権的請求権と位置づけたうえで，(i) 身体権（人格的利益）侵害差止請求訴訟における訴訟物の特定は，身体権侵害行為と侵害結果が特定されれば足りる，(ii) 不作為義務の履行内容は，要するに排出抑制を講ずるというものであり，義務を履行したか否かも数値によって客観的に判断しうるから，給付内容の明確性に欠けることはない，(iii) 強制執行も可能であるとして，Xらの請求を適法と認めた。そのうえで，結論として，「国道43号線及び大阪西宮線の限度を超える供用（沿道患者原告の居住地における1日平均値0.15mg/m³を超える浮遊粒子状物質による汚染の形成する程度の供用）は，これによる身体権の侵害が重大なものであり，これが禁止された場合の公共の不利益を考慮しても，なお強度の違法性を有すると評価せざるをえないから，人格権的請求権に基づく不作為命令を履行するために禁止されることになってもやむをえない」，と判断した。

【8】名古屋南部公害訴訟判決――名古屋地判平成12年11月27日（判時1746号3頁[79]）

　［事案の概要］　　原告(X)は，名古屋市・東海市およびその周辺地域に居住または勤務し，公健法または名古屋市救済条例に基づく認定患者145名（死亡患者の相続人を含む），である。被告は，本件地域に工場等を有するY1ら

（企業11社——ただし，このうち本訴係属中に破産した1社に対する訴えは取下げ），並びに，Y2（国道1号線・同23号線・同154号線および同247号線の設置・管理者である国），である。Xらの請求内容は，①健康被害に対する損害賠償（積極的および消極的財産損害並びに非財産的損害を一括し，かつ患者一人につき2,000万円〜4,000万円の四段階に分けつつ，一律に請求），②Y1らおよびY2に対して，Xらの居住地において環境基準値を超える二酸化窒素（旧環境基準値）および浮遊粒子状物質の排出差止，および，③Y1らに対して，Xらの居住地において環境基準値を超える二酸化硫黄の排出差止，である。

　［裁判所の判断］　①については，(i) Y1らの排出する二酸化硫黄による大気汚染とXらの疾病の発症ないし悪化との間の集団的因果関係を肯定したうえで，Xらのうち個別的因果関係が肯定された110名について，Y1らの共同不法行為に基づく責任を認め，また，(ii) 国道23号線沿道20メートルの範囲における浮遊粒子状物質と右地域内に居住する者の気管支喘息との間の因果関係については，Xらのうちの3名につきこれを肯定したうえで，Y2の道路管理者としての責任を認めた。また，②については，Y2に対して，Xらのうち国道23号線沿道20メートル内に居住する者1名（気管支喘息患者）との関係において，浮遊粒子状物質につき一定濃度（1時間値の1日平均値$0.159mg/m^3$）を超える汚染となる排出をしてはならない，旨を命じた。しかし，Y1らに対する②および③の請求については，本件地域レベルにおける二酸化窒素の排出濃度からみて，二酸化窒素と指定疾病との間に因果関係は認められず，また，Y1らの排煙（二酸化硫黄）に由来する本件地域の大気汚染は昭和53年度をもって改善されるに至ったことが認められるとして，Xらの請求を棄却した。

　なお，本判決は，差止請求を人格権的請求権と位置づけたうえで，(i) 請求の特定は，身体に対する侵害の危険の発生源および結果の特定で足り，その結果実現のための方法の特定までは必要としない，また，(ii) 執行の可能性については，履行の有無は客観的に把握が可能であり，間接強制の方法による強制執行も可能である，旨述べる。そして，損害賠償請求と差止請求とでは違法性の判断基準が異なるとの認識を前提にしつつ，本件でのY2に対する差止を認

めた理由として，㈦当該原告（1名）が浮遊粒子状物質に長期間継続的に暴露されてきたこと，㈪その被害内容は生命・身体にかかわるもので，回復困難なこと，㈧右原告との関係では，Y2の行った被害防止対策は有効であったとはいえないこと，㈬Y2は国道23号線沿道の大気汚染の継続的調査等を怠り，今後それを行う予定すら明らかにしていないこと，および，㈭本件差止請求を認めても，社会的に回復困難な程の損失を生ずることなく対応しうること，を挙げている。

(66) 津地四日市支判昭和47年7月24日（判時672号30頁，判タ280号100頁）――同判決が，過失論や因果関係論，とくに共同不法行為論について示した画期的ともいいうる考え方は，いまだ記憶に新しい。

(67) なお，後述（Ⅳ参照）の国道43号線公害訴訟判決においても，自動車排気ガスに起因する大気汚染が問題とされているが，排気ガスそれ自体による被害は，身体的被害に至らない程度の生活妨害（洗濯物の汚れ等）による精神的苦痛（「情緒的被害」）であり，むしろ中心的被害として問題にされたのは自動車の走行による騒音・振動であることから，ここでは扱わず，つぎのⅣで考察対象に加えることにする。

(68) このように，大気汚染公害訴訟において被告とされる者についての，《企業（工場）→道路管理者→自動車メーカー》という流れは，大気汚染をめぐる問題が，工場排煙という「固定排出源」だけでなく，自動車排気ガスという「移動排出源」をも加えたものに徐々に重点を移しつつあることを示すものといえよう。

(69) 和解の成立時期は，それぞれ，以下のとおりである。すなわち，西淀川公害訴訟（②・⑤）は，対企業が平成7年3月2日，対道路管理者が平成10年7月29日，川崎公害訴訟（③・⑥）は，対企業が平成8年12月25日，対道路管理者が平成11年5月20日，倉敷公害訴訟（④）は，対企業が平成8年12月26日，および，尼崎公害訴訟（⑦）は，対企業が平成11年2月17日，対道路管理者が平成12年12月8日，である。

(70) なお，都市型大気汚染に対する差止請求訴訟の動向を追ったものとして，以下のものが挙げられる。「特集・大気汚染公害訴訟の現状と課題」法時62巻11号（1990），「特集・最近の大気汚染訴訟判決の横断的考察」判タ850号（1994），「特集・大気汚染公害訴訟と被害者救済」法時66巻10号（1994），「特集・西淀川大気汚染公害訴訟（第二～四次）第一審判決をめぐって」判タ889号（1995），「特集・大気汚染公害訴訟の到達点と成果」法時73巻3号（2001），「特集・東京大気汚染訴訟」法時73巻12号（2001）。そのほか，「環境問題の行方」ジュリ増刊1999年5月号，「差止めと執行停止の理論と実務」判タ1062号（2001），など。

(71) 本判決の評釈として，松浦以津子・ジュリ928号（1989）17頁，潮海一雄・ジュリ928号（1989）26頁，牛山積・法時61巻5号（1989）40頁，吉村良一・法時61巻5号（1989）

45頁，前田陽一・別冊ジュリ126号《公害・環境判例百選》（1994）42頁，野村好弘・法律のひろば42巻3号（1989）4頁，小賀野晶一・法律のひろば42巻3号（1989）13頁，中井美雄・判評375号＝判時1340号（1990）209頁，など。
(72)　本判決の評釈として，田山輝明・判評397号＝判時1406号（1992）132頁，ジュリ981号（1991）43頁以下に掲載の森島昭夫，潮海一雄，新美育文，淡路剛久，川島四郎の各論稿，沢井裕・法時63巻6号（1991）2頁，市川正巳・法律のひろば44巻11号（1991）55頁，など。
(73)　本判決の評釈として，野村好弘＝小賀野晶一・判タ845号（1994）20頁，西村隆雄＝久保博道・環境と公害23巻4号（1994）63頁，大塚直・ジュリ1049号（1994）29頁，など。
(74)　本判決の評釈として，新美育文・判タ845号（1994）3頁，大塚・前掲註(73)29頁，など。
(75)　本判決の評釈として，吉村良一・法時67巻11号（1995）6頁，高見進・判タ1062号（2001）158頁，津留崎直美・法時73巻3号（2001）53頁，など。
(76)　本判決の評釈として，西森英司・判タ1036号《平成11年度主要民事判例解説》（2000）106頁，篠原義仁・法時73巻3号（2001）56頁，など。
(77)　本判決の評釈として，磯村篤範・ジュリ1202号《平成12年度重要判例解説》（2001）37頁，山内康雄・法時73巻3号（2001）59頁，秋山義昭・判評508号＝判時1743号（2001）182頁，など。
(78)　すなわち——具体的には——，本件道路の供用によって患者原告の居住地で「二酸化窒素につき1時間値の1日平均値0.02ppmを，浮遊粒子状物質につき1時間値の1日平均値0.10mg/m^{3}または1時間値0.20mg/m^{3}を超える汚染」をもたらしてはならない，という不作為命令を求めるものである。
(79)　本判決の評釈として，大塚直・法学教室248号（2001）16頁，竹内平・法時73巻3号（2001）62頁，など。

2　裁判例の分析

(1)　全体的傾向　　Ⅱで考察した廃棄物処理施設に対する差止請求事例の場合は，その大部分が，被害が現実に発生する前の段階において仮処分としての「事前的」差止を求めるものであった。これに対して，上記の大気汚染に関する裁判例の場合は，訴訟提起前にすでに被害が現実に発生しているために，過去に被った健康被害等についての損害賠償とともに，「事後的」差止を求める点で，前者の場合と異なる。それ故，そこでは，被害発生の蓋然性の立証（疎

明）ではなく，疾病等の被害発生の事実，およびそれと大気汚染物質との間の因果関係の立証が争点の一つになっており，また，差止請求の内容自体も，施設の建設や操業の禁止といった一義的なものではなく，汚染物質の排出禁止という，被告の履行すべき義務内容を必ずしも特定しない形での請求である点で，様相を異にしている。以下，大気汚染に関する上記の裁判例について，若干の分析を試みる。

　まず，全体的傾向として，上記8件の裁判例を見るかぎり，都市型大気汚染に対する差止および損害賠償の諾否に関する裁判所の対応は，つぎのような段階を経由しつつあると見てよかろう。すなわち，［第一段階］――企業に対する損害賠償請求は認めるものの，道路管理者に対する損害賠償請求，および差止請求については，消極的な対応が見られる段階（上記の【1】～【4】），［第二段階］――道路管理者に対する損害賠償請求を認め，かつ，抽象的差止請求の一般的適法性を認める段階（【5】【6】），［第三段階］――抽象的差止請求の適法性を認めたうえで，道路管理者に対する差止請求を認容する段階（【7】【8】），である。このような裁判例の流れ――とくに，【7】および【8】が，原告側のほぼ全面的な勝利ともいうべき判決結果を下したこと――からすれば，大気汚染に関する民事差止論は，一応の到達点を迎えたかのごとく見えないでもない。しかし，裁判所の判断は今のところ一審段階にとどまっていること，および，差止をめぐる法理論上の課題はまだ残されていることからすれば，「損害賠償は認めるが，差止は認めない」という従来の裁判所の消極的姿勢が完全に払拭されたとまではいえないであろう。

　(2) 抽象的差止請求の適法性　　いずれの裁判例においても，原告からの差止請求の内容は，「環境基準値（ないし一定数値）を超える汚染物質の排出禁止」を求めるものである。そこで，このような抽象的不作為請求が，そもそも民事訴訟上の請求のあり方として適法といえるかどうか，が問われた。訴訟法上の要件にかかわる問題であるが，上記の裁判例は，不適法とするもの（【1】～【4】），および，適法とするもの（【5】～【8】），とに分かれる。前者の

とる理由は，訴訟上の請求は一義的に特定されていなければならない——なぜなら，訴訟上の請求は，①被告にとって最終的な防御の対象となるとともに，②判決の既判力の客観的範囲を明確にするために必要とされ，また，③認容判決が下された場合には強制執行に至るものである——が，単に抽象的不作為を求める（ないし，一定の結果を作出するための何らかの措置（＝作為）を求める）だけでは，被告が履行すべき義務の内容が特定されず，したがって，間接強制によることも代替執行によることも不可能であるから，というものである。これに対して，後者のとる理由は，訴訟上の請求が特定されていることは必要であるものの，第一に，生命・身体に対して侵害を受ける（ないし受けるおそれのある）場合には，権利を侵害する原因（一定量を超える汚染）自体を排除することを求めれば足り——あるいは，身体権を侵害する（ないしその現実的危険のある）被告の行為（＝侵害行為）および侵害される原告の身体権の内容（＝侵害結果）が特定されれば足り——，被告のなすべき行為につきその具体的方法まで特定する必要はない[80]，第二に，強制執行については，少なくとも認容判決実現のための強制執行として間接強制の方法をとることが可能である，というものである[81]。

　前者，すなわち抽象的差止請求を不適法と見る裁判例の論理は，要するに，原告側のいう「汚染物質の排出禁止」という請求の趣旨は，「差止によって達成されるべき結果」にすぎず，そのための「具体的手段」（被告においてなすべき措置）——これこそが，本来的な「請求の内容」——が明示されていないから，「訴訟物として特定されていない」ということのようである。しかし，第一に，科学的知識や情報をもたず，かつ具体的調査能力もない一般市民である原告側に対して，「具体的手段」の特定を要求すること自体，著しく不当である[82]。第二に，一定の結果（汚染物質の排出禁止）を達成するための手段・方法がいくつか考えられる場合に（たとえば，自動車排気ガス汚染についていえば，自動車排気ガス規制の強化，自動車の通行制限，入口規制，通行車種規制，道路の供用または路線の廃止など[83]），そのうちのいずれが技術的・経済的・労力的・時間的その他の観点からみて最も効果があるかを検討・選択した

うえで実施するかは，専門的知識ないし情報を有し，かつ汚染源である施設（工場や道路等）を設置または操業ないし管理しうる立場にいる被告側に委ねたほうが，むしろ合理的と思われる。第三に，そもそも，一般的な給付請求事例においても，被告のなすべき行為ないし措置が特定していないことを理由に，訴えが却下されることはないこと[84]，である。そうした意味で，抽象的差止請求を不適法と見る裁判例は，被害者救済のための実質的審理を閉ざし，いわば「門前払い」判決に直結するものであって，学説からの強い批判の対象となったのも当然といえよう[85]。

(3) 差止の法的構成　　差止の法的構成については，抽象的差止請求を不適法・却下する裁判例（4件）は，当然のことながら，これに触れていない。これに対して，抽象的差止請求を適法と見る裁判例は——法的構成を明言しない【5】を除けば——，いずれも人格権的請求権として構成している[86]。この点に関して最も詳細に説示するのは，【7】である。その一部を引用すれば，すなわち，「本件差止請求の訴訟物として提示されているものは，生命・身体を脅かされない人格的利益（以下「身体権」という。）に基づく人格権的請求権であると理解すべきであ（る）。……身体権は，自然人が生まれながらに有している最も基本的な権利であり，……いわゆる絶対権に属する権利であるから，他人の身体権の享受を妨げないという不作為義務は，社会の構成員全員が等しく負担している一般的な義務であり，その義務違反行為は，民事上の不法行為責任を構成するだけでなく，刑事上も可罰的違法性があるとされる。また，身体権は絶対権に属する権利であるから，……身体権を侵害する他人に対しては，（当該他人の故意や過失を問題にするまでもなく）侵害の排除を求める趣旨の人格権的請求権が発生することになる。」と。

(4) 汚染物質と被害との因果関係　　前述したように（本節Ⅲ・1，2 (1)参照），上記の裁判例では，工場または自動車から排出される汚染物質——とくに汚染三物質（二酸化硫黄・二酸化窒素・浮遊粒子状物質）——と健康被害

との間の因果関係が大きな争点の一つになっている。そもそも汚染物質と被害との間に因果関係がなければ，損害賠償も差止も認められないことになるから，その存否は重要である。そこで，因果関係の存否に関して，上記の裁判例が示した対応および結論を整理すれば，つぎのごとくである。

　第一に，因果関係の認定の仕方については，上記の裁判例は，ほぼ共通して，まず，集団的因果関係（＝当該汚染物質が原告の居住地等に到達したか否かという「到達の因果関係」，ないしは当該汚染物質の主要汚染源性）の有無を検討し，そのうえで，個別的因果関係（＝当該汚染物質と原告各人の疾病の発症・悪化との間の因果関係）の有無を決するという方式をとっている。

　第二に，このような方式を前提としながらも，右の二重の意味での因果関係の有無について，上記の裁判例は，汚染物質の種類によってその判断を異にしている。すなわち，その１は，上記の汚染三物質のすべてについて，集団的因果関係および個別的因果関係を肯定するもの[87]（【１】【４】【５】【６】），その２は，汚染三物質のすべてについて集団的因果関係を否定しつつ，個別的因果関係については，二酸化硫黄および浮遊粒子状物質（ないし浮遊粉じん）について肯定し，二酸化窒素について否定するもの[88]（【２】【３】），その３は，集団的因果関係についても個別的因果関係についても，汚染三物質中の一部についてのみ肯定（または否定）するか，あるいは，汚染三物質以外の汚染物質についてこれを肯定するもの[89]（【７】【８】），である。思うに，集団的因果関係については，当該汚染地域の地形的特徴，気象的特徴，汚染物質自体の排出量，および，汚染源である工場・道路と被害原告らの居住地・勤務地等との位置関係などの諸事情が介在するため，結果的には，右因果関係の有無について判断を異にすることはありうるであろう。しかし，個別的因果関係については，被害者各人が有する特性（居住歴，体質，公健法上の認定の有無ないし等級，喫煙歴など）——これらは，賠償額の範囲ないし算定のレベルで考慮されるべきものである——を別とすれば，その有無について汚染物質ごとに裁判所間で判断を異にしている（とくに二酸化窒素に関して顕著である。前掲註[75][76]参照）点は，疑問なしとしない。

第三に，集団的因果関係の及ぶ範囲に関しても，上記の裁判例は，見解を異にしている。すなわち——損害賠償請求との関連性について見ただけでも——，その1は，集団的因果関係は，道路沿道50メートル以内に居住している者についてだけでなく，50メートルを超える地域に居住している者にも及ぶ——ただし，受忍限度を超えるものとして損害賠償が認められるのは，前者だけである（後者は受忍限度内とされる）——と解するもの（【5】【6】），その2は，集団的因果関係が認められ，かつ受忍限度を超えるものとして損害賠償が許されるのは，道路沿道50メートル以内に居住する者に限定される，と解するもの（【7】），その3は，集団的因果関係が及ぶ範囲は，道路沿道から20メートル以内に居住する者であると解するのが相当であるとするもの（【8】），である。

第四に，以上のような因果関係の判断にさいして，上記の裁判例は，環境行政との関係においても，必ずしも共通した認識をしていないようである。すなわち，公健法に基づく指定疾病の認定については，これを一応尊重すべきものとしてとらえるにとどめるもの——換言すれば，公健法上の認定は直ちに民事上の因果関係を肯定するものではないと解するもの（【1】【2】）と，公健法に基づく認定手続の厳格性（ないしそれを前提とする信頼性）を前提に，右認定をより重視するもの——換言すれば，認定患者であれば汚染物質によって罹患したという事実が推認されると解するもの（【3】【7】【8】），とに分かれる[90]。

以上のように，上記の裁判例の間には，因果関係に関して足並みの違いがうかがわれる。

(5) 違法性とその判断要素　まず，被侵害利益については，差止を肯定した【7】および【8】が，「生命・身体を脅かされない人格的利益」としての身体権が——絶対権ないし排他的権利として——最大限に保護されるべきものであることを強く説いている点は，当然のこととはいえ，重要である。とくに，【8】は，差止請求が認められる道路沿道の範囲を20メートル以内と限定

したため，右範囲に居住する患者原告は1名のみとなったが，結論として差止を認めている。この判断は，文字どおり，人格的利益を最大限に重視したものであって，注目に値する。すでに考察したように，廃棄物施設についての近時の差止肯定例においても，人格的利益としての身体権（あるいは平穏生活権）の重要性が強調されており（本稿II・2(2)，(5)参照），こうした考え方は，今後，公害・環境汚染に対する差止請求訴訟において主流を占めていくものと思われる。

　つぎに，侵害行為の公共性[91]（ないし社会的有用性）については，上記の裁判例においても，違法性についての重要な判断要素となりうる旨，説かれている。ただし，【5】および【6】においては，差止否定の結論を導くための要素として取り込まれている[92]のに対して，差止を肯定した【7】および【8】においては，被害が原告の生命・身体に係わる重大なものであるが故に，公共性の評価はその劣後に置かれるべきものと位置づけられている。とりわけ，これに関連して，【7】が，違法性の軽重の判断に際しては，「不特定多数の者が受ける便益」と「不特定多数の沿道住民の不利益」の両方を視野に入れなければならない旨を述べている点は，重要である。すなわち，右判示部分は，差止対象の加害行為が有するプラス面としての「社会的便益」（これが，従来，公共性ないし公益的必要性の名で呼ばれてきたもの）だけでなく，そのマイナス面としての「社会的損失」をも重視すべきことを説いたものであり[93]，従来の裁判例ではあまり強調されることのなかったことだからである。なお，【8】は，「侵害行為のもつ公共性又は公益上の必要性は，差止請求の可否を判断するにあっては損害賠償請求の可否を判断する場合よりも大きな位置付けが与えられるべきものといわなければならない。」と述べてもいる。右判決は，――上記したように――結論的には被害の重大性を重視して差止を認めたが，もしも，右判示部分が，いわゆる違法性段階説を採用すべきことを意味しているとすれば，議論の余地があろう[94]（この点については，Vで触れることにする）。

　最後に，被害防止対策（ないし被害防止のための努力の程度）についても，

上記の裁判例は，これに関する事実関係を詳細に認定しつつ，判断要素として考慮している。とりわけ，差止請求を不適法・却下した裁判例のいずれもが，被告の被害防止対策を不十分なものであったと認定している点，および，【8】が，被告の従前の被害防止対策の不十分さに加えて，口頭弁論終結時点においても（防止対策の前提としての）継続的調査について具体的予定のないことを強調している点が，特徴的である。

(80) その根拠として，上記の裁判例は，①汚染状況を作出しないための具体的手段・方法の特定まで要求することは，科学知識や情報をもたない原告側に困難を強いることになり，他方，被告側は，具体的手段・方法についての検討・選択を容易になしうる立場にあること（【5】【8】），②汚染物質を一定の数値以下にする方法が特定されていないとしても，被告において多数の方法の中から有効と考えられる一つまたは複数の方法を選択して実施することは可能なこと（【6】），などを挙げる。

(81) このほか，不作為命令の給付条項としての明確性については，尼崎公害訴訟判決（【7】）は，つぎのように述べる。「差止対象汚染を形成しないために被告らが行うべき措置は，要するに本件道路の大気中への排出抑制措置を実施することに尽きる。……また，差止対象汚染は数値によって客観的に指定されたレベルの大気汚染であるから，本件不作為命令は，被告らが実施した排出抑制措置が不作為命令を正しく履行したのかどうかの判定が困難なものでもない。したがって，本件不作為命令が給付条項としての明確性に欠けるということはできない」。

(82) この点は，裁判例（【5】【8】）も指摘するとおりである——前掲註(80)参照。

(83) この例示につき，裁判例【5】（判時1538号175頁），参照。

(84) 佐藤彰一「差止論が動いた」法時73巻3号（2001）17頁は，たとえば1,000万円の貸金返還請求の場合に，その履行の方法が特定していないからという理由で訴えが却下されることはない，とし，「何ゆえに，生活妨害の抽象的不作為という結果達成の場合にのみ，その実現のための作為の特定が請求者の方で必要なのか，従来の差止を否定した判例例は説得的な論拠をしめすことができないでいた」，と述べる。

(85) なお，原告の差止請求に関しては，その司法判断適合性も問題とされているが，この点について，裁判例【8】は，つぎのように判示する。「被告国は，本件差止請求が，行政権の主体たる国に対し，行政権限の発動を強制しようとするものであり，……行政訴訟によることはともかく民事訴訟においては……不適法な訴えである旨主張をする。しかし，原告らが……求める趣旨は，当然に，被告国に対し行政規制権に基づく公権力の行使を求めるものではなく，あくまでこれと抵触しない被告国の行為による差止めの実現を求めるものと認められる。したがって被告国の前記主張は前提を欠くことになる」。このほか，【5】も同様の趣旨を述べる。

(86) なお，これらの訴訟において，原告は，差止請求の根拠として人格権とともに環境権

を主張しているが，【5】および【8】は，環境権は実体法上の根拠に乏しいとの理由で，右主張を退けている。

(87) すなわち，汚染三物質のいずれもが原告の居住地等に到達し，かつ，慢性気管支炎等の罹患・悪化の原因となったものと推定される，とする。ただし，【5】は，時期を画して汚染三物質を総合して評価したうえでの判断であり，二酸化窒素については，単体では因果関係を充足せず，二酸化硫黄と混在したうえで健康に対して相加的悪影響を及ぼす旨，述べる。これに対して，【6】は，二酸化窒素は単体でも健康被害の原因となる旨，述べる。

(88) すなわち，西淀川地域においては主要汚染源といえるほどの排出源はなく，むしろ，無数の排出源から排出された汚染物質が複合した都市型複合大気汚染であること（【2】），あるいは，被告企業や道路から排出される汚染物質は微量であること（【3】）から，原告の居住地等との関係において「到達の因果関係」を認めることはできない，とする。しかし，①中央公害対策審議会の「大気汚染と健康被害との関係の評価等に関する専門委員会報告」（昭和61年），②各種の疫学調査結果，および，③本件地域が公健法に基づく指定地域とされた全国有数の大気汚染地域であることなどから，二酸化硫黄や浮遊粉じんについては，健康被害との間の個別的因果関係を肯定しうるが，二酸化窒素については右因果関係を認めることは困難である，とする（なお，【2】は，二酸化窒素は単体ではもちろん，他の汚染物質と複合しても右因果関係は認められない旨，述べる）。

(89) すなわち，【7】は，二酸化窒素（単体でも，また他の汚染物質と複合しても）についても，その他の汚染物質（排出量自体が少ない）についても集団的因果関係は認められないが，局所的な汚染に限定すれば，「自動車由来の粒子状物質，とくにディーゼル排気微粒子（DEP）」については，集団的因果関係も（健康被害との）個別的因果関係も認められる，とする。また，【8】は，工場排煙による汚染と（自動車排気ガスによる）沿道汚染とに分けたうえで，前者については，二酸化硫黄についてのみ集団的因果関係および個別的因果関係を肯定し，後者については，浮遊粒子状物質（とくに上記のDEP）についてのみ集団的因果関係および個別的因果関係を肯定する。

(90) なお，環境基準については，これを健康被害の程度を計る目安としてとらえるにとどめるもの（【1】），あるいは，二酸化窒素について旧環境基準値を基準とすることの合理的根拠はない——のみならず，そもそも環境基準自体，それをわずかでも超えると直ちに健康に悪影響を与える危険性があるというものではないから，差止基準として合理的ではない——とするもの（【8】），がある。

(91) なお，「公共性」ないし「公益性」という呼称については，言葉の使い方として不適切ではないかとの疑問ないし批判がある——ちなみに，上記の裁判例でも，「公共性」（【6】），「公益上の必要性」（【7】），「公共性または公益上の必要性」（【5】【8】）といった呼び方がなされている——。たとえば，淡路剛久「大気汚染公害訴訟と差止論」法時73巻3号（2001）14頁の註(18)は，「公共性または公益性ということばには，それ

自体として質的にプラスの価値判断のニュアンスが含まれているために，加害行為に偏った評価がなされるきらいがある。」と述べるが，まったく同感に思われる。そうした理由から，学説の中には，すでに早くから，「社会的有用性」という言葉を用いるものがある（沢井裕・前掲註(5)97頁など）。本稿でも，(「公共性ないし社会的有用性」という言い方で)「社会的有用性」という言葉を用いているが，右学説にならったものである。

(92) すなわち，本件各道路の公共性をも考慮すると，受忍限度を超えるような侵害を続けているとはいえず，差止の必要性は認められない（【5】），あるいは，本件道路の有する公共性を犠牲にしてまで差止を認めるべき緊急性があるとは認められない（【6】），とする。

(93) 淡路・前掲註(91)13頁の分析による。

(94) 淡路・前掲註(91)13頁も，同様の指摘をする。

Ⅳ 鉄道・道路・航空機騒音に対する差止

1 裁判例の概観

　鉄道・道路・空港といった国等の供用施設からの騒音・振動も，大型の公害・環境破壊事件として，民事差止請求の対象とされる。これらによる騒音・振動は，騒音・振動それ自体の大きさ，侵害行為の時間的広がりないし継続性（年間を通して，しかも深夜～早朝にまで及ぶこと），および，被害の及ぶ地域的な広がりなどからみて，工場騒音，建設・工事騒音，カラオケ騒音といった一般市民生活上の生活妨害と比べ，比較にならないほどの深刻な被害をもたらすものといいうる。以下，鉄道・道路・航空機騒音に関する裁判例を概観し，これら裁判例の動向を探りつつ，若干の分析を試みる。

　考察の対象とした裁判例は，下記のとおり——訴訟事件数でいえば13件，判決別でいえば28件——である。このうち，【1】は鉄道騒音，【2】は道路騒音に関するものである。また，【3】以下は，すべて航空機騒音に関するが，航空機の種別で分ければ，つぎのようになる。すなわち，民間航空機のみに関するもの——【3】，民間航空機・自衛隊機および米軍機に関するもの——

【6】, 自衛隊機および米軍機に関するもの──【4】【7】【8】【11】, 米軍機のみに関するもの──【5】【9】【10】【12】【13】（なお, 以上の裁判例のほとんどは, わが国政府を被告とするものだが,【12】だけはアメリカ合衆国を被告としている）。以下, 事案の概要は, ごく簡明に紹介するにとどめ, また, 判決内容についても, 差止の諾否とその理由づけのみを要約して紹介するにとどめる。

【1】東海道新幹線公害訴訟──名古屋市南部の新幹線沿線約100メートル内に居住するXら（約430名）が, 列車による騒音・振動により自律神経失調症等の身体的被害および睡眠妨害等の生活妨害を被ったとして, Y（日本国有鉄道）に対し, 一定量を超える騒音・振動をXらの居住地内に侵入させることの禁止（および, 控訴審では, 予備的請求として毎時100キロを超える速度での走行禁止）等を求めたもの[95]。

《第一審》名古屋地判昭和55年9月11日（判時976号40頁）──①一定量を超える騒音・振動の侵入禁止という抽象的不作為請求の適法性は肯定したものの, ②「本件差止を認めることによって生ずべきYの損害及び社会的損失は, 差止を認めないことによりXらに生ずる損害, 不利益より重しとしなければならない」と述べ, 新幹線の高度の公共性等から被害は受忍限度内にあるとして, 請求を棄却した。

《控訴審》名古屋高判昭和60年4月12日（判時1150号30頁）──①抽象的不作為請求については, 不作為義務の内容の特定性に欠けるとはいえず, 強制執行も間接強制の方法が可能だから, 不適法とはいえないとし, ②新幹線減速請求の司法適合性については, 運輸行政権の行使の取消変更もしくは発動を求める請求を包含するとはいえないから, 不適法とはいえないとしたが, ③差止請求の受忍限度は損害賠償のそれよりも厳格なものであるとの考え方（違法性二段階説）を前提にしつつ, 新幹線の高度の公共性および「減速の全線波及論」から, Xらの被害は受忍限度内にあるとし, 請求を棄却した。

【2】国道43号線公害訴訟——国道43号線および高速神戸西宮線・同大阪西宮線の沿線約70メートル内に居住するXら(約150名)が，Y(国および阪神高速道路公団)に対し，沿線の環境破壊・騒音・排気ガス等により健康上の悪影響を被ったとして，Xらの居住地への一定限度を超える騒音および排気ガスの到達・侵入の禁止等を求めたもの(96)。

　《第一審》神戸地判昭和61年7月17日（判時1203号1頁)——①本件差止請求は，実質的には一定の事実状態を実現するための作為を並列的・選択的に求めるものだが，このような請求は当該事実状態を作出しうる作為・不作為が一義的な場合以外は不特定な請求として不適法であるとし，却下した。また，②（仮定的判断として，受忍限度論による実体的判断を行い）被侵害利益の内容が精神的苦痛・生活妨害にとどまるのに対して本件道路がきわめて高度の公共性を有することを理由に，本件道路の供用行為の差止請求上の違法性を否定し，さらに，③本件請求が本件道路の供用廃止等の措置を求める趣旨であれば，民事訴訟としては不適法である，との判断を示した。

　《控訴審》大阪高判平成4年2月20日（判時1415号3頁)——①被害者が将来に向けた被害回避の観点から直接的な救済を求めるには，被害原因の除去を求めることで必要かつ十分というべきであるから，Xらの請求は，請求の趣旨の特定に欠けるものとはいえず，また，②Xらは公権力の発動を求めるものではなく，民事訴訟上の請求として許容されるとしたが（以上は，一審とは異なる判断である)，③Xらの被害が生活妨害にとどまるのに対して本件道路の公共性が大きく，かつこれに代替しうる道路もないこと等を考慮すれば，Xらの被害はいまだ受忍限度を超えていないとして，請求を棄却した。

　《上告審》最判平成7年7月7日（民集49巻7号1870頁)——騒音等の差止請求に関しては明確な判断を示していないが，抽象的不作為請求の適法性およびその司法判断適合性を黙示的に肯定したうえで，本件差止請求との関係では，Xらの被害は受忍限度を超えていないとした控訴審の判断を正当なものとして是認しうる旨の判断をしたものと思われる。

【3】大阪国際空港公害訴訟——大阪国際空港は，大阪府内の豊中市など三市にまたがる第一種空港(空港整備法2条1項1号)であり，空港として発展するにつれて離着陸する航空機の数も増加し，離着陸の最も頻繁な時間帯での平均間隔は約1分40秒とされている。本件は，同空港の周辺約2,000メートル以内に居住するXら(差止請求については，提訴前に他に転居した12名を除く252名)が，航空機のもたらす騒音・振動等により，騒音や墜落の不安による不快感・恐怖感，騒音性難聴等の被害および睡眠妨害等の生活妨害を受けていることを理由に，Y(国)に対し，午後9時以降翌朝午前7時までの間の航空機発着のための空港使用の禁止等を求めたものである[97]。

《第一審》大阪地判昭和49年2月27日(判時729号3頁)——①本件差止請求は空港管理規則の設定変更を求めるものでなく，空港管理主体であるYに対し一定時間内の空港の使用禁止という不作為を求めるものであるから，三権分立の建前に反しないとしたうえで，②損害賠償とは別個に差止についての受忍限度を判断し，午後10時から翌朝午前7時までの間につき，緊急やむを得ない場合を除き，郵便輸送機を含めて離発着に使用することを禁止したが，③午後9時から同10時までの間については，差止によって生ずる内外の航空輸送上の重大な影響を考慮して受忍限度内のものと判断し，請求を棄却した。

《控訴審》大阪高判昭和50年11月27日(判時797号36頁)——①公共用飛行場の夜間離発着の禁止を求める差止請求が私法上の請求として適法であることを認めたうえで(この点は，第一審と同様)，②「航空および本件空港の公共性を考えるにあたっては，そのもたらす社会的，経済的利益のみでなく，その反面に生ずる損失面をも考慮することを要する」ところ，本件ではXらを含む多数の住民に対し広範囲かつ重大な被害を及ぼしているから，「被害軽減のためには空港の利用制限によりある程度の不便が生ずることもやむをえないものとしなければならない。」と判示し，第一審が受忍限度内として否定した午後9時から同10時までの間についても，Xらの主張を認め，差止請求を認容した。

《上告審》最大判昭和56年12月16日(民集35巻10号1369頁)——「本件空港の離発着のためにする供用は運輸大臣の有する空港管理権と航空行政権という

二種の権限の，総合的判断に基づいた不可分一体的な行使の結果であるとみるべきであるから，Xらの請求は，……不可避的に航空行政権の行使の取消変更ないしその発動を求める請求を包含することとなるもの」であって，行政訴訟によることができるかどうかはともかく，Yに対し通常の民事訴訟の手続に基づいて請求することは不適法であるとし，原審（控訴審）判決を破棄し，第一審判決を取り消して，Xらの訴えそのものを却下した。

【4】厚木基地公害第一次訴訟──厚木飛行場は，大和市・海老名市・綾瀬市の三市にまたがり，日米政府間協定（昭和46年6月）により海上自衛隊と米軍との共同使用に供されている飛行場である。本件は，同飛行場周辺に居住する住民Xら（93名）が，これら軍用機の騒音等による被害が受忍限度を超えているとして，Y（国）に対し，自衛隊および米軍をして，午後8時から翌朝午前8時まで同飛行場に一切の航空機の離着陸等をさせてはならず，かつ，Xらの居住地内に一定音量を超える航空機騒音を到達させてはならない等を求めたものである(98)。

《第一審》横浜地判昭和57年10月20日（判時1056号26頁）──①自衛隊機については，Yによる本件飛行場の供用行為は防衛行政権の行使といえるから，行政訴訟によるならばともかく，民事訴訟による差止請求は不適法であるとして却下した。②米軍機については，米軍は条約（安保条約および地位協定）に基づいて本件飛行場を使用し，また，Yは米軍をして本件飛行場を使用せしめる条約上の義務を負担していることを根拠に，右条約に基づいて離着陸する米軍の運航にわが国の裁判権が及ぶいわれがなく，しかもYに対し条約上の義務履行行為と抵触する米軍機の離着陸についての規制・制限措置を執ることを求めるのは，法的に不能を強いるものであるとして，不適法と判示し，却下した。

《控訴審》東京高判昭和61年4月9日（判時1192号1頁）──①自衛隊機については，本件飛行場における自衛隊機の具体的運営は，わが国の総合的防衛態勢の一環をなすものであるから，自衛権行使のための具体的運用をいかに決定するかは高度の政策的判断を不可欠とするものであって，いわゆる統治行為

ないし政治問題に属するものというべく，したがって，Xらの請求は不適法として却下されるべきであるとし，②米軍機については，一審判決を引用しつつ，Xらの請求を不適法として却下した。

《上告審》最判平成5年2月25日（民集47巻2号643頁）──①自衛隊機については，自衛隊機の運航は防衛庁長官の権限の下に行われるが，「自衛隊機の運航に伴う騒音等の影響は飛行場周辺に広く及ぶことが不可避であるから，自衛隊機の運航に関する防衛庁長官の権限の行使は，その運航に必然的に伴う騒音等について周辺住民の受忍を義務づけるものといわなければならない。そうすると，右権限の行使は，右騒音等により影響を受ける周辺住民との関係において，公権力の行使に当たる行為というべきである」。してみると，Xらの差止請求は，防衛庁長官に委ねられた自衛隊機の運航に関する権限の行使の取消変更ないしその発動を求めるものであって，不適法であるとして却下した。また，②米軍機については，本件飛行場に係るYと米軍との法律関係は条約に基づくものであるから，条約等に特別の定めのない限り，米軍の本件飛行場の管理運営およびその活動を制約・制限できないわけであり，そうすると，Xらの本件請求は，Yに対しその支配の及ばない第三者の行為の差止を請求するものであって，主張自体失当として棄却を免れないとした。

【5】横田基地公害第一・二次訴訟──福生市・武蔵村山市・立川市などにまたがって存在する横田飛行場は，国（Y）が安保条約・地位協定に基づき米軍の使用する施設・区域として米国に提供しているものであるが，本件は，同飛行場の周辺に居住する住民Xら（148名）が，米軍機から生ずる騒音・振動等により心身の被害や生活妨害を被ったとして，Yに対し，①米軍をして，午後9時から翌朝午前7時まで同飛行場を航空機の離着陸に使用させず，エンジンテスト等騒音発生行為をさせないこと，および，②（控訴審での予備的請求として）夜間Xらの居住地内に一定音量を超えるエンジンテスト音・飛行音を到達させないこと等を求めたものである[99]。

《第一審》東京地八王子支判昭和56年7月13日（判時1008号19頁）──横田

飛行場の管理運営権限は一切米軍に委ねられYには右権限がないことを指摘しつつ，Xらの請求は，結局，Yに対し，米軍の管理運営や米軍機の活動に対する制約を実現すべく，米国との協議ないし外交交渉を義務づける訴え（義務づけ訴訟）と解せられるところ，Yにおいてかかる行為に出るべきかどうかは，高度の政治問題であり，Yの統治権の発動たる性質を有するものであって，裁判所の判断になじまないものであると説示し，Xの請求を却下した。

《控訴審》東京高判昭和62年7月15日（判時1245号3頁）──まず，①については，(ⅰ)その請求の趣旨が直接に米軍の行為の停止を求める趣旨ならば，Yは被告適格を欠くから，請求は不適法であり，(ⅱ)Y自身に給付を求める趣旨ならば，どのような具体的行為を求めるのか明確でない点で不適法であるとした。また，②については，その請求は，直接の侵害行為者である米軍を相手方とするものでもなく，また，侵害行為自体の停止を求めるものでもないので，いわば間接的差止請求とでも呼ぶべきものだが，そのような請求は主張自体失当であるとして，棄却した。

《上告審》最判平成5年2月25日（判時1456号53頁）──①については，Xらの請求の趣旨が国に対して給付を求めるものであることは明らかであり，このような抽象的不作為命令を求める訴えも請求の特定に欠けるものとはいえない（この点で，原審の判断は正当とはいえない）としつつ，Xらの請求は，Yに対し，その支配の及ばない第三者の行為の差止を求める点で，主張自体失当として棄却を免れないとした。②については，原審の上記の判断は結論において是認しうるとした。

【6】福岡空港公害訴訟──福岡市の東南部(JR博多駅から約3キロ)に位置する福岡空港は，第二種空港（空港整備法2条1項2号）として民間航空機の使用がほとんどであるが，自衛隊機（輸送用）や米軍機（要務連絡用）も回数は少ないものの使用している（その意味では，軍民共用飛行場といえる）。本件は，同空港周辺に居住する住民Xら(507名)が，上記の航空機から生ずる騒音・振動等により，生活妨害・健康障害・家屋の損傷等の被害を被ってきたとして，

Y（国）に対し，午後9時から翌朝午前7時まで同空港を一切の航空機の離着陸に使用させないこと等を求めたものである。

《第一審》福岡地判昭和63年12月16日（判時1298号32頁）――まず，①民間航空機については――前記【3】の大法廷判決を引用しつつ――，空港の供用の差止請求は，不可避的に運輸大臣に対し公権力としての航空行政権の行使の取消・変更ないし発動を求めることとなるから，民事上の請求としては不適法であるとし，また，②自衛隊機については，（①で述べた理由のほか）その差止請求は自衛隊の活動に重大な制約を加えるものであり，統治行為ないし政治問題として司法裁判所の判断に属さないこと，③米軍機については，（①で述べた理由のほか）その差止請求は条約の改変について外交交渉の義務づけを求めるものとなり，しかも条約の改変は統治行為ないし政治問題として司法裁判所の判断に属さないことから，いずれも不適法であるとして，請求を却下した。

《控訴審》福岡高判平成4年3月6日（判時1418号3頁）――本件差止請求については，第一審判決を引用しつつ，同様の判断を示した。ただし，運輸大臣の航空行政権行使の取消・変更等を求める請求を包含することをもって差止請求を不適法とする最高裁判例の考え方に対して，つぎのような疑問を呈している点は，注目される。すなわち，(i)「本来航空行政権の埒外にあるべき周辺住民がその私権を侵害された場合において，もともと公権力を行使する存在でない空港管理者に対し何故これを甘受しなければならないかについて，また，空港管理権者たる運輸大臣の判断と航空行政権者たる運輸大臣の判断が抵触した場合において後者が前者に優越する実質的な理由について一義的で明確な説明がないのみならず」，(ii)「公益が公益なる故に私益に優越して保護される理由又は航空行政の政策的配慮が不法行為の被害者救済に優先する理由について納得するに足りる説明がないこと」，(iii)「更には司法的救済手段である行政訴訟の手続的保障について現実性ある理論の解明が不十分であること等今一つ説得力に欠ける理論上の欠陥があるといわなければならない」。

《上告審》最判平成6年1月20日（判時1502号98頁）――①民間航空機については――前記【3】の大法廷判決を引用しつつ――，第二種空港における民

間航空機の離発着の差止を求めることは民事上の請求としては不適法であるとした原審判決は正当だとして，上告を棄却した。②自衛隊機については，防衛庁長官に委ねられた自衛隊機の運航に関する権限行使の取消・変更ないしその発動を求める請求を包含するとの理由で，不適法であるとし，また，③米軍機については，Yは，条約等に特段の定めがない限り米軍の本件空港の使用を制限できるものではないから，Xらの請求は，Yに対しその支配の及ばない第三者の行為の差止めを請求するものであって，その主張自体失当として棄却を免れない（ただし，右請求を不適法・却下した一審判決を取り消して請求を棄却することは不利益変更禁止の原則に触れるから，右却下部分に対する控訴は棄却するほかなく，原審判決は結局において相当である）とした。

【7】小松基地公害第一・二次訴訟──航空自衛隊小松基地の周辺に居住する住民Xら(330名)が，Y(国)に対し，自衛隊機および同基地の一部を共同使用している米軍機について，特定の時間帯（午後零時30分〜午後2時，および，午後6時〜翌朝午前7時）の離着陸の禁止，並びに，その他の時間帯における70ホンを超える騒音の侵入の禁止等を求めたものである[(100)]。

《第一審》金沢地判平成3年3月13日（判時1379号3頁）──①自衛隊機については，(i)本件差止請求の対象は，国民に対する公権力の行使を本質的内容としない内部的な職務行為とその実行行為であり公定力を有しない行為であるから，民事上の差止請求の対象となりうるとし，(ii)統治行為論との関係では，本件における判断の対象は，基地の設置・管理の瑕疵であり騒音によるXらの被害の内容程度であって，防衛力配備の適否ではないから，統治行為論は採用しえないとして，Xらの請求を適法としたものの，騒音の程度は差止請求との関係では受忍限度を超えていないとして，請求を棄却した。また，②米軍機については，Yは地位協定に基づいて本件飛行場を米軍に使用させる条約上の義務を負っており，Yにおいて一方的に使用を禁止・制限しうる地位を有していないから，法的に不能を強いるものであって，不適法として却下した。

【8】厚木基地公害第二次訴訟——前記【4】の第二次訴訟であり，厚木飛行場に近接する区域内の住民Xら(161名)が，Y(国)に対し，自衛隊および米軍をして，午後8時から翌朝午前8時までの間の一切の航空機の飛行の禁止，および，Xらの居住地への一定音量を超える航空機騒音の到達禁止等を求めたもの。

《第一審》横浜地判平成4年12月21日（判時1448号42頁）——①自衛隊機については，(ⅰ)本件飛行場における自衛隊機の運航活動は，公権力の行使にあたる事実行為ではなく，Yの内部的な職務命令の下に行われる運航活動にすぎないから，Xらの請求は民事訴訟として不適法とはいえず，かつ，(ⅱ)Xらの請求は，わが国の防衛政策に関する重要な決定の有効無効等を直接審判の対象とするものでもないから，(統治行為論の問題が生ずる可能性は否定しえないとしても)なお実体判断をなしうるものであると説示したものの，Xらの被害のうち自衛隊機による部分を把握するに足りる証拠はなく，したがって受忍限度を超える被害の存在を認めることはできないとして，Xらの請求を棄却した。また，②米軍機については，Yは米軍をして本件飛行場を支障なく使用せしめる条約上の義務を負担しているのであるから，Xらの請求は，Yに対し法的に不能な給付を求めるのみならず，このような事項にはわが国の裁判権は及ばないこと，および，Xらの請求を実現するためにはYに米国との外交交渉を義務づけるほかないが，このような外交交渉は行政府の高度に政治的かつ自由裁量的な判断に委ねられるべきところ，裁判所がこれを拘束するような裁判をすることは三権分立の精神に反することを理由に，Xらの請求を不適法とした。

【9】横田基地公害第三次訴訟——本件は，米軍横田飛行場の周辺に居住する住民Xら(599名)が，Y(国)に対し，米軍をして午後9時から翌朝午前7時まで同飛行場を一切の航空機の離着陸に使用させてはならず，かつ，同飛行場からXらの居住地に55ホン以上の騒音を到達させないこと（主位的請求），および，午後9時から翌朝午前7時までXらの居住家屋内に同飛行場から50デシベルを超える飛行音を到達させないこと（予備的請求）等を求めたものであ

り，原告Xらの家族等による先行訴訟（前記【5】）に続く第三次訴訟である。

《第一審》東京地八王子支判平成元年3月15日（判タ705号205頁）——まず，主位的請求に対しては，Yが米軍の横田飛行場使用に直接に規制を加えるか，米軍に対して何らかの行動に出ることを求める趣旨であると解したうえで，前者であれば，Yには同飛行場の管理・運営権限がないから被告適格を欠くし，後者であれば，Xらの請求はYに対して行政権の発動を求めるものであって，通常の民事訴訟によることは許されず，不適法であるとして却下した。また，予備的請求に対しては，Yに対してXらの居住地域への騒音の到達の防止を求めたものと解したうえで，Yの行うべき作為・不作為の具体的内容が特定されていないから，不適法であるとして却下した。

《控訴審》東京高判平成6年3月30日（判時1498号25頁）——まず，主位的請求に対しては，横田飛行場の管理・運営はアメリカ合衆国（米軍）が行っていて，Yには右権限がないこと，および，条約上もYは米軍の管理・運営権限を制約しえないことから，Xらの本件請求は，Yに対しその支配の及ばない第三者の行為の差止を請求するものであり，主張自体失当であるとして，棄却した。また，予備的請求に対しては，上記の理由に加え，本件被害を直接発生させているのは米軍であってYではないこと等から，主張自体失当であるとして棄却した。なお，①差止請求は給付請求の一種であるから，Yの被告適格を問題にする余地はなく，②Xらの請求の趣旨自体は不特定とまではいえず，③統治行為の法理が適用される余地もないとして，Xらの請求の趣旨自体は不適法とまではいえない旨，判示している（これらの点は，一審判決と異なる）。

【10】嘉手納基地公害訴訟——嘉手名飛行場は沖縄本島中部に位置する米軍基地であり，米軍の東アジア地区における戦略上の重要な基地となっている。本件は，同飛行場の周辺に居住する住民Xら（907名）が，Y（国）に対し，午後7時から翌朝午前7時までの航空機の離着陸の禁止，および，午前7時から午後7時までXらの居住地内へ65ホンを超える航空機騒音の到達の禁止等を求めたものである。

《第一審》那覇地沖縄支判平成6年2月24日（判時1488号20頁）——本件差止請求は，Yに対し，第三者である米軍の行為の差止を求めるものであるが，本件飛行場に係るYと米軍の法律関係を定める条約には，Yをして米軍の本件飛行場の管理運営権限を制約し，その活動を制限するための定めはないのであるから，Xらの請求は，Yに対してその支配の及ばない第三者の行為の差止を請求するものというべきであって，主張自体失当として棄却を免れない，とした。

《控訴審》福岡高那覇支判平成10年5月22日（判時1646号3頁）——（第一審と同様に）本件飛行場は条約等により米国が専権的に管理・運営しており，Yはこれを管理・運営する権限を有しないから，Xらの請求は，Yに対しその支配の及ばない第三者の行為の差止を請求するものであって，主張自体失当として棄却を免れない，とした。

【11】小松基地公害第三・四次訴訟——前記【7】に続く第三・四次訴訟であり，小松基地周辺に居住する住民Xら（1765名）が，第一・二次訴訟と同様，Y（国）に対し，自衛隊機および米軍機の夜間・早朝の飛行禁止等を求めたものである。

《第一審》金沢地判平成14年3月6日（判例集未登載[101]）——①自衛隊機については，「民事訴訟で請求することはできない」とのY側の主張を退けたものの，小松基地には国防政策上の枢要な役割があり，差止は全戦闘機の使用禁止に等しいとしたうえで，Xに具体的な健康被害が認められないこと，および，Yが不十分ながら周辺対策に多額の国費を投じるなど相当の努力をしていることを理由に，「差止を認めるほどの被害の深刻重大性，悪質性があるとはいえない」として，請求を棄却した。また，②米軍機については，「Yが米軍機を規制できる条約・法令がない」として，Xらの請求を退けた。

【12】新横田基地公害「対米国」訴訟——本件は，米軍横田飛行場の周辺に居住する住民Xら（19名）が，直接アメリカ合衆国（Y）を被告として，在日米軍

機の同飛行場での夜間・早朝（午後9時から翌朝午前7時まで）における離発着の禁止等を求めたものである(102)。

《第一審》東京地八王子支判平成9年3月14日（判時1612号101頁）——外国国家の民事裁判権免除に関する絶対免除主義の立場を明らかにした先例（大決昭和3年12月28日(103)）を引用しつつ、本件においては、アメリカ合衆国は日本の裁判権に服する意思のないことが記録によって明らかであるから、わが国の裁判権はYに及ばないとして、却下した。

《控訴審》東京高判平成10年12月25日（判時1665号64頁）——一般法としての国際慣習法によらず、日米地位協定18条5項の解釈(104)に基づいて、差止請求訴訟の裁判権についても、損害賠償請求権に関する裁判権免除を定めた右規定が類推されるとし、訴えを不適法として却下した。

《上告審》最判平成14年4月12日（判タ1092号107頁）——日米地位協定18条5項の規定は、「外国国家に対する民事裁判権免除に関する国際慣習法を前提として、外国の国家機関である合衆国軍隊による不法行為から生ずる請求の処理に関する制度を創設したものであり、合衆国に対する民事裁判権の免除を定めたものと解すべきではない。」とし、かつ、外国国家に対する民事裁判権免除に関していわゆる制限的免除主義が国際的に台頭している点は認めたものの、「しかし、このような状況下にある今日においても、外国国家の主権的行為については、民事裁判権が免除される旨の国際慣習法の存在を引き続き肯認することができる」とし、本件における「合衆国軍隊の……夜間離発着は、我が国に駐留する合衆国軍隊の公的活動そのものであり、その活動の目的ないし行為の性質上、主権的行為であることは明らかであって、国際慣習法上、民事裁判権が免除されるものであることに疑問の余地はない。」として、Xらの請求を不適法として却下した。

【13】新横田基地公害「対政府」訴訟——本件は、米軍横田飛行場の周辺（東京都および埼玉県内）に居住する住民Xら（5917名）が、Y（国）に対し、①アメリカ合衆国をして同飛行場において午後9時から翌朝午前7時まで航空機の離着

陸をさせてはならないこと，および，②上記の①の請求についてアメリカ合衆国と外交交渉をする義務があることを確認すること，等を求めたものである。

《第一審》東京地八王子支判平成14年5月30日（判時1790号47頁）──①については，Yと米軍との法律関係は条約に基づくものであり，Yは──条約またはこれに基づく国内法令に特段の定めがない限り──米国の横田飛行場の管理運営を制約し，その活動を制限しうるものでないところ，関係条約および国内法令に右のような特段の定めはないから，Xらの請求は，Yに対し，その支配の及ばない第三者の行為の差止を請求するものであって，主張自体失当として棄却を免れないとした。②については，日米地位協定18条5項に基づきYが米軍航空機に対する飛行差止を実現すべき義務を負っているとは解されず，また，外交交渉をするか否かは，内閣の政策的判断に基づくものでその政治的裁量に委ねられているものであるから，右規定が，Xらにおいて，Yが日米合同委員会を用いて外交交渉をすべきことを直接に請求する権利を認めているとも解されないとして，Xらの請求を棄却した。

(95) 本判決の評釈として，判時976号（1980）1頁以下に掲載の西原道雄，長田泰公，斎藤博，綿貫芳源，中井美雄，林光佑，佐治良三の各論稿（一審判決についての評釈），宇佐見大司・ジュリ840号（1985）6頁，森島昭夫・法時57巻9号（1985）19頁，高木輝雄＝岩崎光記・法時57巻9号（1985）25頁，岡徹・ジュリ862号《昭和60年度重要判例解説》（1986）113頁，浦川道太郎・別冊ジュリ126号《公害・環境判例百選》（1994）116頁，潮海一雄・公害研究15巻2号（1985）2頁，など。

(96) 本判決の評釈として，吉村良一・法時58巻12号（1986）81頁，潮海一雄・ジュリ869号（1986）69頁，本田純一＝伊藤高義・判タ638号（1987）9頁，小幡純子・法学教室146号（1992）92頁，山本恵三・法律のひろば45巻7号（1992）54頁，国井和郎・私法判例リマークス6号（1993）60頁，西原道雄・別冊ジュリ126号《公害・環境判例百選》（1994）108頁，野村豊弘・別冊ジュリ126号《公害・環境判例百選》（1994）124頁，神戸秀彦・法時67巻11号（1995）12頁，櫻井雅夫・ジュリ1046号《平成7年度重要判例解説》（1996）38頁，佐野裕志・判タ1062号（2001）141頁，など。

(97) 本判決の評釈として，原田尚彦・判評182号＝判時731号（1974）116頁，淡路剛久・別冊ジュリ43号《公害・環境判例》（1974）118頁，近藤昭三・ジュリ768号《昭和56年度重要判例解説》（1981）31頁，ジュリ761号（1982）に掲載の加藤一郎，小林直樹，浜田宏一，今村成和，原田尚彦，植村栄治，西原道雄，淡路剛久，加茂紀久男の各論稿，法時54巻2号（1982）に掲載の牛山積，宮本憲一，下山瑛二，潮海一雄，沢井裕

第1章　公害・環境汚染に対する民事差止訴訟の動向と問題点　61

の各論稿，淡路剛久・ジュリ900号《法律事件百選》(1988) 176頁，沢井裕・別冊ジュリ126号《公害・環境判例百選》(1994) 112頁，など．
(98)　本判決の評釈として，木村実・判評292号＝判時1073号 (1983) 188頁，大塚直・ジュリ1026号 (1993) 53頁，古城誠・法学教室156号 (1993) 106頁，小巻泰・法律のひろば46巻8号 (1993) 62頁，新山一雄・法学セミナー486号 (1993) 70頁，前田陽一・法学教室156号 (1993) 104頁，岡田雅夫・ジュリ1046号《平成5年度重要判例解説》(1994) 55頁，畠山武道・別冊ジュリ126号《公害・環境判例百選》(1994) 128頁，原強・判タ1062号 (2001) 144頁，など．
(99)　本判決の評釈として，田山輝明・ジュリ749号 (1981) 131頁，加藤雅信・法学教室87号 (1987) 84頁，青野博之・環境法研究18号 (1987) 137頁，大塚直・前掲註(98) 53頁，柳憲一郎・別冊ジュリ126号《公害・環境判例百選》(1994) 132頁，など．
(100)　本判決の評釈として，宇賀克也・判評392号＝判時1391号 (1991) 203頁，岡村周一・法学教室130号 (1991) 84頁，大塚直・法学教室130号 (1991) 82頁，宇佐見大司・ジュリ981号 (1991) 16頁，手島孝・ジュリ1002号《平成3年度重要判例解説》(1992) 9頁，小賀野晶一・別冊ジュリ126号《公害・環境判例百選》(1994) 122頁，など．
(101)　判例集未登載であるため，以下の判決内容は，朝日新聞平成14 (2002) 年3月8日付朝刊による．
(102)　本判決の評釈として，平覚・ジュリ1135号 (2002) 279頁，廣部和也・ジュリ1157号 (2002) 282頁，内記香子・ジュリ1195号 (2002) 29頁，など．
(103)　民集7巻12号1128頁——すなわち，国際法上の原則によれば，外国が自発的に応訴するか，または日本国内の不動産に関する権利関係の訴訟である場合を除いて，わが国の裁判権は外国を被告とする訴訟に関して当該外国には及ばない旨，判示する．
(104)　すなわち，日米地位協定18条5項の規定は，日米安保条約に基づき，日本に駐留するアメリカ合衆国軍隊とその構成員の公務執行中の不法行為に基づく損害賠償請求訴訟に合衆国または駐留軍が巻き込まれることがないように，合衆国に対してわが国の裁判権に服することを免除し，合衆国に対してわが国の裁判権を放棄することを定めたものである，とする．

2　裁判例の分析

(1) 全体的傾向　　すでに考察したように，廃棄物処理施設に対する差止請求訴訟においては，差止肯定例と否定例とが拮抗する状況のなか，平成以降は前者の比率が高くなる傾向を示しており，また，都市型大気汚染に対する差止請求訴訟においては，抽象的差止請求の一般的適法性を認める裁判例が続いた

後，原告の差止請求をほぼ全面的に認める裁判例が現れるに至った（本稿Ⅱ・Ⅲ参照）。これに対して，国の供用施設（鉄道，道路，とりわけ空港）による騒音被害等を理由とする差止請求訴訟においては，先に行った裁判例の概観から知れるように，全体的に「司法の壁」を痛感せざるをえない厳しい状況が続いているといってよい。

　すなわち，第一に，全28件（判決別）の裁判例のうち，差止請求を肯定したものは，わずか2件（【3】の一審判決および控訴審判決）にすぎない。第二に，その他の裁判例26件は結論的に差止請求を否定しているが，そのうち，抽象的不作為請求の適法性を肯定しつつ，被害が受忍限度内であるとして棄却したもの5件（つぎの(2)参照）を除けば，残りの21件は，抽象的不作為請求を不適法であるとして却下するか，あるいは，行政権（ないし公権力）等との関係における司法判断適合性の観点から，原告の請求を主張自体失当として棄却し，または不適法として却下している（しかも，その理由づけは必ずしも一様ではない）。これらの裁判例は，実質的審理の扉を開くことなく，いわば訴えを「門前払い」するものであり，原告被害者にとっては，まさしく「司法の壁」といえる。第三に，以上の裁判例においては，差止請求とともに損害賠償請求もなされているが，過去の損害賠償請求を否定したものが4件（【4】の控訴審判決，および，米国を被告とした【12】の一審判決・控訴審判決・上告審判決）もあるほか，将来の損害賠償請求を肯定したものは，わずか1件（【3】の控訴審判決）を数えるにすぎない。「司法の壁」は，損害賠償請求に関しても，厚く立ち塞がっているといえよう。

　(2) 抽象的差止請求の適法性　　上記の裁判例においては，一定音量を超える騒音を原告らの居住地内へ到達・侵入させないことが，差止請求の内容の一つになっている。そこで，そのような抽象的不作為請求が民事訴訟上の請求として適法であるかが，ここでも問われる。この点について，上記の裁判例は，右のような請求を適法とするもの7件，および，不適法とするもの2件，とに分かれる。

まず，前者は，(i) 抽象的不作為請求についての強制執行の方法としては間接強制があり，また不作為義務の履行方法については債務者側の選択に委ねることが相当であるから，原告らの差止請求は，その内容自体あるいは執行手続との関連からしても特定している(105) (【1】の一審判決。その控訴審判決も同旨)，(ii) 原告らが被害を将来に向けて回避するという観点から直接に救済を求めるには，原因の除去を求めることが必要であると同時に，それで十分というべきであり，その主張する保護法益と，差止として被告らにおいて何がなされるべきかが明らかであるから，請求の特定に欠けるところはない(106) (【2】の控訴審判決。原判決に違法なしと判示する上告審判決も同旨と思われる)，あるいは，(iii) 一定音量以上の騒音到達の差止請求も，侵害の発生源，保護されるべき法的利益，除去されるべき侵害結果の点から，請求の内容は特定している(107) (【7】の一審判決)，とする(ただし，前述したごとく，これらの裁判例はいずれも，結論的には被害がいまだ受忍限度内にあるとして，原告らの請求を棄却している(108))。

これに対して，後者は，不適法の理由として，原告の請求は，一定の事実状態を実現するための考えられる限りのあらゆる作為を並列的・選択的に求めるものであって，作為の内容が特定されているとは到底いえないこと(109) (【2】の一審判決)，あるいは，一定音量を超える飛行音の到達禁止を求める請求では，被告の行うべき作為・不作為の具体的内容が特定されていないこと(110) (【9】の一審判決)，を挙げる。

すでに考察したように (本稿Ⅲ・2(2)参照)，抽象的不作為請求についての強制執行として間接強制の方法が考えられ，かつ一定量の騒音の存否も計測可能なこと，原告に対し被告のなすべき作為につきその具体的手段の特定まで要求することは不当であること，および，右具体的手段については被告側の選択に委ねるほうが公平かつ合理的であること等からして，後者の考え方が妥当と思われる。

(3) 行政権の行使等との関係における司法判断適合性　これについては，

(a) 鉄道・道路騒音に対する差止請求, (b) 民間航空機の騒音に対する差止請求, および, (c) 自衛隊機・米軍機の騒音に対する差止請求, とに分けて見ることにする。

(a) 鉄道・道路騒音に対する差止請求　これらの騒音事件に関する裁判例は, 計5件——その内訳は, (2)で見たように, 抽象的不作為請求を不適法として却下するもの1件(【2】の一審判決), および, 抽象的不作為請求を適法としつつ, 被害が受忍限度内であるとして棄却するもの4件(【1】の一審判決・控訴審判決,【2】の控訴審判決・上告審判決)——である。このうち, 行政権ないし公権力の行使との関係について言及するものは, つぎの2件であるが, いずれも, 司法判断適合性について積極的(ないし肯定的)な態度を示している。すなわち, 鉄道(新幹線)騒音に関する【1】の控訴審判決は, 新幹線減速走行請求(予備的請求)について, 新幹線の場合は, その設置・管理者(＝被告国鉄)と運輸行政権を主管する者(＝運輸大臣)とは異なっており, 新幹線の管理権と運輸行政権という二種の権限が同一機関の総合的判断に基づき不可分一体的に行使されることはないから, 減速請求が運輸行政権の行使の取消変更ないし発動を求める請求を包含するとはいえない, とする[111]。また, 道路騒音に関する【2】の控訴審判決は, ——原審(第一審)判決が(仮定的判断として), 原告らの請求が本件道路の供用廃止等の措置を求める趣旨であれば, 民事訴訟としては不適法である旨を判示したのに対して——「原告らは, 公権力の発動を求めるものではない。いうまでもなく, 本件は管理権の作用を前提とするところ, それにもかかわらず異別に解しなければならない特段の事由が認め難いというべきであるから, 民事訴訟上の請求として許容される」とする[112]。

行政権の行使等との関係における司法判断適合性が消極的(ないし否定的)に解されたのは, むしろ, 以下の航空機騒音の場合に関してである。

(b) 民間航空機の騒音に対する差止請求　民間航空機の騒音に対する差止請求を扱った裁判例は6件あるが, このうち, 司法判断適合性について積極的な態度を示したのは,【3】の一審判決および控訴審判決(いずれも, 結論と

して差止請求を認容）である。すなわち，右の一審判決は，原告らの請求は空港管理規則の設定変更を求めるものではなく，人格権侵害に基づき，空港管理主体である被告（国）に対し一定時間内の空港の使用禁止という不作為を求めるものであるから，三権分立の建前に反しないとする[113]。また，その控訴審判決は，①運輸大臣（＝空港管理者たる被告・国の機関）の管理行為に行政権の行使たる側面が見られるとしても，利用者以外の第三者との関係をも含めて全面的に公権力の行使となるものではないこと，②本件請求は，空港の供用に伴って生ずる侵害状態の排除を求めるものであるから，事業主体たる国と原告との関係をもっぱら私法上の関係として把握することに何らの妨げもないこと，および，③右侵害除去のためには，本件空港を航空機の離着陸に使用させることを禁止することで足り，運輸大臣のとるべき具体的措置を特定する必要すらないのであるから，運輸大臣の特定の行政処分を求めるものではない，とする[114]。

　これに対して，その他の裁判例4件は，司法判断適合性について消極的な態度を示している。まず，上記2件の上告審である最高裁大法廷判決は，「本件空港の離着陸のためにする供用は運輸大臣の有する空港管理権と航空行政権という二種の権限の，総合的判断に基づいた不可分一体的な行使の結果であるとみるべきであるから，被上告人らの……請求は，事理の当然として，不可避的に航空行政権の行使の取消変更ないしその発動を求める請求を包含することとなる」とし，狭義の民事訴訟の手続により差止請求することは不適法である，とする[115]。また，【6】の一審判決・控訴審判決および上告審判決も，右の大法廷判決を引用しつつ，空港管理権と航空行政権の不可分一体性を理由に，民事上の差止請求として不適法である旨を述べる[116][117]。

　司法判断適合性について消極的な態度を示した上記の裁判例には，航空行政上の政策的秩序を強調した公法的な立場が色濃く反映されているように思われる。しかし，これらの裁判例においては，空港管理権と航空行政権の「密接不可分性」が強調されているものの，①利用者ではない周辺住民（原告ら被害者）との関係において，何故に空港管理者の航空行政権が及ぶとされるのか，

②空港の供用禁止を求める差止請求が，何故に必然的に航空行政権の取消変更ないしその発動を求める請求を包含することになるのか——換言すれば，空港管理権者であり航空行政権者でもある運輸大臣の判断が抵触した場合に，何故に運輸大臣の後者としての判断が優先されることになるのか——，および，③航空行政上の政策的配慮が，何故に不法行為の被害者救済に優先するのか等について，必ずしも説得的な説明ないし理由づけが示されているとはいい難い[118]。

(C) 自衛隊機・米軍機の騒音に対する差止請求　これに関する裁判例は，20件（判決別で。延べ件数でいえば，自衛隊機に関して9件，米軍機に関して20件）あるが，全体として，司法判断適合性について消極的な態度を示す傾向が強い（そうした傾向は，米軍機に関してとくに著しい）。

まず，自衛隊機に関する裁判例9件のうち，司法判断適合性について積極的態度を示すものは，つぎの3件である。すなわち，自衛隊機の運航活動は，国民に対する公権力の行使を本質的な内容としない内部的な職務命令とその実行行為にすぎず，公定力を有しない行為であること，および，差止や損害賠償を求める一般民事訴訟においては自衛隊の違憲性につき司法上の判断をする必要がないから，統治行為論によって不適法・却下されることもありえないことを理由に，民事上の差止請求の対象となりうるとする[119]（【7】【8】【11】の各一審判決）。これに対して，消極的態度を示すものは，6件ある。その理由としては，①防衛行政権の行使の取消変更ないしその発動を求めることに帰すること（【4】の一審判決，【6】の上告審判決），②統治行為ないし政治問題であること（【4】の控訴審判決，【6】の一審判決および控訴審判決[120]），あるいは，③防衛庁長官の権限行使は周辺住民との関係において直接「公権力の行使」にあたること（【4】の上告審判決），が挙げられている。司法判断適合性を消極に解したこれら裁判例の論理の根底には，民間航空機に対する差止請求の場合と同様（否，むしろそれ以上）に，航空行政（ないし防衛行政）上の政策的判断優位の思想が潜んでいるように思われる。とくに【4】の上告審判決は，前記の大法廷判決（【3】の上告審判決）が採用した「航空行政権」

論ないし「不可分一体」論には全く触れることなく(121)，いわば正面から「公権力の行使」を認めている(122)。しかし，右判決に対しては，公権力性の認定に関する従来の最高裁自身の立場に反するのみならず，右判決の論旨を前提に，周辺住民に対し自衛隊機の運航に伴う騒音等の受忍を義務づけるためには，その旨を明示する実体的・手続的規定がなければならないなどとして，学説からの批判が加えられている(123)。

　つぎに，米軍機に関する裁判例20件は，いずれも，司法判断適合性について消極的態度を示している。その理由は，つぎのとおりである。すなわち，①条約上の米国の権限に基づき離着陸する米軍機の運航に対しては，わが国の民事裁判権が及ばないこと（【4】の一審判決・控訴審判決，【8】の一審判決），②米軍機の運航を規制する権限を有しない国に対してその規制を求めるのは，法的に不能を強いることになること（【4】の一審判決・控訴審判決，【7】の一審判決，【8】の一審判決），③国に対して米軍機の運航を制約するための外交交渉を義務づける訴えは，統治行為ないし政治問題に係わること（【5】の一審判決，【6】の一審判決・控訴審判決，【8】の一審判決），④直接の侵害行為者でなく，かつ米軍機の運航に何らの権限も有しない国は被告適格を欠くこと（【5】の一審判決・控訴審判決，【9】の一審判決），あるいは——近時の裁判例で最も多く示される理由として——，⑤国の支配の及ばない第三者の行為の差止を求めるものであること（【4】【5】【6】それぞれの上告審判決，【9】の控訴審判決，【10】の一審判決・控訴審判決，【13】の一審判決），などである。なお，直接米国を被告として訴えた【12】においては，一審判決は，外国国家の民事裁判権免除に関し絶対免除主義を採用した大審院判例を引用・踏襲し，控訴審判決は，損害賠償請求権に関する裁判権免除を定めた日米地位協定18条5項を類推適用し，また，上告審判決は，外国国家の主権的行為につき民事裁判権を免除する旨の国際慣習法の存在を理由に，それぞれ原告の請求を不適法として却下している(124)。

　思うに，米軍機に対する差止請求の場合は，条約や地位協定が介在することもあって，自衛隊機に対する差止請求の場合よりも困難な問題を含んでいると

はいいうる。しかし，上記の裁判例が示すような消極的な対応（「門前払い」判決）が続く限り，「過去の損害賠償だけは認めるが，差止は認めない」という判決結果が繰り返されるだけであろう。上記のいずれの裁判例においても，原告らは，米軍の存在そのもの，あるいは米軍機の飛行訓練そのものを否定したわけではなく，夜間の飛行差止という形で，訓練の態様ないし方法を問題にしているにすぎない。航空機騒音による被害が単なる生活妨害の域を超え，深刻な健康被害に及んでいる現実を前にしながら，上記のような論理を盾にしつつ部分的差止すら認めず，結局は被害住民に「受忍を強いる」ことが法治国家としてはたして許されるべきことなのかが，今，司法に問われているといってよかろう。なお，法理論的な観点からは，国に対して「地位協定上の要望権の行使を求める請求（＝間接的差止請求）」の可能性を示唆する見解[125]があり，注目される。

(4) 差止の法的構成　　差止の法的構成については，差止請求それ自体を──(3)に挙げたような理由で──却下ないし棄却する裁判例が多いこともあって，これに言及する裁判例は全体の三分の一程度である。しかし，それらはいずれも人格権的構成を採用しており，かつ，その大部分は環境権的構成を否定している[126]。また，差止の対象とされる人格権の内容に関しては，騒音・振動による「身体の侵襲」ないし身体権の侵害に限定されるとするもの[127]，あるいは，単なる平穏権（ないし快適な生活を営む権利）の侵害の場合には受忍限度の判断を経由することが必要であるとするもの[128]，などが若干散見される。ともあれ，先に考察した廃棄物処理施設および大気汚染のケースも含めて，差止の法的構成として人格権的構成を採用するというのが，裁判実務におけるほぼ定着した見解であると見てよかろう。

(5) 違法性とその判断要素　　違法性の判断については，上記の裁判例のほとんどが，（いまや伝統的手法ともいいうる）受忍限度論的利益考量の方法を採用している。問題は，生命・身体・健康などの人格的利益が侵害されている

場合でもなお,右の手法が妥当といいうるかである。この点,上記の裁判例は,これを当然視するかのごとくである(129)。しかし,少なくとも本稿で考察対象としたような公害・環境紛争においては,①侵害行為の広範性や反復・継続性および被害の深刻性・回復困難性といった点で,他の侵害事件とは比較すべくもないこと,②生命・身体・健康上の被害に対しては,そもそも受忍限度あるいは利益考量という考え方自体なじむものとは思われないこと,および,③相隣関係的な生活妨害と異なり,紛争当事者間の立場(ないし地位)の互換性が失われていることなどから,受忍限度論的な利益考量に対しては大きな疑問を抱かざるをえない。

つぎに,差止と損害賠償の場合とで違法性が認められる度合いに差異を設けるべきかについて,これを肯定する裁判例がいくつか散見される。すなわち,それらは,差止の場合の受忍限度は損害賠償の場合の受忍限度よりもさらに厳格なものでなければならないとして,違法性二段階説の立場をとるものである(130)。もとより,損害賠償は認められても差止は認められないとされるケースは,一般的にありうることだが,必ずしも違法性二段階説的な考え方を採用した結果であるとはいいきれまい(131)。また,そもそも損害賠償は――将来の損害賠償を別とすれば――,すでに被った損害の塡補を目的とするものであるのに対して,差止は,将来において被るであろう損害の防止を目的とするものであり,両者はその認否につき判断基準を異にしているのである。したがって,上記の裁判例の説くように,差止違法と賠償違法とで強弱の差をつけたり,前者が後者よりも厳格に解されなければならないとする論理必然性はない,と考えられる。

最後に,違法性の判断要素としての「公共性」については,一方で,国の供用施設がもつ高度の公共性を強調するものや(132),公共性が高度になれば受忍限度も高くなるとするもの(133)がある。しかし,他方で,損害賠償請求との関係においては公共性を違法性の判断要素として否定するものが1件見られる(134)ほか,公共性は違法性の判断要素の一つにすぎず,公共性の高いことは違法性を否定する理由にはならないとするものが,比較的多く見られる(135)。

また，公共性の内容に関して，自衛隊基地または米軍基地のもつ公共性は，他の公的（ないし公共的）諸活動と同程度であるとするもの[136]，がある。なお，民間航空機に対する差止請求を認容した【3】の控訴審判決が，「空港の公共性を考えるにあたっては，そのもたらす社会的，経済的利益のみでなく，その反面に生ずる損失面をも考慮することを要する」とし，「被害軽減のためには空港の利用制限によりある程度の不便が生ずることもやむをえないものとしなければならない。」と説示している点は，注目されてよい。

(105) 判時976号355頁。
(106) 判時1415号29頁。
(107) 判時1379号19頁。
(108) このほか，その理由づけは必ずしも明示的ではないものの，【5】の上告審判決は，一定音量以上のエンジンテスト音や航空機誘導音を発する行為の差止請求（＝原告らの主位的請求）について，「右請求の趣旨は，被上告人（国）に対して給付を求めるものであることが明らかであり，また，このような抽象的不作為命令を求める訴えも，請求の特定に欠けるものということはできない。」とし（判時1456号55頁），また，【9】の控訴審判決も，「差止請求は給付請求の一種であるから，……請求の趣旨自体は不特定とまではいえない」と述べる（判時1498号31頁）。ただし，両判決とも，原告らの請求は国の支配の及ばない第三者の行為の差止を請求するものである点で，主張自体失当であるとして棄却している。
(109) 判時1203号130頁。
(110) 判タ705号212頁。
(111) 判時1150号52～53頁。
(112) 判時1415号29頁。
(113) 判時729号65頁。
(114) 判時797号70頁。
(115) 民集35巻10号1379頁。
(116) ただし，注目すべきこととして，一審判決は，空港の供用差止の民事訴訟以外の司法上の救済方法について，周辺住民は，①民間航空会社を被告として空港使用の差止請求訴訟を提起することができるし，②行政訴訟としては，運輸大臣を被告として，航空機騒音防止法による航行方法指定の告示の制定を求める義務づけ訴訟等が考えられなくはない旨，付加的に判示している（判時1298号70頁）。
(117) なお，上記の【3】の場合は，第一種空港（空港整備法2条1項1号にいう「国際航空路線に必要な飛行場」）であるのに対し，【6】の場合は，第二種空港（同法2条1項2号にいう「国内航空路線に必要な飛行場」）であり，かつ，（自衛隊機および米軍

機の使用にも供されており）軍民共用飛行場として使用されている。
(118) この点に関して，上記【3】の大法廷判決における「反対意見」（とくに，中村治郎裁判官および団藤重光裁判官の反対意見）を参照。また，【6】の控訴審判決も――本文に掲げたような結論をとりつつも――，【3】の大法廷判決に代表される，いわゆる「不可分一体」論に対して，理論上の不備ないし欠陥がある旨の疑問を呈していることは注目される（「裁判例の概観」中の該当箇所，参照）。
(119) ただし，これらの裁判例は，被害が受忍限度内であること（【7】），自衛隊機による被害の程度を把握するに足りる証拠のないこと（【8】），被害が深刻重大とはいえないこと（【11】）を理由に，結論として，差止請求を棄却している。
(120) なお，【6】の一審判決および控訴審判決は，同時に，①の理由をも挙げている。
(121) その理由ないし背景について，畠山武道・前掲註(98)129頁以下は，裁判例【4】の場合は，空港管理権と不可分一体となるべき「○○行政権」が存在しないこと，自衛隊機に対する差止請求を「○○行政権」の存在を前提とする不可分一体論によって拒否できない以上，「公権力の行使」を認める以外に方法がなかったこと，および，前記の大法廷判決の示した「航空行政権」との不可分一体論が学説や下級審に不評であること，などを挙げている。
(122) 民集47巻2号649頁。
(123) 原田尚彦「判批」ジュリ123号《行政判例百選Ⅱ・第三版》（1993）375頁，大塚直・前掲註(98)56～57頁，畠山武道・前掲註(98)130～131頁，など。なお，原田尚彦『行政判例の役割』（1991，弘文堂）93頁，阿部泰隆『行政救済の実効性』（1985，弘文堂）74頁，泉徳治「取消訴訟の原告適格・訴えの利益」『新・実務民事訴訟講座・9巻』（1983，日本評論社）67頁，参照。
(124) なお，上告審判決については，「『主権行為でない外国の行為には裁判権が及ぶ』とする制限免除主義を実質的に肯定」したもの（朝日新聞平成14年4月13日付朝刊に掲載の小林秀之教授の発言），あるいは，「外国国家の民事裁判権免除に関し，絶対免除主義を採る大審院の判例を実質的に変更し，制限免除主義への途を開いたもの」（判タ1092号108頁のコメント），との評価がなされている。
(125) 大塚直・前掲註(98)ジュリ1026号60頁参照。
(126) すなわち，【1】の一審判決・控訴審判決，【2】の一審判決・控訴審判決，【3】の一審判決・控訴審判決，【5】の控訴審判決，【7】の一審判決，および【8】の一審判決。
(127) 【1】の控訴審判決（判時1150号54頁）。
(128) 【2】の一審判決（判時1203号131頁），【8】の一審判決（判時1448号107頁），など。
(129) たとえば，【5】の控訴審判決は，「通常の受忍限度」（社会生活上やむを得ない最小限度の騒音は，たとえ相当程度の不快感を与えるものであっても，もともと違法性を欠く）のほかに，「特別の受忍限度」（右のような受忍限度を超える被害を与える騒音であっても，公共性および地域特性の観点から，さらに一定限度までは被害を甘受し

なければならない），があるとする（判時1245号45頁）。被害それ自体よりも，（加害者の）事業活動の側に立った発想といえよう。また，差止請求を認容した【3】の一審判決は，人格権が侵害された場合の被害にも種々の態様や程度があることを前提としながらではあるが，人格権侵害の場合でも受忍限度論的利益考量は必要であり，このことは人格権が排他的な権利であることと決して矛盾するものではない，とする（判時729号65頁）。しかし，司法に求められるのは，むしろより積極的に，人格的利益に対する侵害が生命・健康上の重大な被害をもたらすときは，受忍限度論的利益考量は排斥されるという態度を鮮明にすることではないかと思われる。

(130) 【1】の控訴審判決（判時1150号54頁），【7】の一審判決（判時1379号46頁），【8】の一審判決（判時1448号105頁），など。いずれも，差止は，事業活動に対する直接の規制を内容とするものであり，当該事業活動に対する打撃が大きいことを，理由に挙げる。

(131) たとえば，(イ) 被害が物的なもの（たとえば，排煙・排ガスによる洗濯物の汚れ等の被害）であったり，情緒的被害（たとえば，眺望の阻害）にとどまっていたり，あるいは，人的被害に至っても軽微もしくは一時的である場合には，損害賠償は認められても差止は認められないこととなろう。あるいはまた，(ロ) 人的被害が相当程度に及んでいる場合であっても，被害防止対策が確実に実施され，将来における被害発生の蓋然性がないと判断されるような場合には，過去の損害賠償のみを認めて差止は認めないとの結論が妥当とされることもあろう。しかし，(イ) の場合は，差止を必要とするほどには現実の被害が重大なものでないこと（換言すれば，絶対権として保護に値するほどの人格的利益の侵害がないこと），また，(ロ) は，そもそも将来の被害発生の蓋然性がないことから，差止が否定されるのであって，（違法性二段階説が前提とする）違法性の強弱によるわけではない，と考えられる。

(132) 【2】の一審判決，および，【3】の一審判決。

(133) 【4】の控訴審判決，および，【5】の控訴審判決（ただし，公共性の程度が高ければどれだけ受忍限度を超えても違法にならないということはない，とする）。

(134) 【1】の一審判決。

(135) 【5】の一審判決，【9】の一審判決，【6】の一審判決・控訴審判決，および，【13】の一審判決。

(136) 【5】の控訴審判決，【7】の一審判決，および，【10】の一審判決。

(137) 判時797号69頁。

V 差止の要件をめぐる問題点と課題

本節では、差止に関する裁判例の分析を通じて浮かび上がった差止の要件論に関する問題点を整理するとともに、今後の課題に関して若干の検討を加えることにする。

1 差止の法的構成

(1) 裁判例の分析から見た判例の動向　まず、分析対象とした裁判例（判決別）──①廃棄物処理施設に関するもの44件、②都市型大気汚染に関するもの8件、③鉄道・道路・航空機騒音に関するもの28件──を見るかぎり、判例の動向としてつぎの三点を指摘することができよう。第一に、全体として差止肯定例が少なく（①につき24件、②につき2件、③につき2件）、かつ差止の法的構成を明示した裁判例も少ない（①につき21件、②につき3件、③につき9件）こともあって、いまだ法的構成に関する判例の態度が確定しているとはいい難い状況にあるものの、先に分析したように、実質的には人格権説をとる裁判例がほぼ主流を形成していると見ることができる[138]。第二に、差止請求の根拠としての人格権の意味・内容については、種々の人格的利益の総体としてとらえるにとどまる裁判例が散見される[139]一方で、より具体的または限定的にとらえる裁判例もいくつか散見される。すなわち、上記①に関する裁判例においては、人格権の一種としての身体権、ないし（身体権の一環としての）平穏生活権──より具体的かつ例示的には「生命・健康を維持するのに適した飲用水・生活用水を確保する」権利──ととらえるのが、近時の動向になっている[140]。また、上記②および③に関する裁判例においても、人格権のうちとくに身体権に限定すると思われるものがある[141]ほか、身体権および平穏生活権を挙げつつ後者については受忍限度の判断を経由する必要を示唆するもの[142]、などが見られる。第三に、上記の裁判例においては、人格権を中心

とした権利的構成をとる場合であれ，またはとくに法的構成を明示しない場合であれ，全体的特徴として，違法性の判断について受忍限度論的利益考量を行う傾向が見られる[143]（この点に関し，本節V・2参照）。

(2) 従来の学説の問題点　他方，学説においては，――人格権説が支配的見解であると見る向きもないわけではない[144]が――いまだ確定的な法的構成はなく，様々な法的構成が混在する状況が続いている[145]といってよい。従来，学説上の諸見解に対しては，つぎのような問題点が指摘されてきた。

　まず，権利的構成をとる見解については，以下のごとくである。(a) 物権的請求権説[146]（有害物質や騒音・振動等のエネルギーの侵入をも所有権などの物権に対する侵害と見て，物権的請求権によって差止を認めようとする見解）に対しては，物権的請求権という伝統的に確立された法概念に基づいているため，法的安定性が高く，かつ故意・過失を要件としないため，被害者救済に資するメリットがあるとされる反面で，物権者以外の者の保護に欠けること，被害が広範囲にわたるような公害・環境汚染の場合にはその射程距離が疑問視されること，および，生命・健康などの被害が問題となる事例についてそもそも物権の侵害という構成自体がなじまないこと，などのデメリットを有しているとされる。(b) 人格権説[147]（公害・環境汚染における被害の中心が生命・身体・健康などに関していることから，直接に人格権を根拠とする見解）に対しては，被害の実質に適合しているという点ですぐれているものの，人格権の外延が明確でないことや，権利にまで高められない人格的利益については差止の対象から排除される危険性があるなどのデメリットがあるとされている。また，(c) 環境権説[148]は，環境権を，「良き環境（自然的環境のみならず社会的・文化的環境をも含むところの）を享受して，これを支配し，かつ，人間が健康で快適な生活を求めるための権利」と定義づけ，このような権利は――すべての人々がその共通の財産としてかかる環境を享受しうるという意味で――環境にかかわりのある地域住民が平等に共有している（＝環境共有の法理）とした上で，環境権は，人格権と同様に，憲法13条・25条にその価値評価の基準を置

くとともに，私権としても差止の根拠たりうる，と説く(149)。しかし，この見解に対しても，環境権の私権性について十分に対応しえていないこと，権利者の人的範囲（ないし原告適格）あるいは「環境」の範囲それ自体についての不明確性などが指摘されてきた。

　つぎに，不法行為的構成をとる見解については，以下のような問題点が指摘されてきた。すなわち，(d) 純粋不法行為説(150)（民法709条の不法行為要件を充足するかぎり，その効果として差止も認められるとする見解）に対しては，同条の文言に反すること，故意・過失の要件が必要とされる点で他の見解に比べ被害者に不利なこと，および，損害の発生が要件とされる結果，予防のための差止（事前的差止）が否定されてしまうなどの難点があること，(e) 新受忍限度論的不法行為説(151)（故意・過失と違法性とを一元化した上で，受忍限度を超える被害について差止が認められるとする見解）に対しては，受忍限度概念の中に故意・過失を含めてしまう考え方が解釈論として成り立ちうるか疑問なこと，および，受忍限度論的利益考量がなされる結果，加害行為の公共性（ないし社会的有用性）を理由に差止が否定されてしまうおそれがあること，また，(f) 違法侵害説(152)（民法709条で要求される故意・過失は差止については不要であり，「不法な行為による保護利益の許容しがたい侵害があれば足りる」とする見解）に対しては，不法行為的構成をとりつつ故意・過失を不要とすることの理由が必ずしも明確とはいい難いこと，および——(e)に対してもいいうることだが——結論の当否を裁判官に全面的に委ねてしまうおそれがあること，などである。

　(3) 法的構成をめぐる新たな局面　　従来の学説における論争の基本的な対立は，物権・人格権・環境権といった絶対的な権利については利益考量を排除して差止を認めるべきであると考えるか（権利的構成），それとも，被侵害利益の種類や被害の程度，侵害行為の種類や性質，差止を認めた場合の両当事者への影響や社会的影響等の諸要素を比較考量し，受忍限度を超える侵害であると評価される場合にのみ差止を認めるべきであると考えるか（不法行為的構成

ないし受忍限度論），という点にあった。しかし，近時では，権利的構成（とくに環境権説）をとる側においても，人格権とくに生命・健康については利益考量を排除しつつも，健康侵害に至らない生活妨害については利益考量の余地を認め，他方，不法行為的構成ないし受忍限度論をとる側においても，生命・健康などの重大な権利については利益考量が排除されうることを認めるなど，両者は接近する傾向にあるといわれている[153]。

　他方また，差止の法的構成に関していずれの学説が最も適当であるかという従来の論争の仕方から離れて，権利的構成および不法行為的構成の有する利点・欠点を補うべく，両者の併存を認めようとする見解（二元的構成）も有力に主張されている。すなわち，「被害からみて絶対権侵害とみられる場合には当然に差止めを認め，絶対権以外の利益の侵害または質的には絶対権侵害だが，ある程度の量的侵害がないと違法と認めることができない場合には，侵害行為の態様（悪性）を考慮して違法として差止めを認める」とするもの[154]，および，生命・身体などの絶対権が侵害された場合には権利的構成により差止を認めるが，これに至らないような生活妨害（日照妨害など）のケースでは不法行為的構成（＝準不法行為的構成）による差止が認められるとするもの[155]，である。さらに，このような二元的構成を発展させる形で，より詳細につぎのように説く見解も見られる。すなわち，侵害行為を積極的侵害と消極的侵害とに分けた上で，㈹積極的侵害に対する差止については，権利侵害が必要であるとして，権利的構成（物権的請求権説および人格権説）を堅持する。ただし，人格権説による場合は，その外延が不明確であるため，排他的権利として認められうるかどうか疑問であるとして，①「生命侵害および健康侵害」の場合には，常に受忍限度を超えるものとして直ちに差止を認め，②「疾病に至らない潜在的な健康侵害ないし重大な精神的侵害」の場合には，公共性や地域性などを考慮する受忍限度判断を行った上で差止を認めてよいが，③「単なる不快感をはじめとする軽微な精神的侵害」の場合は，「感情の領域」の問題として，人格権の領域からはずす。他方，㈺消極的侵害については，人格上の利益に対する侵害として，不法行為に基づき，正面から利益衡量を

行った上で差止を認める,というものである(156)。

　思うに,差止の法的構成に関する従来の論争においては,差止の可否が問題とされる被害類型あるいは侵害態様を必ずしも明示的には前提に置かないままに,自説と他説の優劣を論じる傾向がなかったとはいいきれない。しかし,公害・環境汚染における「侵害行為と被害」の多様性——すなわち,直接的な形で生命・健康に重大な被害を及ぼすタイプのものから,財産的な被害を及ぼすにとどまったり,精神的不快感を及ぼすにすぎないタイプの(157)ものまで,様々なものが含まれる——を考えるならば,「各説の優劣は一定の紛争事実を前提として考察することが肝要(158)」であるといえよう(159)。具体的にいえば,生命・健康を侵害する（または重大な影響を及ぼす）ような広域的な環境汚染の場合には,人格権説に基づく差止が最も適合するが,隣接する土地所有者間での土壌汚染あるいは日照妨害の場合には,ことさら物権的請求権説に基づく差止を否定する必要はないし,また,健康被害にまで至らない騒音・振動・悪臭や眺望阻害のような場合には,利益考量を排除する必要はないと考えられる。したがって,「問題は,むしろ,どのような場合にどのような利益考量を施すか,あるいは,どのような場合に利益考量をしないのか,といった差止の具体的要件を確定すること(160)」が,今後の課題になると思われる。そうした観点からすれば,上記の二元的構成は,重要かつ有益な考え方を提示しているものと評価されてよかろう(161)。

(138)　既述のように,法的構成としてこれに続くのは,物権的請求権説であるが,上記①において若干散見されるだけで,被害がより広域化する②や③のケースにおいては見られない——なお,本稿では考察対象から除外しているが,日照妨害などの相隣的紛争のケースでは物権的請求権説に依拠する裁判例が多いことにつき,沢井裕・前掲註(5) 9頁以下,参照——。以上に対し,不法行為説および環境権説をとる裁判例はなく,とくに環境権説についてはこれを正面から否定する裁判例がいくつか散見される。

(139)　たとえば,上記③に関する裁判例のうち,【1】（東海道新幹線公害訴訟）の一審判決,【3】（大阪国際空港公害訴訟）の控訴審判決,および【7】（小松基地公害第一・二次訴訟）の一審判決,など。

(140)　本稿Ⅱ・2(2),および,前掲註(26)(27)に挙げた裁判例,参照。

(141)　上記②に関する裁判例のうち,【7】（尼崎公害訴訟判決）,【8】（名古屋南部公害訴

訟判決)，および，上記③に関する裁判例のうち，【1】（東海道新幹線公害訴訟）の控訴審判決（差止の根拠としては「身体の侵襲」ないし身体権の侵害に限定される旨を明言する），など。

(142) 上記③に関する裁判例のうち，【2】（国道43号線公害訴訟）の一審判決，および，【8】（厚木基地公害第二次訴訟）の一審判決，など。【5】（横田基地公害第一・二次訴訟）の控訴審判決も，これに含まれようか。

(143) もっとも，上記②および③に関する裁判例においては，原告の請求を主張自体失当として棄却したり，または不適法・却下するものが多いため，利益考量的判断にまで立ち入るものは少ない。

(144) たとえば，四宮和夫『事務管理・不当利得・不法行為〈下巻〉』（1985，青林書院）480頁の註(1)，大塚直・前掲註(11)190頁，など。

(145) 内田貴『民法Ⅱ・債権各論』（1997，東大出版会）441頁。

(146) 我妻栄『民法講義・物権法』（1952，岩波書店）176頁，末川博『物権法』（1956，日本評論社）280頁，舟橋諄一『物権法』（1960，有斐閣）347頁，林良平『物権法』（1961，有斐閣）116頁，川島武宜『民法Ⅰ』（1960，有斐閣）200頁，東孝行『公害訴訟の理論と実務』（1971，有信堂）81頁，山口和男「公害訴訟」『実務民事訴訟講座・10』（1970，日本評論社）209頁，など。

(147) 好美清光「不動産賃借権の侵害」『不動産法大系Ⅲ』（1970，青林書院新社）580頁，同「日照権の法的構造・中」ジュリ493号（1971）112頁，篠塚昭次「転機に立つ公害法」『論争民法学1』（1970，成文堂）158頁，同「公害の差止請求」『論争民法学2』（1974，成文堂）142頁，星野英一『民法概論Ⅱ・物権』（1973，良書普及会）21頁，沢井裕「差止請求と利益較量」法時43巻8号（1971）10頁，牛山積「大阪空港控訴審判決と人格権・環境権」法時48巻2号（1976）44頁，石田喜久夫「人格権」判時797号（1976）21頁，同・前掲註(6)10頁，広中俊雄『債権各論・第5版』（1979，有斐閣）490頁，など。

(148) 大阪弁護士会環境権研究会『環境権』（1973，日本評論社）に所収の各論文，甲斐道太郎「環境権と差止請求」法時臨時増刊・公害裁判四集（1973）17頁，篠塚昭次「『環境権』否定判決への疑問」法時46巻5号（1974）18頁，清水誠「大阪空港控訴審判決の意義と課題」法時48巻2号（1976）8頁，牛山積・前掲註(147)44頁，東孝行・前掲註(146)164頁以下，原島重義「わが国における権利論の推移」法の科学4号（1976）54頁以下，同「開発と差止請求」法政研究46巻2～4合併号（1980）275頁以下，など。近時では，中山充「環境権――環境の共同利用権(1)～(4)」香川法学10巻2号（1990）215頁，10巻3＝4合併号（1990）483頁，11巻2号（1991）305頁，13巻1号（1993）61頁以下，和田真一「環境権論――民事差止論の観点から」古賀哲夫＝山本隆司・編『現代不法行為法学の分析』（1977，有信堂）197頁以下，吉田邦彦「環境権と所有理論の新展開」『新・現代損害賠償法講座2』（1998，日本評論社）208頁以下，など。

(149) 大阪弁護士会環境権研究会・前掲註(148)54頁。

(150) 浜田稔「不法行為の効果に関する一考察」私法15号（1956）91頁以下，伊藤進「判批」判評177号＝判時715号（1973）136頁。近時では，野村好弘＝伊藤高義＝浅野直人・編著『不法行為法・増補新版』（1986，学陽書房）268頁，および，松村弓彦『環境法』（1999，成文堂）262頁も，ここに含まれようか。
(151) 加藤一郎・編『公害法の生成と展開』（1968, 岩波書店）405頁［野村好弘・筆］，淡路剛久「公害における故意・過失と違法性」ジュリ458号（1970）375頁，野村好弘＝淡路剛久『公害判例の研究』（1971, 都市開発研究会）4頁以下，など。
(152) 加藤一郎・前掲註(151) 20頁［加藤一郎・筆］，同「『環境権』の概念をめぐって」『民法における論理と利益衡量』（1974，有斐閣）123頁，など。
(153) 高橋眞「環境保護と私法」松本博之＝西谷敏＝佐藤岩男・編『環境保護と法——日独シンポジウム——』（1999, 信山社）173頁，淡路・前掲註(5) 264頁，同『環境権の法理と裁判』（1980，有斐閣）68頁，大塚直・前掲註(11) 205頁，加藤雅信『現代不法行為法学の展開』（1991，有斐閣）107頁など，参照。
(154) 沢井裕「公害の差止請求」ジュリ増刊《民法の争点Ⅱ》（1985）326頁。なお，この見解に対する疑問点を指摘するものとして，田井義信「不法行為の差止」法学セミナー増刊《不法行為法》（1985）210頁。
(155) 四宮和夫・前掲註(144) 479頁以下。平井宜雄『債権各論Ⅱ・不法行為』（1992，弘文堂）107頁以下も，これとほぼ同旨と思われる。
(156) 大塚直「生活妨害の差止に関する基礎的考察(8)」法協107巻4号（1990）517頁以下。なお，この見解に同調すると思われるものとして，吉村良一「不法行為の効果——損害賠償論——」中井美雄・編『不法行為法（事務管理・不当利得）』（1993，法律文化社）170～171頁，潮見佳男『不法行為法』（1999，信山社）491頁以下，など。
(157) 本稿で考察対象とした紛争類型は，まさにその典型的な事例といってよい。
(158) 田山輝明『不法行為法・増補版』（1999，青林書院）148頁。
(159) そうした意味では，「差止請求の法的根拠をあえて統一する必要はない」（原田尚彦『環境法・補正版』（1994，弘文堂）44頁）といってよかろう。
(160) 大塚直・前掲註(11) 205頁。
(161) 本稿で考察対象とした紛争類型——廃棄物処理施設，都市型大気汚染，および鉄道・道路・航空機騒音による健康被害——は，まさに，上記の最後の学説が示した「積極的侵害による生命侵害および健康侵害」に相当するものである。

2　違法性の判断枠組

(1) 違法性の判断枠組をめぐる問題点　　差止の法的構成について権利的構成をとるか不法行為的構成をとるかの違いはあれ，差止が認められるための実

体的要件の一つとして加害行為の違法性が要求されること，および，その違法性の有無の判断に際して何らかの利益考量が必要とされること自体については，判例・学説は一致している。すなわち，不法行為的構成をとる立場においては，損害賠償要件としての違法性に関する相関関係説[162]を基礎におきつつ，差止を認めることによって生ずる加害者側の不利益と被害者側の利益（または差止を認めないことによって生ずる被害者側の不利益と加害者側の利益）とを比較考量して，差止の可否を決するという方式がとられている。他方，権利的構成をとる立場においても，絶対権侵害の場合には原則として利益考量が排除されるべき旨が強調されつつも，軽度の生活妨害や疾病に至らない健康被害あるいは不快感ないし単なる精神的苦痛の場合には，利益考量的な判断がなされる場合のありうることが承認されつつある[163]。

しかし，従来の判例および学説（とくに不法行為的構成をとる学説）によってなされてきた利益考量の実質は，いわゆる受忍限度論的利益考量の名のもとに，形式的には被害者・加害者双方の諸事情を比較考量する手法をとりつつも，加害行為の公共性が高いことあるいは被害防止措置が尽くされていること等を理由に，被害はなお受忍限度を超えていないとして，差止否定の結論を導くために機能してきたといっても過言ではない[164]。そして，その前提には，後述するように，差止要件としての違法性の判断方法についての利益考量論の誤った転用，および，生命・健康についての価値認識の不十分さ等があったといわなければならない[165]。違法性の判断における利益考量論については，機能的にも内容的にも，改めて検討される必要があると考える。

(2) 受忍限度論的利益考量の妥当性　　民法学における利益考量（衡量）論とは，「民事訴訟において裁判官はある一つの命題から演繹的・概念法学的に――三段論法式に――結論を導き出すべきではなく，ある結論が紛争当事者双方にもたらす利害得失を比較し，すなわち利益衡量して，最も公平と考えられる結論を価値判断によって選択すべきものとする[166]」考え方だといわれている。この利益考量論は，不法行為法の領域においては，違法性の判断方法に関

する相関関係説として具現化されたが，公害問題を契機に提唱された受忍限度論も，その基本的思考は同様であるとされている[167]。しかし，受忍限度論的利益考量には，以下に挙げるような問題点が指摘される。

　第一に，受忍限度論的利益考量は，権利侵害ですら利益考量を行うことである。この点について，ある学説はつぎのように批判する。すなわち，受忍限度論によって，不法行為法の領域における「権利侵害から違法性へ」という命題は，保護すべき対象を権利から利益へと拡大する機能とは別に，権利侵害であっても利益考量によって違法とならない（＝権利侵害も受忍限度を超えなければ違法ではない）という方向で機能したうえ，さらに受忍限度論的発想は，違法性二段階説をとることにより，差止と賠償とを単なる受忍限度の差としてとらえるなど，不法行為賠償と差止の本質的差異を曖昧にし，その結果差止の分野でも「権利侵害即違法」の原則をくずしてしまった[168]，と。

　第二に，上記・第一点とも関連するが，生命・健康に対する価値認識が不十分なことである。あらゆる権利の中で最も尊重されかつ保護されるべき人間の生命・健康は，そもそも利益考量になじむものではありえないはずである。生命・健康ですら利益考量の対象とする発想それ自体が誤っているといわざるをえない。

　第三に，利益考量の前提としての「互換性」を無視ないし軽視していることである。市民法的利益考量論を唱える場合には，立場（ないし地位）の互換性——互いに被害者にも加害者にもなりうること——が大前提とならなければならないはずである。換言すれば，各人の社会的活動により他人に被害を与えた場合には，原則として違法と見なければならないが，それでも社会生活を送る上で不可避の生活妨害およびそれから生ずる一定限度内の被害については，賠償・差止のいずれにおいても相互受忍が必要とされる。しかし，それは，「あくまでも相互受忍であるがゆえに公平が担保される[169]」のである。これに対して，市民対企業（ないし事業者）あるいは市民対国または公共団体といった関係において生ずる公害・環境汚染においては，「互換性」はもはや喪失されているのであって，当事者の一方（被害者である市民）にのみ犠牲を強いる形

で受忍限度を論じること自体が不公平であり，利益考量の本来の趣旨にそぐわないものである。

　第四に，受忍限度論は，利益考量の必要性および賠償違法と差止違法の差異は強調するものの，差止の具体的請求内容との関連性についてまで，必ずしも明示的に立ち入って論じてはいないことである。差止にも，全部差止（たとえば，施設の建設禁止，施設の閉鎖，操業の全面的停止，あるいは鉄道・道路・空港の供用禁止など）だけでなく，さまざまな内容および段階にわたる部分差止（たとえば，操業時間の短縮，防止設備の設置等を含む操業方法の変更，一定濃度を超える汚染物質の排出禁止または濃度規制，自動車の通行制限・入口規制・通行車両規制，あるいは一定音量を超える騒音・振動の侵入禁止，一定時間帯の飛行禁止など），がある。このように，差止にもさまざまな段階のものがあることから，そこでの差止が加害者側または社会一般に与える影響が一概に重大であるとは言い切れないはずである[170]。しかるに，受忍限度論的利益考量の立場からは，一様に「差止を認めた場合の加害者側または社会へ与える影響の重大性」あるいは「差止が認められるためにはより高度の受忍限度を要する」等のあたかも企業保護的とも思われるような説明がなされてきたのである。

　以上に述べたように，受忍限度論的利益考量は，公害・環境汚染事件とりわけ本稿で考察対象とした紛争類型（廃棄物処理施設，都市型大気汚染，鉄道・道路・航空機騒音）がそうであるように，生命・健康に重大な影響を及ぼすケースに関する限り，侵害される権利の重大性という観点からも，また「互換性喪失」の観点からも，差止要件としての違法性の判断基準としては不適切であると考える。なお，賠償違法と差止違法との差異については，㈠一般的に後者の場合には前者の場合にはない判断要素が加わること（たとえば，被害発生の蓋然性，防止措置の実施可能性，加害行為の社会的有用性などは，賠償の判断要素にはならないが，差止の判断要素としては考慮される[171]），および，㈡生命・健康に対する被害が問題とならない紛争類型においては，差止の可否についても利益考量がなされ，結果的に上記の加重的要素によって差止が否

定される（換言すれば賠償違法よりも高い違法性が要求される）ことがありうること，したがって，そうした意味での両者間の差異はあるといってよい。しかし，生命・健康上の被害が問題となるケースでは，上記の加重的要素は重視されるべきでなく，また，違法性の度合いに差を設けるべきではないと考える[172]。

(162) すなわち，民法709条の「権利侵害」を「違法な利益侵害」におきかえた上で，違法性の有無を被侵害利益の性質や被害の程度と侵害行為の態様との相関的関係から判断するもの。我妻栄『事務管理・不当利得・不法行為』(1937，日本評論社) 125頁，加藤一郎『不法行為・増補版』(1975，有斐閣) 106頁，幾代通・前掲註(1) 62頁など，参照。

(163) 物権的請求権説の立場においても，個別的な生活妨害事件（とくに日照妨害事件など）では，利益考量をせざるをえない場合が多いことにつき，好美清光「日照権の法的構造・下」ジュリ494号 (1971) 115頁。人格権説について同様のことを指摘するものとして，淡路・前掲註(5) 235頁，石田喜久夫・前掲註(147) 23頁，また，環境権説の場合については，淡路・前掲註(5) 236頁，八代紀彦「環境権」『現代損害賠償法講座5』(1973，日本評論社) 325頁，など。なお，本稿V・1(3)および前掲註(153)を参照。

(164) 受忍限度論に対する環境権論者からの「歯止めなき利益考量」という批判は，まさにこうした点を突いたものである。大阪弁護士会環境権研究会・前掲註(148) 139頁，篠塚・前掲註(148) 19頁，など。

(165) これらの点を鋭く指摘するものとして，沢井・前掲註(5) 20頁以下，91頁以下。

(166) 沢井・前掲註(5) 21頁。

(167) 加藤一郎・前掲註(151) 30頁［加藤一郎・筆］。

(168) 原島重義「わが国における権利論の推移」法の科学4号 (1976) 54頁以下。

(169) 沢井・前掲註(5) 92頁。

(170) 本稿で扱った裁判例について言えば，廃棄物処理施設の設置・操業の禁止を求める差止の場合は，（仮処分としての）全部差止であるが，都市型大気汚染および鉄道・道路・航空機騒音に対する差止の場合は，部分差止を求めるものである。その他の公害・環境汚染における差止請求事例を見ても，一般的には部分差止を求めるものが多いように思われる。

(171) このほか，廃棄物処理施設の建設・操業に対する差止の場合には，環境アセスメントの実施の有無ないし実施状況，原告住民等への事前の説明等も，加えられよう。なお，本稿II・2 (6)参照。

(172) 換言すれば，賠償違法と差止違法の関係を一般的に論じること自体，それほど意味があるとは思われない。むしろ被侵害利益の内容差から考えるほうがベターであろう。なお，石田喜久夫・前掲註(6) 22頁以下，参照。

3　「公共性」の内容と位置づけ

　従来の判例・学説が，差止違法の判断要素の一つとして，しかも重要な要素として挙げてきた加害行為の公共性ないし公益性については，その意味内容および判断要素としての位置づけが改めて検討されるべきである。すでに見たように，本稿で考察対象とした裁判例についていえば，一方で，公共性を重視することで（すなわち，公共性が高ければ受忍限度も高くなるとして），右要素を差止否定の結論を導くために機能せしめる裁判例がいくつか散見されるとともに，他方で，公共性は違法性減殺事由の一つにすぎずそれのみでは違法性を否定しうるものでないこと，あるいは被害が重大な場合には公共性は劣後的な判断要素として位置づけられるべきことを説く裁判例も少なからず散見される。しかし，全体的に見れば，公共性は，原告住民等に被害が生じていることを認めつつ，その被害を忍容させる根拠の一つとして機能してきた[173]との印象をぬぐうことはできない。公共性[174]という判断要素については，基本的にはつぎのように考えるべきではないかと思われる。

　第一に，そもそも「公共性」という言葉自体の意味するものが必ずしも明確ではないにしても，個別具体的な事業ないし施設によって社会的有用性の内容および程度は一様ではないはずである。たとえば，生活道路，通勤・通学用の鉄道・バス，一般廃棄物処理施設などの都市施設（装置）は，我々の生存ないし日常生活に不可欠であるという意味で最も社会的有用性が高いといえるが，長距離鉄道・新幹線，産業道路・高速道路，産業廃棄物処理施設，空港などの産業基盤施設は，右の都市施設との比較でいえば，生存・生活のために利用される割合は少なく，むしろ産業に供用される割合が大きいといえよう。このように社会的有用性にも段階差があるとすれば，「公共性」というだけで強い差止抑制機能を肯定すべきではなかろう[175]。

　第二に，当該事業ないし施設の有する公共性（上記の社会的有用性という意味で。以下同じ）の要素は，もとより加害行為自体の正当性を認める方向で機能せしめられるべきでないことは当然のこととして，被害と同列の判断要素と

して位置づけられるべきではなく，あくまでも違法性減殺事由として位置づけられるべきである。

　第三に，公共性は，賠償違法の判断要素になりえない[176]のは当然のこととして，当該加害行為が生命・健康に重大な被害を及ぼす場合には，原則として差止違法の判断要素にもなりえない（すなわち，上記したような違法性減殺事由としても機能しない），と考えるべきである。ただし，最終的に差止が認められるか否かは，後述するように，そこでの差止の請求内容（全部差止か，部分差止か）によって結論を異にすることはありうる。

　第四に，公共性を違法性減殺事由としてとらえる場合でも，──従来そうであったように──差止が認められる場合の加害者自身の経済的損害または社会的損失（当該事業ないし施設が有する社会的機能の低下・喪失）のみに着目するのではなく，当該事業（による加害行為）が反面的にもたらす社会的損失をも考慮に入れるべきである[177][178]。換言すれば，公共性は，当該事業ないし施設が正常な形で行われている（つまり公害・環境汚染を発生させない）限りにおいていいうることであって，被害を現に発生させまたはその蓋然性が高いときは，公共性の度合いはそれに応じて減退する（すなわち違法性減殺事由が弱まる）と考えるべきである。

　第五に，公害・環境汚染事件に関する差止請求事例，とりわけ道路・鉄道・空港といった一連の公共事業に対する差止訴訟において要求されているのは，その多くが部分差止（一定量を超える汚染物質の排出禁止あるいは一定時間帯における航空機の飛行禁止など）であって，全部差止（本稿で考察対象とした廃棄物処理施設の設置・操業それ自体に対する差止など）はむしろ例外的であるという現実をより直視すべきである[179]。原告住民が，いわば重大な健康被害と引き換える形で要求する上記のごとき部分差止が，当該事業ないし施設の公共性にどれほどのマイナス影響を与えるというのであろうか。高速道路や新幹線の全面的な供用廃止あるいは空港の閉鎖ないし航空機の全面的な飛行禁止といった全部差止を問題とするのであればともかくも（そのような場合には，違法性減殺事由としての公共性が強く機能することになろうが），部分差止を

求める限り公共性の要素は「生命・健康が有する価値」のはるか劣後に置かれてしかるべきと思われる。

(173) 高橋眞・前掲註(153)172頁。
(174) なお，言葉の使い方としては，「公共性」よりも「社会的有用性」のほうが適切であることについて，前掲註(91)参照。
(175) 沢井・前掲註(5)144頁以下，参照。
(176) これを明言する裁判例として，東海道新幹線公害訴訟・第一審判決がある。本稿Ⅳ・2(5)参照。
(177) これを明言する裁判例として，大阪国際空港公害訴訟・控訴審判決がある。本稿Ⅳ・2(5)参照。
(178) なお，この点に関連するが，高橋眞・前掲註(153)172頁は，航空機騒音に対する差止について，つぎのように述べる。すなわち，「実際には，環境の保護は，国民の経済生活の維持とともに公共の利益にほかならず，また空港などの便益は，航空会社および利用者の私的利益にほかならない。したがって問題は，公共性と私人の権利との対立ではなく，一面では空港などの公共性と環境の公共性との比較衡量，多面では航空会社・利用者の私的利益と周辺住民の私的利益との比較衡量である。」と。
(179) なお，宮本憲一「『公共性』論——公害裁判を中心として——」淡路剛久＝寺西俊一・編『公害環境法理論の新たな展開』(1997，日本評論社)13頁，参照。

4　差止の訴訟要件論

差止については，以上に述べたような実体法上の要件論をめぐる問題点があるほか，近時では，訴訟法上の要件論も重要になってきている。すなわち，冒頭でも触れたように（本稿Ⅰ・2参照），抽象的不作為請求の適法性の問題，および，「公権力（ないし行政権）の行使」との関係等における民事差止請求の司法判断適合性の問題，である。すでに考察したように，前者の問題については，これを不適法と見る裁判例も散見されるが[180]，近時では適法と見る裁判例がむしろ勢いを増しているようにも見受けられる[181]。他方，後者の問題については，鉄道・道路騒音に関する裁判例（2件）がいずれも積極的（肯定的）態度を示している[182]のに対して，航空機騒音に関する裁判例においては，積極的（肯定的）態度を示すものはわずか5件のみで[183]，消極的（否定的）態度を示すものが30件と圧倒的に多い[184]。したがって，これらの裁判例

第1章 公害・環境汚染に対する民事差止訴訟の動向と問題点   87

の動向を見るかぎり，今日では，差止請求についての「二つの壁」（前掲註(11)参照）のうち，後者すなわち司法判断適合性の問題が――とりわけ航空機騒音に関する差止訴訟において――「大きな壁」になっているといえよう。

　差止の訴訟要件論をめぐる問題点，とりわけ抽象的不作為請求を不適法と見る裁判例，並びに司法判断適合性を消極に解する裁判例の有する法理論上の難点については，すでに若干の批判的検討を加えており――本稿Ⅲ・2 (2)およびⅣ・2 (2)(3) 参照――，ここで繰り返し述べることはしない。ただ，裁判所が，本稿で扱ったような公害・環境汚染事件（とりわけ空港等の国の供用施設が係わるような事件）において，上記のような消極的姿勢から原告住民の差止請求に対して「門前払い」判決を繰り返すことは，国民の裁判を受ける権利を保障している憲法23条の精神からしても大きな疑問を抱かざるをえないことを指摘しておきたい。

(180)　都市型大気汚染に関する裁判例の【1】～【4】，および，騒音公害に関する裁判例の【2】（国道43号線公害訴訟）の一審判決，【9】（横田基地公害第三次訴訟）の一審判決。

(181)　都市型大気汚染に関する裁判例の【5】～【8】，および，騒音公害に関する裁判例の【1】（東海道新幹線公害訴訟）の一審判決・控訴審判決，【2】（国道43号線公害訴訟）の控訴審判決・上告審判決，【5】（横田基地公害第一・二次訴訟）の上告審判決，【7】（小松基地公害第一・二次訴訟）の一審判決，【9】（横田基地公害第三次訴訟）の控訴審判決。

(182)　騒音公害に関する裁判例の【1】（東海道新幹線公害訴訟）の控訴審判決，および，【2】（国道43号線公害訴訟）の控訴審判決。

(183)　民間航空機に関する【3】（大阪国際空港公害訴訟）の一審判決・控訴審判決，および，自衛隊機に関する【7】（小松基地公害第一・二次訴訟），【8】（厚木基地公害第二次訴訟），【11】（小松基地公害第三・四次訴訟）の各一審判決。

(184)　その内訳は，民間航空機に関するもの4件，自衛隊機に関するもの6件，米軍機に関するもの20件，である。なお，これらの裁判例については，本稿Ⅳ・2(3)の(b)および(c)を参照されたい。

おわりに

　本稿では，廃棄物処理施設，都市型大気汚染，および鉄道・道路・航空機騒音に関する民事差止訴訟を対象にしながら，差止をめぐる法的問題点につき――とくにその要件論を中心に――考察を試みた。ただし，書き終えてみれば，「要件論を中心に」とはいうものの，実体法上の要件論についての叙述が大半を占め，訴訟上の要件論については不十分であることを否めない。また，「複数汚染源と差止の関係」についてはほとんど触れてないし，さらに，当初予定していた「判決後の和解」の問題については割愛せざるをえなかった。これらについては，他日を期したい。

第2章
行政訴訟 ──産業廃棄物をめぐる紛争を素材に──

平田 和一

Ⅰ　はじめに
Ⅱ　廃棄物処理法と廃棄物行政の位置づけ
　1　循環型社会における廃棄物処理法
　2　産業廃棄物処理施設の許可制度と廃棄物行政の位置づけ
Ⅲ　「環境行政訴訟」
Ⅳ　行政訴訟
　1　取消訴訟
　2　不作為の違法確認訴訟
　3　義務づけ訴訟
　4　住民訴訟
Ⅴ　終わりに

Ⅰ　はじめに

　行政訴訟について，その現状において，国民の権利利益の救済のシステムとしては不十分であるという指摘は各方面からなされ，「危機にある行政訴訟」あるいは「絶対的状況にある行政訴訟」ともいわれて久しく，「司法改革」とも連動した行政訴訟改革論議が進行している[1]。司法制度改革審議会の「意見書」（司法制度改革審議会意見書──21世紀の日本を考える司法制度　平成13年6月12日）は，「Ⅱ　国民の期待に応える司法制度　第1　民事司法制度の改革　9　司法の行政に対するチェック機能の強化」の項目のもとで「行政事件訴訟法の見直しを含めた行政に対する司法審査の在り方に関して，『法の支配』の基本理念の下に，司法及び行政の役割を見据えた総合的多角的な検討を行う必要がある。政府において，本格的な検討を早急に開始すべきである」としている。「意見書」では，審議会の議論の中で指摘された点として，「(ⅰ)現

行の行政訴訟制度に内在している問題点として，行政庁に対する信頼と司法権の限界性の認識を基礎とした行政庁の優越的地位（政策的判断への司法の不介入，行政庁の第一次的判断権の尊重，取消訴訟中心主義等）が認められており，その帰結として，抗告訴訟制度が制度本来の機能を十分果たし得ていない，(ii)現行の行政訴訟制度では対応が困難な新たな問題点として，行政需要の増大と行政作用の多様化に伴い，伝統的な取消訴訟の枠組みでは必ずしも対処しきれないタイプの紛争（行政計画の取消訴訟等）が出現し，これらに対する実体法及び手続法それぞれのレベルでの手当が必要である，(iii)行政事件の専門性に対応した裁判所の体制に関する問題点」をあげる。行政訴訟制度の見直しに関する具体的課題については，「現行の行政事件訴訟法上の個別的課題として，原告適格，処分性，訴えの利益，出訴期間，管轄，執行不停止原則等の他，義務づけ訴訟，予防的不作為訴訟，行政立法取消訴訟等の新たな訴訟類型の導入の可否も問題となる。さらに，民事訴訟をモデルとした対応とは一線を画した固有の『行政訴訟法（仮称）』制定の要否も視野にいれることが考えられる。この他，個別法上の課題（不服審査前置主義，処分性，原告適格等）の整理・検討も併せて必要となろう」とし，さらに「また，行政訴訟の基盤整備上の諸課題への対応も重要である。例えば，行政訴訟に対応するための専門的裁判機関（行政裁判所ないし行政事件専門部，巡回裁判所等）の整備，行政事件を取り扱う法曹（裁判官・弁護士）の専門性の強化方策等について，本格的な検討が必要である。また，法科大学院における行政法教育の充実も求められる」としている。「意見書」にいう具体的課題の指摘は，学界の共通認識でもあり，基本的には目新しいものではなかった。ともかくも，司法制度改革審議会の「意見書」を受け，司法制度改革推進本部（平成13年12月1日　内閣に設置　本部長内閣総理大臣）が設置され，行政訴訟改革に向けては，司法制度改革推進本部行政訴訟検討会において改革に向けての検討が開始された（第1回は平成14年2月18日）。この検討会の設置に誘引される改革論議の活発化と検討会の検討の帰結も含めた今後の動向が注目される。

　こうした行政訴訟改革論議が進行する中で，「意見書」も指摘するように（審

議会の行政法学者のヒアリングではより端的に指摘されていたが)、改革の要因として現代型訴訟への行政事件訴訟法あるいは行政訴訟の適応不全の問題がある。現代行政または国民の権利利益の複雑多様化を前提とする、公害・環境訴訟、消費者訴訟、都市計画訴訟等のいわゆる現代型訴訟への適応不全は現在共通認識といえる。

これらを念頭において、本章では、公害・環境訴訟として、産業廃棄物に起因する行政訴訟をめぐる問題を扱う。本書での統一的な処理からすれば産業廃棄物をめぐる公害・環境問題の事後的な法的制御の方法としての行政訴訟を扱うものである。

(1) 平田和一「『司法改革』と行政訴訟」法時72巻1号(2000)82頁以下を参照。

II 廃棄物処理法と廃棄物行政の位置づけ

1 循環型社会における廃棄物処理法

わが国の廃棄物行政の根拠法として廃棄物処理の全般について規定する、廃棄物の処理及び清掃に関する法律(以下「廃棄物処理法」とする)1条は、「廃棄物の排出を抑制し、及び廃棄物の適正な分別、保管、収集、運搬、再生、処分等の処理をし、並びに生活環境を清潔にすることにより、生活環境の保全及び公衆衛生の向上を図ることを目的」としている。昭和29年(1954年)に制定された「清掃法」は、その第1条で「汚物を衛生的に処理し、生活環境を清潔にすることにより、公衆衛生の向上を図ることを目的とする」と規定していた。昭和45年(1970年)のいわゆる「公害国会」で成立した廃棄物処理法は、それまでの清掃法での衛生的に処理するという視点のみから、生活環境の保全という観点が盛り込まれ、平成3年(1991年)、平成4年(1992年)、平成9年(1997年)、平成12年(2000年)の改正を経て現行廃棄物処理法に至っている[2]。

平成12年の通常国会では，循環型社会形成推進基本法が成立し，また，「建設工事に係る資材の再資源化等に関する法律」，「食品循環資源の再生利用等の促進に関する法律」，「国等による環境物品等の調達の推進等に関する法律」が新たに制定されるとともに，「再資源の利用の促進に関する法律」，「廃棄物の処理及び清掃に関する法律」の改正が行われたが，これら一連の法律がめざすのは大量廃棄社会から循環型社会への一種のパラダイム転換を，公共政策や各主体の行動を促す目標をシステムとして具体化することであるとされる[3]。そして，基幹となる循環型社会形成推進基本法は，「循環型社会」を「製品等が廃棄物等となることが抑制され，並びに製品等が循環資源となった場合においてはこれについて適正に循環的な利用が行われることが促進され，及び循環的な利用が行われない循環資源については適正な処分……が確保され，もって天然資源の消費を抑制し，環境への負荷ができる限り抑制される社会」と定義し，その目的は，環境基本法の基本理念にのっとり，「循環型社会の形成について，基本原則を定め，並びに国，地方公共団体，事業者及び国民の責務を明らかにするとともに，循環型社会形成推進基本計画の策定その他循環型社会の形成に関する施策を総合的かつ計画的に推進し，もって現在及び将来の国民の健康的で文化的な生活の確保に寄与すること」と規定している。また，基本法は，廃棄物の発生の抑制（5条）―循環資源の循環的利用（6条1項）―適正な処分（6条2項）という優先順位を定めている。先に挙げた一連の法律のそれぞれの評価は別にして，環境基本法，その理念にのっとった循環型社会形成推進基本法，循環型社会をめざした個別法の一つとしての廃棄物処理法という位置づけが一応現行法の下でなされることとなる[4]。

(2) この間の経緯について，環境省編『平成13年版循環型社会白書』（ぎょうせい，2001）17頁以下，判例大系公刊委員会編集『大系公害・環境判例第6巻［廃棄物］』（旬報社，2001）［神戸秀彦執筆］14頁以下を参照。
(3) 植田和弘「循環型社会の課題と展望」植田和弘＝喜多川進監修『循環型社会ハンドブック―日本の現状と課題』（有斐閣，2001）4頁。
(4) 循環型社会の位置づけについて，植田・前掲前注は，「循環型社会は循環が自己目的なのではなく低環境負荷でもなければなら」ず（6頁）「基本法にいう循環型社会がそ

の本来の主旨どおりに実現したとしても，それは自然と共生する持続可能な人間社会づくりへのほんの一歩にしかすぎない」「持続可能な社会すなわち広義の循環型社会とは，エコロジーの絶対性を尊重し，自然の恵みを次世代に渡していくものであり，循環はそれを達成するための指標であり手段である」(12頁)としている。また，循環型社会形成推進基本法が，住民参加による循環型社会の形成の視点を欠いていることなどについて，磯野弥生「循環型社会形成推進基本法をめぐる問題と課題」環境と公害31巻2号（2001）2頁以下を参照。

なお，大塚直「循環型諸立法の全体的評価」ジュリ1184号（2000）2頁，北村喜宣「廃棄物処理法2000年改正法の到達点」ジュリ1184号（2000）48頁も参照。

2　産業廃棄物処理施設の許可制度と廃棄物行政の位置づけ

廃棄物処理法の目的は，「生活環境の保全」および「公衆衛生の維持」を図ることであるが，廃棄物処理行政の位置づけを確認するために，「生活環境の保全」に着目して，現在の産業廃棄物処理施設の許可制度に至るまでの推移をみておきたい（条文は改正後のものを記する）。

昭和45年（1970年）の廃棄物処理法においては，設置にかかる届出制がとられていたが，平成3年（1991年）の改正において，処理施設の安全性・信頼性の確保を図るために知事の許可制が採用された（15条）。知事は，申請にかかる施設が，厚生省令（最終処分場の場合は，総理府令，厚生省令）で定める技術上の基準に適合していること，および，最終処分場の場合は，厚生省令で定めるところにより災害防止のための計画が定められていることという要件に適合していると認められるときでなければ許可をしてはならないとされた（15条2項）。そして，知事は，許可をする場合，生活環境の保全上必要な条件を付することができるとされ（15条3項），また，許可を受けた者は，施設について知事の検査を受け，技術上の基準に適合していると認められた後でなければ，施設を使用してはならないとされた（15条4項）。この段階では，国の機関委任事務として都道府県知事の許可制のもとにおかれた産業廃棄物処理施設の許可基準としては，「公衆衛生の維持の向上」を図るための「技術上の基準」等（15条2項）が明示されるにとどまり，「生活環境の保全」という目的の実

現に関しては，生活環境の保全上必要な条件を許可に付せること（15条3項），および許可を受けた者は施設周辺の生活環境に配慮しなければならないこと（15条の4）だけが定められているにすぎなかった。

平成9年（1997年）の改正では，許可基準として，新たに，「その設置に関する計画及び維持管理に関する計画が当該産業廃棄物処理施設に係る周辺地域の生活環境の保全について適正な配慮がなされたものであること」（15条の2第1項2号）を要件に加えた。また，許可手続に関して，事業者による生活環境影響調査の実施（15条3項），許可申請の告示，告示後の申請書・生活環境影響調査書の縦覧（15条4項），市町村長の意見聴取（15条5項），利害関係人の意見書提出（15条6項），許可をする場合の専門家の意見聴取（15条の2第2項）の手続が新設された。

廃棄物処理行政については，規制の対象である業者が有する私権（財産権）の本来的自由を前提に消極的な規制を行う，消極的な衛生警察行政としてではなく，業者の利潤の追求＝私権（財産権）に対する廃棄物処理業の公共的性質＝公衆衛生および人の健康という，第3者である地域住民の生存権的権利の優位を前提にして，後者の価値を擁護実現するために業者を育成するという積極的な規制がなされなければならない行政領域，すなわち環境行政の一つとしての積極行政に位置づけられなければならないと指摘されてきたところでもある[5]。この意味では，平成9年の改正により，廃棄物処理法は，ようやく立法上，積極行政に向けて出発したのであった[6]。とはいえ，この改正については，縦覧・意見書の手続は，期間が短く，提出者が限定され，住民は書面を提出しうるのみであり，また，意見の対象が生活環境保全に限定され，設置基準に対する意見表明はできない，事業者に回答義務がない，さらには公聴会，説明会が開かれないとの批判がなされるところでもある[7]。したがって，これら改正による手続は，要綱などによる住民参加，とくに住民同意に代替する機能をもつものではないとされるのである[8]。

平成12年（2000年）の改正では，廃棄物処理の環境配慮との関係では，許可基準について，「その産業廃棄物処理施設の設置に関する計画及び維持管理に

関する計画が当該産業廃棄物処理施設に係る周辺地域の生活環境の保全及び環境省令で定める周辺の施設について適正な配慮がなされたものであること」（下線部改正）（15条の2第1項2号）として，産業廃棄物処理施設の設置周辺地域への配慮規定が設けられた。また，知事は「産業廃棄物処理施設の設置によって，ごみ処理施設又は産業廃棄物処理施設の過度の集中により大気環境基準の確保が困難と認められるときは」不許可とできると規定し（15条の2第2項），許可対象の焼却施設に関して特に，ダイオキシン対策として大気環境基準確保が困難となるような場合には不許可にできることが明示された。この点，環境基準の確保を許可基準とした点で日本の環境法において注目すべき法政策であるとされている[9]。

　廃棄物行政が，環境行政の一つとしての積極行政に位置づけられるべきことはここでの大前提である[10]。なお，一般に，環境行政とは，規制的手段，助成的手段その他の手段を用いて，国民の生命・健康の保護，生活環境の保全を目的として，環境保全上の支障を防止（公害その他の人の健康又は生活環境に係る被害を防止し，確保されることが不可欠な自然の恵沢を確保すること＝公害・環境破壊の防止）し，被害者の救済を図るとともに，積極的に環境の保全（環境保全上の支障の防止にとどまらず，環境の保護整備を図ることによって良好な状態に保持する）につとめるものをいう。ここでは，その意味で，環境行政は，環境保全行政と同義である。また，環境の保全上の支障の原因となるおそれのあるものが環境への負荷であるから（環境基本法2条），環境保全行政はこの環境への負荷をその活動によって，環境保全上の支障の防止のために，これをゼロないし低減につとめなければならない[11]。この一体としての環境保全行政という理解は，環境権によってその根拠付けを与えられる。

(5)　市橋克哉「最近の行政裁判例からみたゴミ問題」法セ523号（1998）35頁。
(6)　市橋・前掲前注36頁。
(7)　福士明「処分施設立地手続」ジュリ1120号（1997）56頁。
(8)　小林武「廃棄物問題と住民の法的地位・序論」南山23巻1＝2号（1999）49頁。
(9)　北村・前掲注(4)52頁。
(10)　例えば，廃棄物処理行政に関して，磯野弥生「廃棄物処理行政の今日的課題」都市

問題91巻3号（2000）14頁は,「市町村, 都道府県は, 土地利用を含めた総合行政として廃棄物処理に対応することが必要である。狭義の廃棄物処理行政としては, 国のナショナル・ミニマムの設定の責務と自治体の地域性に応じた行政を展開できる仕組みをつくり, 地域の環境と住民の安全を守ることを原則とした積極行政を行う必要がある。そして, 情報の開示・提供など住民の主体的な監視機能をサポートし, 企業と住民による適正操業を確保することを主要な役割として位置づけていくことが必要である」とする。なお, 積極行政としての環境行政について, 室井力編『現代行政法入門(2)［第4版］』（法律文化社, 1995）［高橋正徳執筆］198～199頁, 原野翹「公害環境保全行政の公共性論序説」岡法48巻3＝4号（1999年）393頁以下参照。

(11) 環境基本法は,「環境の保全について, 基本理念を定め, 並びに国, 地方公共団体, 事業者及び国民の責務を明らかにするとともに, 環境の保全に関する施策の基本となる事項を定めることにより, 環境の保全に関する施策を総合的かつ計画的に推進し, もって現在及び将来の国民の健康で文化的な生活の確保に寄与するとともに人類の福祉に貢献することを目的とする」（1条）。基本理念として, 健全で恵み豊かな環境の恵沢の享受と継承（3条）, 環境負荷の少ない持続的発展が可能な社会の構築（4条）, 国際的協調による地球環境保全の積極的推進（5条）があげられている。

環境基本法は,「人の活動により環境に加えられる影響であって, 環境の保全上の支障の原因となるおそれのあるもの」を環境への負荷（2条1項）とする。この点, 環境庁企画調整局企画調整課編著『環境基本法の解説［第6版］』（ぎょうせい, 1996）123頁は, 環境への負荷の例の中に, 埋立処分される廃棄物が, 環境への負荷を直接発生させる活動のそれに, 廃棄物の焼却, 埋立, 投棄が, 環境への負荷を生じさせる原因となる活動（環境への負荷を間接的に発生させる活動）のそれとして, 廃棄物の収集ルートへの廃棄物の排出, 廃棄物になり易い製品・販売をあげている。さらに, 環境基本法は,「地球環境保全」（2条2項）, 環境保全上の支障そのものとしての「公害」を定義しているが（「環境の保全上の支障のうち, 事業活動その他の人の活動に伴って生ずる相当範囲にわたる大気の汚染, 水質の汚濁……, 土壌の汚染, 騒音, 振動, 地盤の沈下及び悪臭によって人の健康又は生活環境（人の生活に密接な関係のある財産並びに人の生活に密接な関係のある動植物及びその生育環境を含む……）に係る被害が生ずること」2条3項）,「環境」の定義は行っていない。

また,「環境の保全」と「環境の保全上の支障の防止」が区別して用いられ, 後者は, 公害その他の人の健康又は生活環境に係る被害を防止することや, 確保されることが不可欠な自然の恵沢を確保することをいい, 前者は, こうした支障の防止にとどまらず,「大気, 水, 土壌等の環境の自然的構成要素及びそれらにより構成されるシステムに着目し, その保護及び整備を図ることによって, これを人にとって良好な状態に保持することを中心的な内容とするものである」とされている（環境庁企画調整局企画調整課編著『環境基本法の解説』前掲119頁）。

Ⅲ 「環境行政訴訟」

　環境・公害訴訟は，公害発生の未然防止あるいは環境保護を求める国民，住民にとって環境公害問題を解決する手段として位置づけられ期待されてきた。環境保全手法としての環境行政訴訟への期待である。しかし，その役割の重要性とは別に，つとに指摘される現行法制度の現代型訴訟たる環境行政訴訟への適応不全，司法消極主義の壁等から，期待に応えているとは言い難い状況にあることは多くの論者が指摘するところである(12)。先にも指摘したが，行政訴訟改革論議における議論の一つの前提でもある。

　ところで，本章では，環境行政訴訟としての産廃訴訟を扱うわけであるが，前提としての「環境訴訟」とは何かについては議論があるところである。例えば，「個人的被害の救済と防止を中心的な争点とする」ものを「公害訴訟」，「個人的な被害というよりは環境被害の回復とその保全を中心的な争点とする」ものを「環境訴訟」と大別し(13)，あるいは，上記の区別が，「公害訴訟」とは「人の健康または生活環境に係る被害（ないしそのおそれ）」を具体的に主張するもの，「環境訴訟」とはそのような被害に至らない「環境の負荷」を問題にするものに対応するとした上で，「環境訴訟」を広く「その帰趨が環境への負荷が生じるかどうかを左右する訴訟」とする考え方も提示されている(14)。ここでは，環境行政訴訟の構造的特質は明らかにすることはできないが，これらの議論を念頭におきつつ，環境基本法にいう，「環境の保全」，「環境保全上の支障」，「環境保全上の支障の原因となるおそれのあるもの」を射程とした，広く産業廃棄物について生ずる「公害・環境」問題に関して，国，地方公共団体の行政活動に対して訴訟が提起されたものを，対象としての環境行政訴訟たる産廃訴訟としてとりあげる(15)(16)。なお，産業廃棄物の規制行政は，基本的には，行政庁，事業者，周辺住民の三面的法律関係として把握されるところであるが，例えば，産業廃棄物処理業の許可，産業廃棄物処理施設の許可に対して，周辺住民が環境保全を企図して訴訟を提起する場合はもとより，処理業者，施

設を設置しようとする業者が，行政の環境への負荷への配慮による不許可処分等を争う場合も環境行政訴訟としての産廃訴訟ということになる。

(12) 例えば，磯野弥生「住民と環境公害訴訟」清水古希『市民法学の課題と展望』（日本評論社，2000) 387頁は，「行政訴訟や民事差止訴訟の領域では，裁判所は，環境保護・公害防止に対して消極的な判決にとどまり，環境の保護に適切な役割を果たしてきたとは言いがたい」とし，また，森田雅之『環境訴訟の視点』（法律文化社，1999) 5頁は，「環境問題においては，近年の環境価値の認識の発展に対して，訴訟形態そのものは伝統的な形態のままであるため，必ずしも現代の環境価値が適正に司法の場に提供されているとは言い難いといわざるをえない」としている。なお，阿部泰隆『国土開発と環境保全』（日本評論社，1989) 261頁以下も参照。

(13) 淡路剛久「公害環境訴訟の課題」淡路剛久＝寺西俊一編『公害環境法理論の新たな展開』（日本評論社，1997) 55頁。

(14) 高木光「環境行政訴訟の現状と課題（抗告訴訟について）」ジュリ増刊・環境問題の行方 (1999) 108～109頁。なお，村田哲夫「環境行政訴訟の動向」人間環境問題研究会編・特集最近の重要環境判例・環境法研究26号 (2001) 1頁は，「国や地方公共団体の行政活動が環境に負荷を与え，それが関係行政法規に照らして違法であるとして提訴される訴訟を環境行政訴訟ということができる」としている。また，宮田三郎『環境行政法』（信山社，2001) 79頁は，「行政訴訟の形で，広く環境行政上の法的紛争を裁断する訴訟を，便宜上環境行政訴訟ということができる」とする。

(15) なお，広く本文のような射程をもった「環境行政訴訟」では，行政をめぐる多面的な関係の中で，生命身体への直接的被害から，環境権，将来の環境保全まで，多様な訴訟が含まれる。いわゆる主観訴訟としての抗告訴訟中心の現行行政訴訟の構造では対応できない射程を持っていることは念頭におかれねばならない。

(16) 判例大系公刊委員会編集・前掲注 (2) 41頁以下は，廃棄物処理施設の民事事件判例，廃棄物処理業・施設の行政事件事例，産業廃棄物処理業の刑事事件事例を，裁判の動向の解説とともに紹介するものであり有益である。

Ⅳ 行政訴訟

環境保全行政をめぐる訴訟は，多様な訴訟形態をとる。被害に対する損害賠償請求訴訟，公害発生事業などの差止請求を基本とする民事訴訟，国家賠償訴訟，行政訴訟である。本章では，取消訴訟について訴訟要件の問題として，処分性と原告適格を中心に，次に，環境行政訴訟に期待される予防的機能に注目

して，行政の権限の不行使をめぐる訴訟，最後に，抗告訴訟の機能不全のゆえにその役割に期待がかかる民衆訴訟としての住民訴訟を扱う。なお，ここでは，産廃紛争の多発にもかかわらず，数が多いとはいえない公刊された行政訴訟としての裁判判決を手がかりに，これら訴訟について問題点等を指摘する。

1 取消訴訟

(1) 処分性　抗告訴訟の対象となる行政処分とは，最高裁が定式化するところによれば，「行政庁の法令に基づくすべての行為を意味するのではなく，公権力の主体たる国または公共団体が行う行為のうちで，その行為によって，直接国民の権利義務を形成しまたはその範囲を確定することが法律上認められているもの」に限定される[17]。この定式にのっとった裁判所の概念範疇的な対応は批判されるべきものであり，処分性一般について，取消訴訟の救済制度としての性質に鑑み，公権力性や具体的法効果性あるいは争いの成熟性などを具体的事件（領域）に即してできるだけ緩やかに解することが求められてきた[18]。他方で，処分概念の解釈による拡大については，取消訴訟制度の保障する行政権の種々の特権と連動する，処分の有する「権力的」性質の拡大という問題もある。いずれにせよ，処分性の範囲論は，処分にかかわる実体・手続両面の法制度・法原理の再構成をともなうが，同時に，政策的に新たな特別の訴訟を制度化することが可能であるし必要でもある[19]。

(a) 環境行政訴訟と処分性　公害・環境行政訴訟との関係で「処分性」についての検討もなされている[20]。これら検討では，最高裁判所が，行政計画（参照，土地区画整理事業計画について最判昭41・2・23民集20巻2号271頁，最判平4・10・6判時1439号116頁，都市計画法の用途地域の指定について最判昭57・4・22民集36巻4号705頁），行政の内部行為（参照，成田新幹線事件・最判昭53・12・8民集32巻9号1617頁），公土木事業や公共事業の実施（参照，ゴミ焼却場設置行為について前掲注[17]最判昭39・10・29）の処分性を否定し，また，高裁段階であるが環境基準（参照，東京高判昭62・12・24行集38巻12号1807頁）の処分性が否定されていること等を素材に取消訴訟の対象

について概念範疇的に対応していることへの批判的評価がなされている。

　これら行為形式が争われるのは，後続する決定がなされない場合，また後続決定をまって争っても環境保全との関係で遅きに失する等の場合である。環境は一旦破壊されれば取り返しのつくものではなく，環境保全をめぐる紛争は早期に対応することが不可欠であるが，例えば，上記裁判例によればこれらの環境保全の紛争の特質の考慮はなされず，計画や内部調整段階での行為には処分性が認められていないのである(21)。こうした，環境行政訴訟における司法の消極性を前にして，環境保全を求める環境行政訴訟の特質を考慮して，紛争状態の特性に応じて処分概念を弾力的に拡大すべきとされてきたのである(22)。

　救済を要する処分性についての考え方としては，以下の主張(23)を参考としたい。すなわち，「処分」とは，当該行為が，先の最高裁の定式化にいう「国民の権利義務を形成し，またはその範囲を確定」する行為に限られるのではなく，換言すれば，行政権が国民の法的地位を一方的に変更する行為を行う場合のみが公権力の行使とされ，これによって訴訟の対象が確定されるのではなく，より広く，行政権の一方的な行為が国民の法的地位に現実的な侵害効果を行政上の制度を通じて及ぼす場合に取消訴訟の救済の必要性が肯定されてきたのであり，それが行訴法3条1項にいう「公権力の行使」にあたるというべきである。より一般的に，当該行為が「法律上の判断権に基づくものであって，しかもそれ自体によって国民に一方的に不利益を生じることが制度的に予定されているとき」，また，「侵害の発生が事実上ではあるが不可避であり，しかも，他に救済手段がない特別の事情がある場合」には，処分性が認められるべきであるというものである。このような考え方は。環境行政訴訟の特質を前提とした処分概念の拡大の発想とも適合するものであろう。なお，開発や公共施設の決定行為について，法令の文言を越えて環境や人権への配慮義務を読み込んで取消訴訟の可能性も追求される点については，この考え方では，環境等に関する法律上の判断作用が，法制度上介在しているならば，その判断行為の処分性が問題となるが，そうした判断権が存在しない場合や，判断の範囲外にある環境侵害事件は通常訴訟による救済が原則となる(24)。処分性の限界である。

(b) 産業廃棄物をめぐる訴訟と処分性　　産廃行政訴訟では，産廃処理業の許可や産業廃棄物処理施設の設置許可をめぐる訴訟が多く，これら許可は講学上の行政行為であり，基本的に処分性それ自体は問題とならない。廃棄物処理法の仕組みを見ると，環境大臣が，廃棄物の排出の抑制，再生利用等による廃棄物の減量その他の適正な処理に関する施策の総合的な推進を図るために定める基本的な方針（基本指針）（5条の2），都道府県がこの基本方針に即して定める廃棄物処理計画（5条の3），また，この計画に定める事項の基準としての環境省令で定める基準（処理基準），産業廃棄物処理業の許可基準としての環境省令で定める基準，産業廃棄物処理施設の許可基準としての環境省令で定める技術上の基準等，諸基準の設定があるが，これらに処分性は認められない。廃棄物処理計画の性質からして（いわゆる拘束的計画ではない），早期の段階で争うことができず，また，基準自体を争うこともできないのが現在の判例である（行政立法を争える途が開かれるべきである）。

具体的に，処分性が争点となったのは，従来の議論の枠組みのなかで，事業者による廃棄物処理業の許可申請や処理施設の許可申請の受理拒否行為（返戻行為を含む）のそれであった。産業廃棄物処理施設の設置許可を例にとってみれば，前述のごとく平成9年（1997年）の改正以前において，「生活環境の保全」という目的の実現に関しては，生活環境の保全上必要な条件を許可に付せること（15条3項），および許可を受けた者は施設周辺の生活環境に配慮しなければならないこと（15条の4）だけが定められているにすぎなかった。そこで，「生活環境の保全」という目的に十分対処できないとする多くの都道府県が，独自に要綱を制定し，これにもとづいて法の不備を補う行政指導や，場合によっては，業者が行政指導に従う意思のないことを表明しても，要綱の条件をみたさないことを理由に許可申請書を受理せず返戻をおこなったりすることがあった。地方自治体の要綱による「環境保全」に対するこうした対処に関する裁判所の法的判断の中で，不受理や返戻行為の処分性が問題となったのである。平成9年の改正は，前記の通りであるが，この改正によっても住民参加手続が十分なものとはいえないことから改正後も多くの自治体が従来の要綱によ

る指導という形で規制を継続している[25]。

　環境保全を担う行政の創意工夫の結果としての，これら不受理ないし返戻の処分性について[26]，判例は，行政庁が，申請に対し，許否の決定を拒否して申請書を返戻することは，それが実質的に申請却下処分に等しいとして処分性を肯定するものと[27]，「事実上の措置というほかなく，これをもって何らかの法的効果をともなう行政処分」とはいえないとしたうえで，申請に対する不作為の違法確認訴訟を提起すべきとするもの[28]がある。学説においては，申請書の返戻が，実体審査にはいることを拒否する意思を明示した「公権力の行使たる事実行為」に該当する場合に，これを形式的拒否処分とする等[29]処分性を肯定するものがある。一般には，行政手続法が申請に対する審査・応答義務を規定している以上（7条），受理という行政行為をあえて認める必要がないといえるのであり，法効果を付与された不受理や返戻という行為は想定されておらず，行政手続法適用のもとでは，通常，これら不受理ないし返戻を争う訴訟形態は，審査・応答義務の懈怠としての不作為の違法確認訴訟が提起されることとなる[30][31]。いずれにしても，処分性が認められ取消訴訟においてであれ，あるいは，不作為の違法確認訴訟においてであれ，裁判において，要綱に基づく行政指導のような環境行政における地方公共団体の創意工夫がどのように評価・判断されるのかがここでの問題の実質である。

　(2) 原告適格　　産業廃棄物の規制行政は，基本的には，行政庁，事業者，周辺住民の三面的法律関係として把握される。例えば，産業廃棄物処理業の許可，産業廃棄物処理施設の許可に対して，周辺住民が環境保全を企図して訴訟を提起する場合はもとより，処理業者，施設を設置しようとする業者が行政の環境への負荷への配慮による不許可処分等を争う場合も環境行政訴訟としての産廃訴訟である。この場合，産業廃棄物施設の設置許可を受け，操業する事業者は，行政庁の環境保全からの措置に対し，処分性の要件をクリアすれば行政処分の名宛人として，当該処分の取消を求める原告適格を，また，設置不許可処分をうけたものが，この取消を求める原告適格を有することに問題はない。

しかし，産業廃棄物処理業の許可，産業廃棄物処理施設の設置許可等の処分との関係では，これら処分の取消訴訟を提起することで環境保全等を求める第三者たる周辺住民の原告適格が問題となる。

(a)　「法律上保護された利益説」の牙城　　行訴法9条において，「原告適格」[32]ありとされるためには，「法律上の利益」が要求される。この法律上の利益の有無について，法律上保護された利益説と保護に値する利益説が主たるものとして対比される。前者は，法律上の利益を処分の根拠法規によって保護された利益とし，この利益を侵害された（または必然的に侵害されるおそれのある）者に原告適格ありとするものである（公益保護の結果としての反射的利益，事実上の利益は法律上の利益とはならない）。後者は，法の趣旨ではなく，原告が現実にうける不利益の性質，程度など利害の実態に着目し，不利益が裁判上の保護に値する内容を備えていれば，原告適格を認める，あるいは，法律の条文の文言の趣旨を詮索せず，重要な利益侵害がある場合訴訟をもっとも適切に遂行すると認められるものに原告適格ありとするものである。

環境行政訴訟と係わっては，後者の立場で，すなわち原告らの主張する生活環境上の利益が裁判で保護されるに値する実質的内容を備えているかどうかによって原告適格を判定すべきとの立場から，「環境行政訴訟は，個人権をめぐる紛争というよりも，地域共同体に集団的利益にかかわる紛争としての性質をもつものであるから，環境行政訴訟の原告適格を論ずる場合には個人的保護法益論にとらわれることなく，紛争管理といった新しい視点も導入して，訴訟利益を再検討することが必要であろう」[33]とされていた。最高裁は一貫して前者の立場であるが，近年は，次に概観するように，一連の判決において，柔軟な「法律上保護された利益説」とも言うべき判断を示している。

周辺住民の原告適格という点では，最高裁の一定の傾向がある。空港定期運送事業の免許との関係で公害被害者住民たる周辺住民の利益を「法律上の利益」とする新潟空港事件判決（最判平元・2・17民集43巻2号56頁）は，従来の法律上保護された利益説[34]を緩和して，処分の直接の根拠法規のみならず，「それと目的を共通する関連法規の関連規定によって形成される法体系の中に

おいて」個々人の個別的利益が法的に保護されているか否かを決すべきものとし，「航空機の騒音によって社会通念上著しい障害をうけることになる者」に原告適格を認めた。この新潟空港事件判決以降の最高裁判例は，第三者の原告適格に関して，原子力発電所周辺住民の原告適格を認めたもんじゅ事件判決[35]を経て，今日では，「当該法規の趣旨・目的，当該行政法規が当該行政処分を通して保護しようとしている利益の内容・性質等を考慮して判断すべきものである」とし，「その生命，身体の安全等を，個々人の個別的利益としても保護すべきものとする趣旨を含むものと解す」ることができれば，限定的とはいえ一定範囲の住民にこれを認めるようになった[36]。一方，下級審判例の中には，この第三者の原告適格をさらに広げて，「生命，身体の安全等」に加え「財産」をあげて，洪水災害が予想される地域に農地を有する住民の原告適格を認めるものや[37]，この「財産」だけでなく「環境上の利益」も加え，その地域に居住せず立木以外に財産もない立木トラスト運動家の原告適格を認めたもの[38]がある。なお，後者の事件について最高裁は，「生命，身体の安全等」に限定する立場を維持して，崖崩れ，水害等災害による被害が直接的に及ぶことが予想される地域に居住する者の原告適格だけを認め，農業を営む者や立木を有する者の原告適格は認めてはいない[39]。ここでは最高裁の傾向を念頭において，産廃訴訟における周辺住民の原告適格について裁判例をみてみよう。

(b) 産業廃棄物処理業の許可，産業廃棄物処理施設の許可の取消訴訟における周辺住民の原告適格[40]　産業廃棄物処理業の許可，産業廃棄物処理施設の許可の取消訴訟における周辺住民の原告適格に関する事例は，1980年代までは報告されていなかったが，90年代に産業廃棄物関連の事例においてみられるようになった[41]。平成9年（1997年）改正法以前の裁判例では，前橋地裁が，法の趣旨を「一条の掲げる生活環境の保全及び公衆衛生の向上という目的を受けて……産業廃棄物の適正処理及び健全な産業廃棄物処理業者の処理事業参加を，現在及び将来における国民の一般公益として保全」とするものとし[42]，岡山地裁が，産業廃棄物処理施設を設置しようとする者に対し，当該施設が一定の技術水準に適合した処理能力と安全性を保有していることを要求すること

により産業廃棄物の適正な処理を図るとともに，生活環境の保全に問題が生じるような施設の設置を防止して清潔な生活環境の保持を図り，そのことによって生活環境の保全及び公衆衛生の向上という一般的公益を実現しようとするものである[43]と解し，周辺住民らの個別的利益を保護する趣旨でないとして原告適格を否定している[44]。設置許可における周辺住民の原告適格について言えば，平成9年（1997年）改正後は，これら裁判例の枠組みでも（法律上保護された利益説を前提にしても），生活環境保全基準の存在，利害関係者の意見書の提出という手続的地位が認められたことから，「周辺住民」の原告適格が肯定されるべきという考え方が示される[45]。

　前記の前橋地判，岡山地判の判決は，法律上保護された利益説に立ち，廃棄物処理施設の至近距離に居住すると否とを問わず「周辺住民」の原告適格が否定されている。岡山地裁の判決などは，時系列にいっても，前記もんじゅ判決の影響がみられて当然であるが，参照されているのは，主婦連ジュース表示事件最高裁判決である。この点，前記一連の最高裁判決を前提とするものとして，平成3年（1991年）改正法15条4項による産廃施設の適合認定についての，野津原町最終処分場無効確認請求事件判決がある[46]。判決は，前記一連の最高裁判決の影響の下で，「新廃掃法一五条四項，同条二項一号……の趣旨・目的・右各条項が使用前検査に基づく適合認定を通して保護しようとしている利益の内容・性質等にかんがみれば，右各条項は，施設の構造上の安全性について確認された産業廃棄物処理施設についてのみその設置を許可し，また，その仕様を定めることによって，当該施設に係る周辺地域の生活環境の保全という一般的公益の実現を図るとともに，当該施設の近隣地域に居住し，当該施設の構造上の欠陥に起因する地盤の滑り，産業廃棄物の流出などの事故による被害が直接的に及ぶことが予想される範囲の住民の生命，身体等の安全を，個々人の個別的利益としても保護すべきものとする趣旨を含むと解すべきである」とし，訴訟を提起した「周辺住民」のうち1名につき原告適格を肯定した[47]。しかし，この事件では，産業廃棄物処理施設の隣接地ないし至近距離に居住していない者も原告となっていたが，原告適格が認められたのは，あく

まで「被害が直接的に及ぶことが予想される」範囲の住民であり,「周辺住民の原告適格を認めた」と一般的に評することはできない[48][49]。また,判決が,法が個別的利益として保護しているとするのは,「生命,身体等の安全」であり,「周辺地域の生活環境の保全」ではない[50]。

原告適格を認めた前記一連の最高裁の判例に関しては,「当該行政処分によりきわめて限定的な地域的範囲で,直接に原告各人の生命身体に重大な危険が及ぶおそれが確実である場合であ」り,「『社会通念上著しい被害』という新潟空港最高裁判決の基準は,以降,それが……『生命身体に著しい被害』から『著しい環境被害あるいは公害被害一般』に拡大する方向には向かず,むしろ直接的に生命・身体の安全利益に特化されて」おり,環境訴訟の可能性を広げてはいるが,その適用において原告適格の判断枠組みの広がりが決して大きくないことが指摘されている[51]。このような指摘は,ここで取り上げた,産業廃棄物をめぐる訴訟における「周辺住民」の原告適格の裁判例にも妥当する。

(c) 課題　周辺住民の原告適格は,法律上保護された利益説にたてば,当該処分の根拠法規や関連規定を斟酌してもなお,第3者の,公益と区別される個別的利益が問題とならない限り認められない[52]。

公害・環境問題においては,生命・身体が直接影響を被る状態というのは最悪の選択であり,そうした状況の現在の予防,将来の予防と連動する望ましい環境の享受・維持が問題解決の重要な目的である。各人が望ましい環境を享受することができれば,全体としての環境も保護され,各人が望ましい環境を享受できなければ,また,全体の環境も維持されない,というのが環境の性質である[53]。ここでは,各人が望ましい環境を享受するという私益の集積が全体としての環境の維持という公益であり,この公益は個別に各人に還元されなければならない。この環境の性質を考慮した,環境上の利益,その現在および将来の不利益が考慮されなければならない。そこでは法律上保護された利益説がそれを認めないとするなら,環境の維持,将来にわたっての環境の保全の利益の主張が,保護に値する利益と構成できるかが重要な論点となる。環境基本法が制定され,健全で恵み豊かな環境が国民の健康で文化的な生活に欠かせない

ものであること，生態系の均衡が保持された環境は人類の生存基盤であることが法的に認識された現在でも，そのような環境が維持されることに対する国民の利益が裁判上保護に値する利益であるとする主張は，現在の行政訴訟における主観訴訟性の枠組みとの整合性が問われる。裁判所は，環境権，自然共有権は，原告適格の根拠とはしていない。現行法における主観訴訟と客観訴訟の枠組みを前提とした原告適格論の射程に収まらない問題を環境行政訴訟は孕んでいる。しかし，地球環境，生態系の維持のような抽象的公益といわれるような全国民に拡がる主張はともかく，深化した法律上保護された利益説であれ（後述の法律上保護された利益説と保護に値する利益説の接近，止揚の論議を参照），保護に値する利益説であれ，騒音，振動，大気汚染，水質汚染などを受けないという地域の環境の利益を主張するものには原告適格が認められるべきである[54]。

環境・公害訴訟では，従来，法律が明文で示してこなかったそして現に示していない，国民・住民の環境に対する権利・利益をどう位置づけるかが問題であった。法律上保護された利益説では，緩和されたとはいえ，例えば，廃棄物処理法における目的規定における，「生活環境の保全」にしろ，産業廃棄物処理施設設置許可における，「周辺地域の生活環境の保全」にしろ，基本的には「公益」の名の下に，なおも，多くの場合周辺住民の環境に対する権利・利益が公益に解消される可能性は大である。原告適格は，訴訟要件の問題であり，実体法上の解釈は本案審理によっておこなわれることが適当であり，かつ法律上の利益と反射的利益は必ずしも明確・一義的に区別できるものではない。取消訴訟は，各種の要件を備えた場合のみ可能であるから現代行政の国民生活に対する積極的かかわりにおいても，基本的には，法的保護に値する利益説が支持されるべきである。

学説においては，先の一連の最高裁判決を前提に，法律上保護された利益説と保護に値する利益説の，その接近性（同質性）がいわれ，あるいは対立点の解消も論じられている[55]。しかし，その「接近」は，環境上の利益との関係では語ることはできない。この点，「接近」は，判例が，生命身体だけではな

く，財産上，生活上，環境上の利益をも個別具体的に保護されていると解釈するときまで待つべきであろうともされているのである[56]。

とはいえ，保護に値する利益説が裁判所に容れられない現在，また，原告適格が，主張の利益に純化されていない現在，実践的現実的対応も一つの選択肢である。もともと，保護に値する利益説をとっていた阿部泰隆は，判例がその立場を180度転換することは期待できず，立法論的解決が賢明であるが，解釈論としては，判例の内在的変化を求めて，法律上保護された利益説によりつつ，「法律上保護された」の意義を柔軟に解して，実質的に保護に値する利益説に接近するという，中間の案を提示している[57]。阿部によれば，「原告適格に関する『法律上保護された利益説』は決して誤りではなく，行政法の制度の趣旨に合致するが，しかし，その趣旨を『個別具体的に保護された』と解するのはその趣旨に反するのである」[58]。それゆえ，法律が保護しているかという判断の際に，「個別具体的」という要件を放棄して，法律が保護する射程範囲に内にはいるかどうか（ただ，それが全国民にひろがらないように限定を加える）という，「緩和された法律上保護された利益説」を導入すべきであり，これにより保護に値する利益説との対立を止揚すべきとするのである[59]。法律の保護範囲の内容が問題となるが，法律上保護された利益説に立脚するという実践的対応のギリギリの段階であろうか[60]。

いずれにせよ，基本的枠組みとして，処分の根拠法令ないしは関連法令における要配慮利益を基準に厳格に判断するという制定法準拠主義に基づいている現在の判例は，憲法32条の裁判を受ける権利を行政訴訟の場で不当に侵害するものであり，憲法上疑義があるとはつとに指摘されるところであり，行訴法9条がこのような制限的解釈を可能とするとするなら，これを改正すべきであるということになる[61]。

立法論として，例えば，取消訴訟は，当該処分又は裁決の取消しを求めるにつき訴訟を遂行するための現実の利益を有する者が提起することができる[62]，とするもの，あるいは，「原告適格（ないし申立適格）は，それぞれの訴訟類型ごとに，その特質を考慮に入れて，理論構成すれば足りる。例えば，

原告適格（ないし申立適格）が係争の行政行為等に対し不服を感じると主張すれば，原告適格（ないし申立適格）を肯定する，といった仕組みもありうる」[63]，とするもの等がある[64]。

　また，環境行政訴訟に即して言えば，特別の訴訟方法の導入の議論と連動することになる。環境保護に関して公共訴訟的な仕組みを導入する必要性はよく指摘されるところである。この点，環境市民訴訟等の創設[65]は，さしあたり個別法によるべきであろうが[66]，行政訴訟制度改革にあたっては，このような「客観訴訟」の受け皿を用意しておくべきともされている[67]。昨今議論される外延としての「事件性」の要件を充たす限りで，「客観訴訟」の積極的制度化が言われているのである[68]。しかし，「客観訴訟」の制度化が，客観的には裁判を受ける権利を狭めることになるとの危惧がないではない（原告適格に関して言えば，本来，主観訴訟の枠組みで認められるべきものを立法政策に委ね，結果として原告適格の範囲を狭めることへの危惧である）。

　(3) 仮の救済（執行停止）[69]　　産業廃棄物の処理業の許可，あるいは処理施設の許可に対して周辺住民が取消訴訟を提起する場合，自らの環境上の利益の侵害を主張し，この利益とかかわって現在の環境の保全を意図する場合，判決が確定するまでの間この環境が保全されなければ（＝ここでは現在の環境の維持），周辺住民が取消訴訟に期待する予防的効果は果たされない。しかし，現行法は，行政庁の処分その他公権力の行使に当たる行為については，民事保全法に規定する仮処分をすることはできず，執行停止制度を採用するが，執行不停止原則である（行訴25条1項）。しかも，環境問題では，執行停止は裁判所によってほとんど認められない[70]。周辺住民は，このような状況では，例えば，産業廃棄物処理施設に関しては，民事の差止訴訟とりわけ処分場の建設等の差し止めを求める仮処分（本書第1章参照）の獲得に期待する他はなくなる[71]。

　執行不停止原則は，濫訴のおそれ，行政目的の早期化かつ円滑な実現を図るためのものであるが，これをすべての行政処分にこの原則を課すことに必ずし

も合理的根拠があるとはいえない。むしろ環境の保全が問題となる紛争においては，現行法との関係では，執行停止を原則とする運用が必要である(72)。また，いずれにせよ，一般に現行執行停止制度については，法改正の必要性が指摘されている。国民の被害の完全で有効な救済の観点から，例外を承認しつつ執行停止原則を採用する立法政策も考えられてよい（参照ドイツ行政裁判法80条）。なお，行政処分に一律に執行不停止原則をかぶせることはできないことを前提に，どちらが原則ということなく，執行停止が原則の処分と執行不停止が原則の処分という，処分の性質による類型的振り分けも提唱されている(73)。

(17) 最判昭39・10・29民集18巻8号1809頁。
(18) 処分性についての論稿は枚挙にいとまはないが，現状分析等，さしあたり笹田栄司＝亘理格＝菅原郁夫編『司法制度の現在と未来』（信山社，2000）120～126頁［亘理格執筆］およびそこで挙げられた文献を参照。
(19) 浜川清「行政訴訟改革について」法時73巻7号（2001）65頁。なお，立法論として，例えば，山村恒年編『市民のための行政訴訟制度改革』（信山社，2000）181頁は，行政事件訴訟法改正要綱案を提示しているが，従来の抗告訴訟の項目をやめて，第3条を行政処分等不服訴訟にあてているが，処分を行政庁の一方的権限の行使としている。
「第3条　この法律において行政処分等不服訴訟とは，行政庁の一方的権限の行使に関する不服の訴訟をいう。②この法律において『処分の取消しの訴え』とは，行政庁の処分（法的効果を伴わないものを含む），その他法令に基づく一方的権限の行使（一般処分，事実行為を含む。ただし次項に規定する裁決，決定その他の行為を除く。以下単に「処分」という。）の取消しもしくは撤廃を求める訴訟をいう。⑥この法律において，『義務づけの訴え』とは，処分もしくは裁決の作為又は不作為を求める訴訟をいう。⑦『行政立法取消の訴え』とは，政令及び各省庁・委員会・地方公共団体の命令の取消を求める訴えをいう。」
(20) 原田尚彦『環境法［補正版］』（弘文堂，1994）256～260頁，高木・前掲注(14) 110～111頁，吉村良一＝水野武夫編『環境法入門［第2版］』（法律文化社，1999）［神部秀彦執筆］145～146頁，山村恒年『検証しながら学ぶ環境法入門【改訂2版】』（昭和堂，1999）246～247頁，森田・前掲注(12) 58～60頁，阿部泰隆＝淡路剛久編『環境法［第二版追補版］』（有斐閣，1998）［荏原明則執筆］292～294頁，畠山武道＝木佐茂男＝古城誠編著『環境行政判例の総合的検討』（北海道大学図書刊行会，1995）［畠山武道執筆］66～69頁，梶哲教「環境保全と行政訴訟」法セ531号（1999）54～56頁等。
(21) なお，最判昭60・12・17民集39巻8号1821頁［土地区画整理組合の設立認可］，最判昭61・2・13民集40巻1号1頁［市町村営土地改良事業施行の認可］，最判平成4・11・26民集46巻8号2658頁［第2種市街地再開発事業についての事業計画の決定］は，

処分性を肯定するが，問題とされた「権利」は主として土地の所有権であり，環境保全を求める行政訴訟の発展に寄与するものとは言い難い。高木・前掲注⑭110頁を参照。
⑵ 解釈論上の処分概念の拡大の主張の他，立法論として，ドイツの制度を前提に事業者が個々の具体的活動に着手する前段階での行政機関の決定に処分性を与える，処分の存在を要件としない行政訴訟の創設もいわれる。後者について，高木・前掲注⑭110頁，113頁の注(9)(10)を参照。
⑶ 浜川清「行政訴訟の諸形式とその選択基準」杉村敏正編・行政救済法Ⅰ（有斐閣・1990）85～91頁参照。同・88頁は，拘束的計画の決定も，土地の収用や換地処分の前提手続として，対象が具体的に確定されているときには，これを救済を要する処分とする。
⑷ 浜川・前掲前注98～99頁。
⑸ 畠山武道＝大塚直＝北村喜宣『環境法入門』（日本経済新聞社，2000）95頁［大塚執筆］。北村・前掲注(4)56頁も，1997年改正施行後も要綱は健在であるとする。なお，改正後の要綱の動向について，小林・前掲注(8)50頁以下を参照。
⑹ 新田智昭「産業廃棄物処理施設に関する訴訟の現状」法律のひろば50巻7号（1997）12～13頁，関哲夫「産廃施設の設置・運営をめぐる課題」法律のひろば50巻7号（1997）17頁以下，福士明「産廃処理施設をめぐる最近の判例」判タ972号（1998）90～91頁参照。
⑺ 例，岡山地判平成8・7・23判例自治165号74頁。この判決は，事業者の申請が，形式不備・瑕疵等が多く，また，事業者の事前協議や行政指導を無視するかのような態度等から，許可申請は，真摯かつ明確に行政庁の許否の応答を求めている場合とは性質を異にし，社会通念上正義の観念に反し又は公共の利益を著しく害するような特段の事情の存在も推認されるから，受理拒否は公益上やむを得ないものというべきであり，違法とはいえないとした。
⑻ 平成9年改正前の廃棄物処理法14条4項による廃棄物処理業の許可申請及び同法15条1項による処理施設の許可申請の返戻行為について，仙台地判平成10・1・27判時1676号43頁。判決は，要綱のもつ公益性を十分に考慮しても，行政指導に対する原告の不協力が社会通念上正義の観念に反するものといえるような特段の事情が存在するとは認めがたい，許可の申請につき，慎重な行政上の判断が要求されることを考慮しても，相当期間を経過したことについて正当な理由があるとはいえない等として，予備的請求としての業者の知事に対する不作為の違法確認の訴えを認容した。
⑼ 関・前掲注㉖21頁以下。また，福士明・前掲注㉖91頁は，行政手続法が予定していない受理拒否処分があった場合は，訴訟法上直截な救済形式である受理許否処分の取消訴訟も認められるべきとする。
⑽ 『塩野宏・行政法Ⅰ［第2版増補］』（有斐閣，1999）245～246,248頁参照。最近の裁判例でも，例えば，神戸地判平成12・7・11判例自治76頁は，受理拒否処分という概

念は観念しえないとし、広島高判平成12・4・27判例自治70頁では、返戻し審査しなかった不作為の違法確認訴訟が提起されている。
(31) なお、兼子仁『行政法学』(岩波書店、1997) 111頁は、形式審査を決着させる行政庁の手続的行為として、受理・不受理があり、受理は、実体審査への移行を決める内部的措置であり、不受理は、申請者国民に対する形式的「拒否」処分と構成している。また、芝池義一『行政法総論講義〔第4版〕』(有斐閣、2001) 143頁も、一定の場合に不受理の措置が合理的なものとして認められる余地があるとする。
(32) 原告適格についての論稿は枚挙にいとまはないが、現状分析等、さしあたり笹田栄司=亘理格=菅原郁夫編・前掲注(18) 111〜119頁〔神橋一彦執筆〕およびそこで挙げられた文献を参照。
(33) 原田・前掲注(20) 263頁。また、そこでは、環境行政訴訟における団体訴訟の許容の積極的検討もいわれていた。
(34) ここで念頭に置かれているのは、主婦連ジュース表示事件最高裁判決である(最判昭53・3・14民集32巻2号211頁)。
(35) 最〔大〕判平4・9・22民集46巻6号571頁。
(36) 新潟空港事件判決では「社会通念上著しい障害を受けることになる者」、もんじゅ事件判決では、「事故等がもたらす災害により直接的かつ重大な被害を受けることが想定される範囲の住民」、開発をめぐる環境訴訟として川崎市がけ地開発許可事件・最判平9・1・28民集51巻1号250頁では、「がけ崩れ等による被害が直接的に及ぶことが想定される開発区域内外の一定範囲の住民」の原告適格を認めた。最後の判決について、北村「最終処分場設置許可処分と原告適格」判タ982号(1998) 33〜34頁は、生命・身体への安全性への直接の被害を問題とし、重大性を求めない判決を評価し、被害を未然に防止することが現代行政法の基本原則であることからすれば重大性の要件は不要とする。
(37) 泰阜ダム事件・名古屋地判平7・1・30判時1549号27頁。
(38) 山岡町ゴルフ場林地開発事件・名古屋高判平8・5・15判タ916号97頁。
(39) 最判平13・3・13判例自治215号98頁。
(40) 新田・前掲注(26) 15〜16頁、福士・前掲注(26) 93頁、北村・前掲注(36) 29頁以下を参照。なお、この問題について、公刊物に登載された裁判例は意外なほど少ない。
(41) 判例大系公刊委員会編集・前掲注(2) 148頁。
(42) 処理業の許可を争った例・平成3年(1991年)改正前・前橋地判平2・1・18判時1365号50頁。本件では、産業廃棄物最終処分場付近で農業・食堂を営む者や付近の居住者が、生命・健康・生活環境等に被害を被るとして、許可の取消を求めた。
(43) 平成3年(1991年)改正法のもと設置許可を争った例。岡山地判平6・12・21公刊物未登載・判決概要紹介判例自治153号98頁。
(44) なお、産業廃棄物中間処理施設の建設を目的とする、開発行為の許可取消訴訟において、周辺住民の原告適格を否定するものとして、宇都宮地判平4・12・16判例自治

114号89頁。
⑷⁵ 福士・前掲注㉖93頁，阿部泰隆「廃棄物行政の課題：1997年廃棄物処理法の改正が残した課題」人間環境問題研究会編・特集廃棄物行政の課題と今後の展望・環境法研究24号（1998）13頁，北村・前掲注㊱33頁。なお，阿部は手続的地位には言及せず，北村は，意見書提出手続規定のみをもって，利害関係者の原告適格を基礎づけることはできないとする。高橋滋「環境影響評価法の検討」ジュリ1115号（1997）49頁注⒀も参照。

⑷⁶ 大分地判平10・4・27判例自治188号82頁。この判決は，適合認定とその前段階の設置許可とで同一の技術上の基準に適合していることを要件としているので，平成3年改正廃棄物処理法に基づく設置許可に係る周辺住民の原告適格についても同様に考えてよい例である。

⑷⁷ 判決は，適合認定を無効とする「重大かつ明白な瑕疵」は存在しないとして，請求は棄却している。なお，判決は，水質汚染ないしその可能性は，処分場の使用検前検査に基づく適合認定を問題とする訴訟では周辺地域の住民の原告適格を基礎づけるものではないとしている。

　無効確認訴訟においては，行政事件訴訟法36条にいう消極要件の充足が問題となる。本件では，原告は，最終処分場の設置者である業者に対して，最終処分場の使用，操業等により人格権等を侵害されるおそれがあるとして，最終処分場の使用禁止を求める民事訴訟を提起しているが，判決は，この民事訴訟は，36条にいう当該処分の効力の有無を前提とする現在の法律関係に関する訴えには必ずしも該当せず，本件適合認定の瑕疵に起因する紛争を解決する争訟形態としては，無効確認訴訟のほうがより直截的で適切なものというべきとして，消極要件も具備するとしている。従来の最高裁の判断（最［大］判平4・9・22民集46巻6号1090頁）に従ったものである。

⑷⁸ 北村喜宣「野津原町最終処分場無効確認請求の原告適格」人間環境問題研究会編・特集最近の重要環境判例・環境法研究26号（2001）37頁。

⑷⁹ 判決は，法による各規制（設置者が周辺地域の生活環境の保全等に配慮すべきこと，都道府県知事による設置許可の際に生活環境の保全上必要な条件を付することができること等）によって，具体的な生活環境上の利益を受ける周辺地域の住民の範囲を個別的に特定することは困難であるなどとして，当該施設の周辺住民のうち「被害が直接的に及ぶことが予想される」範囲の住民以外の住民の生活環境上の利益を廃棄物処理法が個別的に保護する趣旨ではないとする。また，大分県要綱は「当該処理施設の設置に伴って生活環境に影響が生ずるおそれがある地域」の「関係地域」として指定し，関係地域を所管する保健所等における当該施設の設置事前協議書の閲覧，設置者による関係地域での説明会の開催等を定めるが，この関係地域に居住する住民の，処分場の設置稼働によりその生活環境を侵害されない利益は廃棄物処理法による法律上保護された利益に該当しないとし，この地域に居住する原告らには原告適格を認めなかった。

産業廃棄物処分業の許可処分取消訴訟に関して，横浜地判平11・11・24判例自治202号42頁がある。判決は，廃棄物処理法は，「施設周辺に居住し，右施設自体あるいは施設の事故がもたらす災害や悪影響により直接的かつ重大な被害を受けることが想定される付近住民の安全等を個々人の個別的利益として保護」する趣旨とし，産廃処理施設の周辺住民とはいえない施設の近辺で農作業に従事する者に周辺住民に準ずる地位にあるとし原告適格を認め，産業廃棄物処分業の許可が，産業廃棄物処理施設を有しない者になされたものであり，産業廃棄物処分業の許可要件の重要部分に適合せず，として許可を取り消している。

(50) 判決の考え方をより端的に示すのは，平成9年（1997年）の改正後の廃棄物処理法の，施設の設置者に対する生活環境調査の義務づけ，地域住民等の意見聴取の手続，設置許可要件としての地域の生活環境の適正な配慮規定等からしても，当該地域に係る生活環境の保全を個別具体的な利益として保護する趣旨まで含んでいるとは解されないとしている部分であろう。

(51) 磯野・前掲注(12) 393〜394頁。また，高木・前掲注(14) 111頁は，川崎市がけ地開発許可事件判決・前掲注(36)について，「生命，身体の安全」というものに限って「個々人の個別的利益」としているとすれば，環境の保全を求める行政訴訟の発展に寄与するとはいいがたいとする。

(52) なお，小早川光郎「抗告訴訟と法律上の利益・覚え書き」成田古希『政策実現と行政法』（有斐閣，1998）54〜55頁は，原告の主張が，公益の主張であっても，原告自身の個別的利益に特別に関わるものであることから，抗告訴訟の主観訴訟性と相いれないものでないとし，立法論として，一定の要件に適合する個人または団体が，その個別的利益を侵害されていなくても，さらには自己の利益を侵害されていなくても，一定の場合に抗告訴訟の法律上の利益を有するものとすることはおよそ不可能だと考えるべきでないとする。

(53) 磯野・前掲注(12) 399頁。

(54) 阿部泰隆「原告適格判例理論の再検討（下）」判評509号（判時1746号・2001）6頁は，環境などの住民の利益はもともと行政法が保護する利益で，公益とされるが，私益の集合であり，騒音，振動，大気汚染，水質汚染などを受けないという地域の環境の利益を主張する者には原告適格を認めることは私益を保護するという制度のもとでも矛盾しないとしている。

(55) 近年の最高裁の原告適格の緩やかな判断を前提に，両説の接近（同質性），あるいは対立点の解消を論ずるものとして，芝池義一「取消訴訟の原告適格判断の理論的枠組み」京都大学法学部創立百周年記念第2巻（有斐閣・1999）71頁以下，小早川・前掲注(52) 46頁以下，塩野宏『行政法Ⅱ［第2版］』（有斐閣，1994）105頁も参照。例えば，芝池・前掲95〜97頁は，一連の最高裁判決を，柔軟な「法律上保護された利益」説たる「法的保護利益」説とし，これが「法的な保護に値する利益」説と共通性を有するとする。そして，「法的な保護に値する利益」説も，それが法的な議論である以

上，「法」の要素を無視できないとする（この説が，「法律」の拘束を離れて原告適格を判断するという点については修正が必要）。その上で，いわば，「法的保護利益」説の一方の極に「法的な保護に値する利益」説が存在するとしている。
(56) 阿部・前掲注(54) 9頁。
(57) 阿部泰隆「原告適格判例理論の再検討（上）」判評508号（判時1743号・2001）2頁。
(58) 阿部「行政訴訟制度改革の一視点」ジュリ1218号（2002）69〜70頁。
(59) 阿部・前掲注(54) 11頁。
(60) なお，実践的対応という意味では，芝池・前掲注(55) 97〜100頁は，「法律上保護された利益」説と「法的な保護に値する利益」説のいずれを採るかということは生産的ではないとし，重要なのは，原告適格の有無の判断において考慮すべき事項，視点を具体的に提起し，それを吟味することであるとし，考慮すべき要素として，法令・法制度の趣旨，被害の実態，原告適格を認められる者の範囲の確定可能性，誰に争わせることが適切かという視点を挙げている。
(61) 浜川・前掲注(19) 65頁参照。
(62) 山村恒年編・前掲注(19)は，「アメリカ行政手続法の原告適格判例法で認められている『現実の損害（injury in fact）』に合わせて，自己およびそれと共通する公共の利益について訴訟追行上の現実の損害のおそれがあること，すなわち『現実の利益』で足りるとした。したがって，抽象的なおそれでは足りない。言いかえると，損害賠償訴訟の法益侵害にあたる損害のおそれでも足りる」（144頁）として，具体的に，行政事件訴訟法改正条文を次のように提示する。「（原告適格）第九条　処分の取消しの訴え及び裁決の（以下「取消訴訟」という。）は，当該処分又は裁決の取消しを求めるにつき訴訟を遂行するための現実の利益を有する者が提起することができる。②　第一項の利益が公共の利益と共通する場合でも提起することができる。」（179頁）
(63) 木村弘之亮『2001年行政事件訴訟法草案』（信山社，2001）はしがき7頁。
(64) これらに限られず，行政訴訟改革論議の中で，現在，多様な立法論的主張が展開されている。前記，行政訴訟検討会における，ヒアリングおよびそこでの議論等も参照。
(65) アメリカにおける環境保全領域における市民訴訟について，北村喜宣『環境管理の制度と実態』（弘文堂，1992）168頁以下，木原政雄「米国における市民訴訟の一考察」新井古希『行政法と租税法の課題と展望』（成文堂，2000）35頁，河野二郎「環境諸法の整備と市民訴訟条項の導入」法律のひろば53巻8号（2000年）52頁以下等，また，ドイツにおける環境保護団体訴訟について，大久保規子「ドイツ環境法における団体訴訟」塩野古希『行政法の発展と変革』（有斐閣，2001）35頁以下を参照。
(66) 塩野宏『法治主義の諸相』（有斐閣，2001）は，個別法による団体訴訟の法定（313頁），原告適格の判断基準の改変は，一般法によるのでなく，環境行政，消費者行政等の個別行政分野で立法試案を提示すべきこと（306頁），をいう。
(67) 曽和俊文「行政訴訟制度の憲法的基礎」ジュリ1219号（2002）65頁。
(68) 曽和・前掲前注64頁は，この要件として，紛争の具体性，相対立する当事者の存在，

適法・違法の判断が可能な法的基準の存在，判決の終局性，を挙げる。なお，参照，中川丈久「行政事件訴訟法の改正」公法研究59号（2001）124頁。
(69)　執行停止制度につき，理論の現状等，笹田栄司＝亘理格＝菅原郁夫・前掲注(18) 127頁以下［大貫裕之執筆］及びそこに挙げられた文献を参照。
(70)　認めた例として公有水面埋立に関して，松山地決昭43・7・23行集19巻7号1295頁，福岡高決昭48・10・19判時718号38頁。
(71)　現に公刊された判例において，執行停止の事例は，産業廃棄物処理業者に対する知事の産業廃棄物処理業許可処分取消処分の業者による執行停止申立の例があるにとどまるようである。名古屋地判平5・6・29判例自治119号84頁　なお，一般廃棄物について，同じく処理業者による処理業許可処分取消訴訟に対する執行停止申立事件として，新潟地判平12・2・8判例自治210号90頁［判決概要紹介］がある。
(72)　原田・前掲注(20)は，「地域環境に広範な影響をもつ処分に対する環境行政訴訟においては，執行不停止の原則を逆転して，執行不停止をむしろ原則化し，行政側が開発行為を急ぐことにつき，特段の公益上の必要がある旨を具体的に疎明しないかぎり，執行停止を認める方向で運用することが望ましい。執行停止の原則化は，個人の財産をめぐる個別紛争ではなく，地域の環境をめぐる集団的紛争である環境行政訴訟の本質に適合するものと解してよいであろう」（273～274頁）としていた。
(73)　阿部泰隆『行政救済の実効性』（弘文堂，1985）169頁以下参照。

2　不作為の違法確認訴訟

　産業廃棄物をめぐる紛争における，不作為の違法確認訴訟の発現形態については，本章の「処分性」（Ⅳ・1(1)）の項目における，事業者から提起する訴訟の部分で簡単に扱っている。さらに，事業者等に対する規制権限の不行使との関係で，不作為の違法確認訴訟が問題となるが，不作為の違法確認訴訟が，申請—応答のシステムに対応している以上，この訴訟が貢献する場面は少ない。むしろ問題は義務づけ訴訟の場面にある。

3　義務づけ訴訟

（1）義務づけ訴訟の必要性　　廃棄物処理法は，「生活環境の保全」および「公衆衛生の維持」を図るため，事業者等に対する多様な規制権限を行政に付与している。この権限が，行政によって適正に行使されない，あるいはその行

使を怠る場合，廃棄物処理法の枠内でさえ，住民の生活環境は保全されないことになり，また，環境への負荷，住民等の生命，身体等への多大な被害の発生が放置されることにもなる。行政の権限の不行使＝不作為との関係では，訴訟類型としては，不作為の違法確認訴訟，不作為に対する国家賠償訴訟があるが，より直截的な訴訟形態として，行政庁に対して，規制権限の発動を求める義務づけ訴訟がある。

環境行政訴訟における義務づけ訴訟の必要性については，「環境行政において，行政庁が企業と癒着し，公害源に対し規制権限を発動すべき要件が満たされているにもかかわらず，規制権限の発動をためら」うことがあれば「環境行政の実効を期しえないから，環境行政の利益享受者である住民には，その生存権（環境権）の享受を回復するために，行政庁の職務懈怠（不作為）の違法を主張して規制権限の発動請求権を認める必要があ」り，「行政庁に対し規制権の発動を求める義務付け訴訟を広く許容すべき」であると指摘されていた[74]。また，環境行政が第三者に侵益的行政行為を発給することを求める義務づけ訴訟の主たる領域のひとつとした上で，公害法規に違反する公害発生源等に第三者に対して行政規制権限の発動を求める場合，その不介入に対し，不作為の違法確認訴訟を提起するとか，その拒否回答をとらえて取消訴訟を提起する方法が考えられるが，いずれも行政介入を直接義務づけるものではないからはなはだ迂遠であり，特に緊急性のある事案では，権利救済制度としての実効性に乏しく，第三者に対する規制権限の発動を直接求める義務づけ訴訟が必要であるともされ[75]，環境行政に関して，行政の規制権限の発動を求める訴訟が，生じうべき現代型訴訟として念頭に置いておく必要があるとされていた[76]。

産廃をめぐる紛争で，義務づけ訴訟が問題となった事例として，前述の野津原町最終処分場行政訴訟事件がある[77]。この事件の概要と裁判所の判断は以下の通りである。

産業廃棄物最終処分場の設置許可を受けた業者に対し，許可後降雨により処分場のえん堤の一部が崩壊するにいたったので，知事が，最終処分場の構造が廃棄物処理法に規定する技術上の基準に適合していないとして，最終処分場の

使用停止及び改善を命じた。

　周辺住民の主張によれば，知事の権限行使は，本件使用停止・改善命令を発するにとどめるが，本件最終処分場が周辺地域の生活環境を著しく悪化させる危険性は本件使用停止・改善命令によっては到底除去され得ないものである。したがって，周辺住民は，許可自体を取り消さず，単なる使用停止・改善命令にとどめた知事の措置は，廃棄物処理法15条の3（平成3年改正法）に基づく裁量権の行使の前提となる事実を著しく誤認し，又は要考慮事項について適切な考慮を欠いた違法があり，知事は，許可自体を取り消すべく法的に拘束されており，右取消しがなされなければ，本件最終処分場の周辺地域等に居住する原告らの法益が著しく侵害されるというべきである，として，知事に対し，許可の取消しを求める義務づけ訴訟を提起した。

　裁判所は，「義務づけ訴訟が許されるには，少なくとも (a) 行政庁が，行政処分をすべきかどうかについて法律上覊束され，行政庁に自由裁量の余地がないなど，第一次的判断権を行政庁に留保することが必ずしも重要ではないこと（明白性の要件），(b) 義務づけ訴訟を認めないことによる損害が大きく，事前救済の必要性が顕著であること（緊急性の要件），(c) 他に適切な救済方法がないこと（補充性の要件）の三要素を充足する必要があると解するのが相当である。……規定は……技術上の基準に適合しないと認められるときに，右施設に係る設置許可の取消し，改善又は使用停止命令のうちいずれの処分をするかどうかについて，都道府県知事に効果裁量を認めていることに照らし，本件義務づけ訴訟は前記明白性の要件を充足しているとは認められない」とし，不適法とした。

　(2) 義務づけ訴訟の許容性　　義務づけ訴訟は，法で明定されていないことから，その許容性が問題となる。

　許容性については，学説において，諸説がある[78]。まず，伝統的な学説としての原則的否定説がある。これは，義務づけ訴訟は，行政の第一次的判断権を侵害するものであり，原則として許されないとするものである[79]。現在の有力な学説は，取消訴訟中心主義を前提に，義務づけ訴訟を法定抗告訴訟を補充す

るものとしてのみ許容する，補充説である[80]。また，独立説は，争いの成熟性があるかぎり，それによって有効な救済がえられる限りは，取消訴訟に救済が可能かどうかとはかかわりなく義務づけ訴訟を適法なものとして許容するものである[81]。

　義務づけ訴訟の許容性について，適法要件の一般論をのべた最高裁判例は存在しないが，下級審は，一般に，明白性の要件（野津原町判決における(a)の要件），緊急性の要件（同(b)の要件），補充性の要件（同(c)の要件）を適法性要件とし[82]，義務づけ訴訟を許容する場合を厳格に限定している。補充説の立場である[83]。したがって，環境行政訴訟においてもその必要性が認識される，義務づけ訴訟は，この厳格な要件のもと，野津原町判決にみられるように，許容されるのはきわめて困難となっている。

　義務づけ訴訟を阻んできた，行政庁の第一次的判断権の考え方は，行政権と司法権の「対立関係」の考慮に基づき，司法権が原則として事後的に介入すべきものであることを説き，とりわけ義務づけ訴訟等の無名抗告訴訟を限定しようとしたものであった[84]。この点，行政庁の第一次的判断権と裁判所の判断についていえば，取消訴訟の場面での指摘になるが，「法令が行政機関に処分権限を付与していても，一旦，裁判となり，処分時に行政機関においてした以上に，慎重かつ公正な手続を経て事実の検討と法令の解釈・適用がなされた以上，裁判所に処分の作為・不作為，なすべき処分内容の決定を委ねることは，立法論としては，十分に合理性が認められるのである」[85]。行政権と司法権の「対立関係」の考慮・強調によって，後者の前者に対するチェック機能や権利救済機能の阻害が生じてはならない。

　こうした状況から，例えば，包括的抗告訴訟の観念を維持するかどうかの問題を念頭におきつつ，義務づけ訴訟は，カテゴリーとしては，学説・判例の認めるところであり，行政事件訴訟法の改正の時点で当然法定化の対象となり，今後の課題はむしろ実体法における義務づけの請求権についての解明にあるとされているところであった[86]。具体の行政訴訟改革論議においても，義務づけ訴訟や予防的不作為訴訟の法定化が改革の方向性として示されることにな

る[87]。

　他方，法定抗告訴訟化の主張に対しては，処分権限（義務）その存否を争う処分の作為・不作為を求める訴えは，現在の法律関係に関する訴えの一種とみなしうるほか，行政裁判所を設置しない日本では，可能な限り通常訴訟・民事訴訟によることとすれば，行政事件訴訟法においては，これらの請求にかかる民事訴訟について，若干の準用規定を定めるにとどまる案もありうるとの主張もある[89]。行政訴訟の独自性の強調の問題性，包括的抗告訴訟の観念，抗告訴訟の排他的管轄論への反省からの議論であり，見落とせない視点である。また，一般に，行政訴訟と民事訴訟の関係およびその選択可能性の問題が，行政訴訟改革論議の重要な論点で[90]あることを確認させるものである。

[74]　原田・前掲注[20] 253頁。なお，同・254頁は，第三者訴訟としての，許可に対する住民らの取消訴訟について，その実質的機能は，第三者に対し不許可処分をせよとの義務づけを求める性格をもつとしている。

[75]　阿部泰隆『行政訴訟改革論』（有斐閣，1993年）251頁。

[76]　塩野宏・前掲注[66] 303頁。

[77]　前掲注[46]。

[78]　学説の詳細およびその分析について，千葉勇夫「無名抗告訴訟」杉村古希『行政行政救済法1』（有斐閣，1990）277頁以下，常岡孝好「無名抗告訴訟」ジュリ増刊行政法の争点（新版）（1990）206頁以下，阿部泰隆『行政訴訟改革論』（有斐閣，1993）第2部第1章，第2章，塩野宏『行政過程とその統制』（有斐閣，1989）305頁以下を参照。

[79]　田中二郎『司法権の限界』（弘文堂，1976）。行政に関する第一次的判断権は行政権に留保されるものであり，行政権の第一次的判断権の行使以前に，司法権が行政権に代わって，特定の処分を義務づけることは，第一次的判断権を侵害するものであり，原則として許されないとし（40～41頁），例外的に，行政庁の第一次的判断権が未だ行使されない場合でも，それが行使されたと等しい状況にある場合，あるいは，具体的事案に即して，法定抗告訴訟のいずれかに準じて処理すべき緊急の必要がある場合に限って許容されるべきとするものである（29頁）。厳格に，司法権を行政権の事後審査に限るとするものである。

[80]　原田尚彦『訴えの利益』（弘文堂，1973）76頁，同『行政法要論全訂［第4版増補版］』（学陽書房，2000）345～346頁，塩野・前掲注[55] 188～190頁を参照。

[81]　この説に立つ，阿部・前掲注[75] 273頁は，義務づけ訴訟においても，行政庁は少なくとも訴訟の場で攻撃防御を行う際，第一次的判断権を行使する機会を与えられるのであるから，行政庁の第一次的判断権は尊重され，事後審査の原則もみださないもの

とする。
(82) 司法研修所編『改訂行政訴訟の一般的問題に関する実務的研究』(法曹会, 2000) 138~139頁。
(83) 但し, 補充説にたつ原田・前掲注(80) 75頁 注(15)は, (a)の要件を要求しておらず, 本案の要件としている。
(84) 浜川・前掲注(23) 67頁。この点, 小早川光郎「行政訴訟改革の基本的考え方」ジュリ1220号 (2002) 62頁以下は, 行政庁と裁判所の役割関係について, 分離=分立型, 分離=司法優位型, 連続=協働型に整理し, 連続=協働型の立場から, 両者の関係は, 権力分立の意味における対立関係ではなく,「裁判所の役割の重点が行政庁の判断についての不服の審理にあるとしても, それに関連して裁判所が行政庁に対して一定の措置を義務づけたり禁止したりする可能性は, 現在よりも柔軟に認めるべきではないか (権力分立原理に基づいて行政庁の第一次的判断権を強調することは適当ではなかろう)」(64頁) としている。
(85) 浜川・前掲注(19) 66頁。
(86) 塩野・前掲注(76) 326頁。
(87) 例えば, 山村恒年・前掲注(19)は,「行政庁の作用は, 法で行使を義務づけられて裁量の余地のないものは, 義務づけ判決が可能である。裁量についての行政庁の判断は, 義務づけ訴訟中の弁論で主張されるから, 裁判所は, それを, 行政の第一次判断として, その適否を判断すればよい。また, 裁量判断が, 弁論中で示されない場合は, 判決の法解釈を考慮して行政庁が決定する義務があることを判決するものとする。これはドイツの指令判決に倣ったものである。義務づけ訴訟は処分することの禁止のみならず, その執行または続行の差し止めも同時に請求することができる」(147頁) とし, 具体的に, 行政事件訴訟法改正条文を次のように提示する。「第3条 ⑥ この法律において『義務づけの訴え』とは, 処分若しくは裁決の作為または不作為を求める訴訟をいう」(181頁)。

なお, ジュリストにおいて,「シリーズ行政訴訟制度改革を考える」が5回にわたって掲載され, 改革の論点等, 多岐にわたる指摘がなされている。義務づけ訴訟法定化の必要性について, 山田二郎「行政訴訟制度改革に求められているもの」ジュリ1216号 (2002) 68頁, 高木光「行政事件訴訟法改正」ジュリ1217号 (2002) 69~70頁, 南博方「行政に対する司法審査制—その改革の必要と方向」ジュリ1220号58~59頁, 小早川・前掲注(84) 64頁参照。
(88) 浜川・前掲注(19) 87頁, 同・前掲注(23) 78~79頁参照。
(89) この点, さしあたり, 笠井正俊「行政訴訟制度改革と民事訴訟」ジュリ1219号 (2002) 69頁以下を参照。

4 住民訴訟

　現代社会のごとく複雑な社会関係が錯綜する場合には，違法な行政もさまざまな局面において発生する。しかし，なおも司法制度とりわけ抗告訴訟は，基本的には個人の権利利益を契機として司法判断を行い，具体的なその侵害が問題となる（原告適格，処分性をめぐる議論を参照）。それは，違法な行政の客観的・一般的なコントロールにとり限界を画するものになっていることは否めない。行政訴訟の機能不全がいわれ行政事件の訴訟数が少ない中，住民訴訟の数は増加している。なお，住民監査請求制度および住民訴訟制度は，2002年の地方自治法の一部を改正する法律（平成14年3月30日法律4号，同年9月1日施行）により改正され，今後住民訴訟は新たな段階に入ることとなった（後述）。

　(1) 住民訴訟への期待　　住民訴訟は，典型的な財務会計上の行為の財務会計法規違反から地方公共団体の財務会計行政を問題とするものの他，いわゆる「財務会計上の行為」を形式的には問題とするが，実質的には，これら行為の先行行為・原因または目的となる行為＝「非財務会計行為」を問題として，当該地方公共団体の行政一般の違法を追及するという住民訴訟の利用傾向がある。「住民訴訟の非財務会計上の行為に対する間接的統制」と呼ばれるそれであり，「行政責任（追及）型訴訟」と位置づけられた[90]ところでもある。従来これらの例として，津地鎮祭訴訟[91]（地鎮祭の憲法適合性審査を公金支出の原因行為の審査と位置付けて公行政における政教分離を問題とした代表例），川崎市役所汚職事件[92]（不利益処分を問題として人事行政の不明朗さを問題とする），田子の浦ヘドロ訴訟（自治体の環境行政上の怠慢を問題とする）[93]等があげられる（なお，最近，これら裁判例とかかわって，住民訴訟の守備範囲内か否かの再検討もなされている）。

　いずれにせよ，個人の権利・利益の侵害に還元されがたい違法な行政の「広範な統制」という制度の可能性という点で，住民訴訟に多くの期待が寄せられ

ているのである。この点は，環境訴訟においても例外ではなく，抗告訴訟がいわゆる環境行政訴訟に対して適応不全の状況を呈しているなか，環境行政訴訟としての住民訴訟の役割は無視できない[94]。住民は，「環境行政上の違法な措置に起因して地方公共団体が不要な出費を余儀なくされたような場合には，住民が当該出費の適否をめぐって住民訴訟を提起し，間接的に行政側の環境行政への取り組みの違法性を攻撃し裁判所にその適否につき判断を求める」のである[95]。

(2) 産業廃棄物問題と住民訴訟　住民訴訟の対象は，財務会計上の違法な行為または違法に怠る事実であるが，環境問題を住民訴訟で争う場合，問題となるのは，実質的に非財務会計上の行為の違法性の判断であり，また，その違法性と等財務会計上の行為の違法との関係である。以下ではこの問題に焦点を絞る。

①秋田県産廃処分場許可事件[96]では，自治体の企業誘致政策の実施の中で，住民は，企業誘致による公害の発生，環境の破壊の不可避性，自治体の巨額の財政負担等を主張して誘致企業のための補助金の支出を違法としした公金支出の差止請求等（1号請求）と共に，企業誘致に伴い，企業の操業により生ずる産業廃棄物を処分するための産業廃棄物処分場（県が設置し管理運営する処分場）の設置工事の代金の支出が違法であるとして県知事に対し損害賠償請求（4号請求）を提起した。各号請求一体としての環境訴訟たる住民訴訟である。

この事件で，4号請求では，住民は，県知事のした産業廃棄物処分場設置許可処分が，廃棄物処理法にいう，「技術上の水準」に適合せず，また，環境アセスメントも経ていない違法なものであるため前記公金の支出も違法であると主張した。裁判所は，公金支出という財務会計上の行為の原因行為である本件設置許可処分の違法性を判断し，財務会計上の観点（予算執行の適正確保の見地）からみて，産業廃棄物処分場設置許可要件を欠いているなどの看過しえない瑕疵が存在せず，違法とはいえず，処分場設置のための公金の支出も違法と

はいえないとして，請求を棄却した。

　また，②唐津市佐志浜埋立工事公金支出差止等請求事件[97]では，住民は，環境権の侵害（海浜の産業廃棄物による埋立は，自然環境・生活環境の破壊により原告住民らの環境権を侵害），公有水面埋立法4条1項1号にいう合理性の欠如，同法4条1項2号の環境保全への配慮の欠如等を理由に，県知事の公有水面埋立認可処分が違法である以上，19億円にのぼる埋立工事の公金支出も違法であるとして，1号請求差止訴訟を提起した。裁判所は，「差止対象たる財務会計上の行為の原因となる行政行為に違法な瑕疵があり，かつ，右財務会計上の行為の主体（支出機関）が，右原因行為たる行政行為の主体（処分庁）に対して，当該行政行為の取消を求め得る立場にあるのに，これを経ないでなされる右財務会計上の行為は，右処分庁が当該行政行為の取消権をもはや行使できないなどの特段の事情がない限り，それ自体違法性を帯びる」とする。その理由としては，「財務会計上の執行機関は誠実管理執行義務を負っている（地方自治法138条の2）から，財務会計上の行為の執行機関（支出機関）と右原因行為たる行政行為の主体（処分庁）がいずれも知事であるような場合，当該支出機関たる知事には……取消権を行使するなどして地方公共団体の財産を管理（地方自治法149条6号）保全しなければならない行為規範が課せられており，これに反して漫然と公金を支出することは，それ自体右誠実管理執行義務に反する違法なもの」とするのである。その上で，判決は，住民の環境権の侵害の主張も退け，公有水面埋立法との関係で本件認可処分に違法性はなく，これに基づく本件公金の支出も違法ではないとして，住民の請求を棄却した。

　住民訴訟では，取消訴訟の原告適格のハードルの高さを気にせず，住民訴訟を通じて公金の支出の原因行為たる非財務会計上の行為（産廃処理場設置許可処分や公有水面埋立許可処分）の違法性をも問題としうるのである。また，②事件でもそうであるが，1号請求においては，その請求の趣旨において個々の工事に関わる個々の財務会計上の行為を個別具体的に摘示しなくても，差止請求の対象は特定されると解されることは最高裁判決が認めるところである[98]。

　その他，産業廃棄物処理施設建設をめぐり，市が地価の10倍で買収した際の

住民訴訟で，裁判所が，長年続いた業者と建設反対住民の紛争を解決し，水源地である予定地に処理場を建設させないための買収であり，市民生活や地域の平穏を回復するという地方自治行政の立場からみて有益で，高度な政策的判断で行われたものとして，市長の裁量権を認め原告の訴えを棄却した例[99]もある。また，ゴミ焼却場の建設・操業が違法であるとして，建設・操業費の支出の差止めを求める住民訴訟では，本来事業者が処理すべき産業廃棄物も処理していることなどが主張されている[100]。また，一般廃棄物をめぐって，廃棄物の処理業務の委託契約が随意契約によることの違法[101]，市長の一般廃棄物処理業者に対する一般廃棄物処理手数料の減免措置の違法[102]が問題とされたり，一部事務組合が建設を予定していたごみ処理施設建設の請負契約について，住民から組合の管理者に対して請負契約の取消と工事差止め[103]が住民訴訟として提起されたりしている。いずれも廃棄物行政のあり方を住民訴訟で問うものであるが，いずれも住民が敗訴している。

(3) 住民訴訟の行方　①，②事件で問題となった財務会計上の行為の先行行為・原因となる行為が違法であれば，当該財務会計行為が違法となるかについては，従来いわゆる「違法性の承継」の問題として議論されてきた[104]。問題は，どのような要件の下で，この意味での「違法性の承継」が認められるかであった。以下では，この論点につき，環境住民訴訟とかかわって若干言及する。

財務会計上の原因行為の違法と，当該財務会計上の行為の違法について，最高裁は，例えば，前記津地鎮祭訴訟・川崎市役所汚職事件，森林組合事件[105]，商工会議所事件[106]において，原因となる行為が違法であれば，当該財務会計上の行為が違法となることを認めるがその認め方は一様ではない[107]。また，その後の，一日校長事件[108]では（原因行為と財務会計上の行為を行う権限が別個独立の機関に属する場合の事件であるが），一般論として，先行する原因行為に違法事由が存在する場合であっても，「原因行為を前提としてなされた当該職員の行為自体が財務会計法規上の義務に違反する違法なものに限られ

る」としたうえで，地方公共団体の長は，原因行為が「著しく合理性を欠き」「予算執行の適正確保の見地から看過しえない瑕疵」が存在しない限り原因行為を尊重しその内容に応じた財務会計上の措置をとるべき義務があるとされている。ここでの，「財務会計法規上の義務」には，長の事務の誠実執行義務が含まれ，この義務との関係で原因となる行為に違法事由があるかどうかを審査しなけれならず，原因となる行為に違法事由があるのに，それを取り消す等の是正措置をとることなく財務会計上の行為を行えば，誠実執行義務等の財務会計法規上の義務に違反し，その財務会計上の行為は違法となるとしたのである（但し，原因行為の瑕疵は前記のとおりに限定されている）。いずれにせよ，先行する原因行為に違法事由が存在する場合であっても，原因行為を前提としてなされた当該職員の行為自体が財務会計法規上の義務に違反する違法なものに限られることが前提になっている[109]。公金支出という財務会計上の行為の原因行為である本件設置許可処分の違法性を判断し，財務会計上の観点（予算執行の適正確保の見地）からみて，産業廃棄物処分場設置許可要件を欠いているなどの看過しえない瑕疵を要求する①事件，誠実管理執行義務を媒介として違法を判断する②事件の裁判所の判決も，この一日校長事件の最高裁判決の判断枠組みにおけるものであることが見て取れる。①，②事件も，原因行為と財務会計上の行為を行う権限が同じ機関（知事）に属する場合の事件であるが，①では，一日校長事件と同様，「予算執行の適正確保の見地から看過しえない瑕疵」をいい，②ではそのような瑕疵についての言及はない。

　一日校長事件等が念頭におかれ，最近の判例の傾向について，次第に原因行為の違法性を主張する住民訴訟に一定の歯止めをかけてきたとされ，環境住民訴訟もこうした大枠の中で認められているにすぎないとしたうえで，環境保護のための住民訴訟にとって先行行為が環境保護規範に抵触しているかどうかを争えるか，争えるとしていかなる要件で争えるか，判例・学説による明確な基準設定の必要がいわれる[110]。また，この点，今後大きな影響をもつと思われる一日校長事件にいう，原因行為が，「著しく合理性を欠」いていること，原因行為の「予算執行の適正確保の見地から看過しえない瑕疵」の具体的内容が

問題となるが，とすれば，このように承継される違法性の範囲が特定される中で，違法性の程度を測る基準としての地域環境の悪影響や住民の環境享受利益の侵害が重大な違法となることを裁判上承認させることの重要性が一層高まっている(111)との指摘も重要である。これらの指摘は，住民訴訟に一定の制度上の制約があることを前提としつつ，なお，環境訴訟として現行住民訴訟の利用可能性の拡大を探るものである(112)。

　他方で，住民訴訟の守備範囲もあらためて議論されている。そこでは，非財務会計行為の違法性の審査を行うとされてきた裁判例は，財務行政の適法性を確保するという住民訴訟の守備範囲に入ると理解された限りで審査したものと位置づけ，右のように守備範囲を限定しても，従来内部行政として法的統制が及びにくかった領域に財務会計行政に固有の規範論を導入するための制度として住民訴訟が機能しており，またそれをさらに発展させるべきとされる(113)。その上で，住民訴訟は，その守備範囲からすれば（ここでは，守備範囲の逸脱例として，環境法違反を理由に公共工事の支出相当額の賠償を求める住民訴訟が指摘される），それによって環境法違反を是正しようとしても限界があるのであり，環境法違反を防止・是正するためには環境を保護するための独立の法システムの確立を求めるべきことが主張されている(114)。なお，ここでは，前述の利用傾向であげた最高裁判例も守備範囲として説明できるものとされていることから，従来判例から読みとられた現在の住民訴訟が果たしている「非財務事項の統制」の役割を基本的に否定するものではないともいえる。また，そこで論じられる「非財務事項の統制」の意義と限界の見直しは，現段階で必要な作業でもある。

　ところで，①事件にみられるように，廃棄物処理法違反の違法を公金の支出との関係で住民訴訟で問うことは否定されていないが，その違法は認定されず，また，住民訴訟で，環境権の主張が裁判所に容れられないことは，②事件が示すとおりである。また一般に，「期待」にもかかわらず，環境住民訴訟で，住民が勝訴することは希であることも事実である(115)。この点，裁判所が，本案の審理において，行政の裁量権を広く認め，行政の行為を違法とすることは

少なく，とりわけ環境への配慮不足を違法事由と認めてこなかったこと[116]にも起因していること，それゆえ，前記のごとく，違法性の程度を測る基準としての地域環境の悪影響や住民の環境享受利益の侵害が重大な違法となることを裁判上承認させることの重要性も指摘しておかなければならない。

　現行住民訴訟制度は，本稿でとりあげた先行行為・原因となる行為の違法性をめぐる解釈論上の問題点の他，制度自体の制約，制度自体の不備が存在することは否定できない。行政訴訟制度改革論の進行の中，住民訴訟制度についての学説・判例の蓄積は，住民訴訟制度的位置づけの確認も含め，立法論による解決の具体的提示を顕在化させる一つの段階に達している[117]。また，一般に，その不備，限界から，住民訴訟への「期待」を生じさせている抗告訴訟制度の改革の必要性（環境保全を目的とする新たな客観訴訟の創設の当否，可能性を含め）が，ここでも指摘されなければならない。なお，現段階での，前記守備範囲論が，現に提起されている環境訴訟としての住民訴訟に制約的に働いてはならないし（②事件におけるように，事業が，環境保全に関する法律——公有水面埋立法，環境アセスメント等——に違反するとして，すでに支出された額の損害賠償，今後の支出の差止めを求める住民訴訟で請求は却下されているが，この事件で，裁判所が，財務会計行為の原因となる非財務会計行為の環境諸法律違反の有無が詳細に審査していること自体の否定），また，それは前記守備範囲論の意図するところではないであろう。

　ところで，前述のごとく，住民監査請求制度および住民訴訟制度は，2002年の地方自治法の一部を改正する法律（平成14年3月30日法律4号，同年9月1日施行）により，改正され，今後住民訴訟は新たな段階に入ることとなった。改正後の住民訴訟について簡単に触れておきたい。

　住民訴訟の種類は，改正前は，1号請求（差止請求），2号請求（取消・無効確認の請求），3号請求（怠る事実の違法確認の請求），4号請求（代位請求）の4種類であったが，改正地方自治法のもとでは，訴訟類型の再構成がなされることとなった。1号請求については，その要件が変更され，2号請求および3号請求については変更はないが，4号請求は大幅な改正が行われ，新た

な4号請求は,「当該職員又は当該行為若しくは怠る事実に係る相手方に損害賠償又は不当利得返還の請求をすることを当該普通地方公共団体の執行機関又は職員に対して求める請求」及び「当該職員又は当該行為若しくは怠る事実に係る相手方が第243条の2第3項の規定による賠償の命令の対象となる者である場合」には,この賠償命令をすることを求める請求となり,住民訴訟は,代位請求としての性格を失うこととなった。

　1号請求は,改正前において,「当該行為により普通地方公共団体に回復の困難な損害が生ずるおそれがある場合」に限定されていたが(参照最判平12・12・19判時1737号22頁。「回復の困難な損害を生ずるおそれがある場合」に該当しない1号請求にかかる住民訴訟を不適法とした例),改正地方自治法でこの要件は削除された。差止請求は本案訴訟であるから,この要件の削除は当然ともいえる。請求の範囲に関し,不作為給付に限定するものと,作為給付をも含めて考えるものとの見解の分かれがある。しかし,改正地方自治法では,この請求は「当該行為を差し止めることによって人の生命又は身体に対する重大な危害の発生の防止その他公共の福祉を著しく阻害するおそれがあるときは,することができない」とされた(地自242条の2第6項)。この要件に該当するとき,請求は棄却される。違法であっても,差止めを認めない要件を新設したものであるが,この要件を具体的に充足するのはどのような場合か,その判断は慎重でなければならない。事後の取消における事情判決とは事情が異なるのである。

　新たな4号請求訴訟のもとでは,住民訴訟は,住民が,当該地方公共団体に代位し,「当該職員」個人を被告として直接裁判所に対して損害賠償等をすべきことを請求する代位請求としての性格を失うこととなった。改正前の「当該行為もしくは怠る事実に係る相手方」を被告とする法律関係不存在確認請求,現状回復請求,妨害排除請求は削除され,法律関係不存在確認請求は,1号請求で,現状回復請求及び妨害排除請求は3号請求で対応することとなる。

　したがって,新4号請求訴訟では,住民が請求できるのは,損害賠償請求と不当利得返還請求に限定される。また,但し書きによって,住民は,当該職員

がまたは相手方が法243条の2の規定による賠償命令の対象となる者（出納長・収入役。これらの補助職員，資金前渡職員，占有動産保管職員，物品使用職員）である場合には，通常，長に対してこれら職員に対して賠償命令を発すべきことを求める請求を内容とする訴訟を行うこととなった。なお，職員に対する不当利得の返還請求について，「当該職員に利益の損する限度に限るものとする」との規定は削除され民法の規定によることとなった。悪意の不当利得の返還義務を現存利益に限定することを防ぐためにである。

新4号請求訴訟では，被告は，「当該普通地方公共団体の執行機関又は職員」である。違法行為を行った個人に対して賠償請求権を，相手方に対して不当利得返還請求権を，また，但し書きにいう賠償命令権限を有し，その請求権限等を行使する当該普通地方公共団体の長，また長から権限の委任を受けた職員が被告となり，当該職員等に賠償請求等せよとの訴訟を住民が提起する。地方公共団体の代表者が被告となることが法の意図するところであるから，住民にとって，端的にいえば，当該地方公共団体が被告となる。

この請求を内容とする訴訟が提起されると，当該職員又は当該行為若しくは怠る事実に係る相手方に対して，執行機関または職員は，その訴訟の告知をしなければならない（同7項）。後の手続きで賠償等をしなければならない，個人としての長や職員，相手方に対して訴訟に参加する機会を与え，判決の参加的効力をこれらの者に及ぼし，さらに，判決の既判力を第二次訴訟に及ぼすためである。

また，その訴訟告知は，当該訴訟に係る損害賠償又は不当利得返還請求権利の事項の中断に関し，民法147条第1号の請求と見なされる（同8項，9項参照）。なお，新4号の本文の規定による訴訟の裁判が訴訟告知を受けた者に対して効力を有するときは，当該訴訟の裁判は，当該普通地方公共団体と当該訴訟告知を受けた者との間においてもその効力が及ぶ（地自242条の3第4項）。第二次訴訟は，執行機関が提起するのではなく，普通地方公共団体が提起するためである。

住民訴訟制度についての学説・判例の蓄積は，住民訴訟の制度的位置づけを

含め，実体的・手続的立法論の具体的提示を顕在化させる一つの段階に達しているといえる中，今回の改正地方自治法で，住民訴訟制度の改正が行われた。第二六次地方制度調査会の答申（2002年10月25日）によれば，「制度改正により，地方公共団体が有する証拠や資料の活用が容易になり，審理の充実や真実の追究にも資するものとなる。さらに，このような審理を通じて地方公共団体として将来に向けて違法な行為を抑止していくための適切な対応策が講じやすくなると考えられる。また，長や職員個人にとっては，裁判で直接被告となることに伴う各種負担を回避できることから，従来の4号訴訟に対して指摘されていた問題の解消につながるものである」とされる。しかし，代位請求としての性格を失わしめた新制度は，住民訴訟の基本構造を破壊するものであり，住民自治の基本発想に反するものであるとの批判も多い。新制度の当否も含め，住民訴訟制度の検討はいまだ重要な課題である。

(90) 磯野弥生「住民訴訟における判例の役割と問題点」公法研究48巻（1986）197頁。
(91) 最[大]判昭52・7・13判時855号24頁。箕面忠魂碑・慰霊祭訴訟・最判平5・2・16判時1454号41頁，愛媛玉串料訴訟・最[大]判平9・4・2判時1601号47頁も参照。
(92) 最判昭60・9・12判時1171号62頁。
(93) 最判昭57・7・13判時1054号52頁。その他，派遣人事を問題とする，森林組合事件（最判昭58・7・15判時1089号36頁），商工会議所事件（最判平10・4・2判時1640号115頁）等がある。
(94) 環境行政訴訟としての住民訴訟について，さしあたり常岡孝好「環境住民訴訟の現状と課題」ジュリ増刊・環境問題の行方（1999）115頁以下を参照。
(95) 原田・前掲注(20) 254頁。
(96) 秋田地判平9・3・21判時1667号23頁。
(97) 佐賀地判平11・3・26判例自治191号60頁。本件につき，西鳥羽和明「唐津市佐志浜埋立工事公金支出差止請求事件」人間環境問題研究会編・特集最近の重要環境判例・環境法研究26号（2001）22頁以下参照。
(98) 織田ヶ浜訴訟・最判平5・9・7判時1473号38頁。
(99) 判例自治212号117頁[訴訟情報]。
(100) 大阪高判平9・9・26判例自治179号78頁。
(101) 横浜地裁平12・3・29判例自治205号37頁。
(102) 大阪高裁平8・12・20判例自治172号44頁。
(103) 岡山地判平12・10・11判例自治214号79頁。
(104) 最近では，行政行為における違法性の承継とは問題の性質が異なるので，この用語

法は避けるべきとする見解が有力である。この点，芝池義一「住民訴訟における違法性（上）」曹時51巻6号（1999）1440頁，曽和俊文「住民訴訟制度改革論」法と政治51巻2号（2000）191〜192頁，伴義聖＝大塚康男『実務住民訴訟』（ぎょうせい，1997）107〜108頁を参照。

(105) 最判昭58・7・15判時1089号36頁。
(106) 最判平10・4・24判時1640号115頁。
(107) 関哲夫『住民訴訟論〔新版〕』（勁草書房，1997）73頁は，一日校長事件も含め，住民訴訟における，先行行為の違法性承継の問題に関する統一的な判例理論は未だ形成されてはおらず，判例は多くの見解に分かれているとしている。
(108) 最判平4・12・15民集46巻9号2753頁。
(109) これら裁判例の位置づけについて，司法研修所編・前掲注(82) 361〜364頁，常岡・前掲注(94) 121頁注11，曽和・前掲注(104) 182〜202頁，関・前掲注(104) 73〜80頁，伴＝大塚・前掲注(104) 109〜122頁，等を参照。
(110) 常岡・前掲注(94) 116〜118頁。
(111) 磯野・前掲注(12) 389〜390頁。
(112) 淡路・前掲注(13) 84〜85頁も，とりわけ1号請求につき，環境保全訴訟，環境住民訴訟として大きな役割をはたすと指摘する。
(113) 曽和・前掲注(104) 256頁。
(114) 曽和・前掲注(104) 241〜242頁。
(115) 常岡・前掲注(94) 116頁，118頁。なお，住民訴訟においても，自然の権利訴訟にたいして，裁判所が厳しい姿勢をとっていることついて，山下竜一「建設費用支出自然の権利住民訴訟事件」人間環境問題研究会編・特集最近の重要環境判例・環境法研究26号（2001）17頁以下参照。
(116) 磯野・前掲注(12) 390頁。
(117) この点，最近の住民訴訟制度改正の動向も含め，曽和・前掲注(104) 論文，また，成田頼明「住民監査請求・住民訴訟制度の見直しについて（上）（下）自治研究77巻5号（2001）3頁，6号（2001）3頁，阿部泰隆「住民訴訟改正案へのささやかな疑問」自治研究77巻5号（2001）19頁も参照。

V　終わりに

　本章では，環境行政訴訟における裁量，狭義の訴えの利益等，行政訴訟をめぐるその他の多岐にわたる論点，さらには規制権限の不行使との関係でも重要な位置づけが与えられる国家賠償訴訟にも触れておらず，産廃訴訟を通じて，環境行政訴訟とかかわって，限られた論点について，従来から存する行政訴訟をめぐる若干の問題点を確認したにすぎない。また，環境法の構築ということからすれば，環境行政訴訟という枠組みでとらえ，議論することの当否の問題も含め，トータルな環境訴訟の構築も射程に入れなければならない。行政訴訟改革論議の動向は，環境行政訴訟に大きな影響を与える。さしあたり，本稿で確認した問題点を踏まえ改革の動向を注視したい。

第 3 章
環境問題が要請する行為規範学革新の方向性
―― アダム・スミスからイマヌエル・カントへ ――

坂本 武憲

I はじめに
II スミスの経験的行為規範学の理論体系
  1 スミスの議論の進め方における特色
  2 共感についての理論
  3 適切性の判断力についての理論
  4 善価値性と悪価値性の判断力についての理論
  5 義務の判断力についての理論
  6 小括――スミスの体系に対する批判的考察――
III カントの先験的行為規範学の理論体系
  1 カントの論証がめざす目標
  2 経験的認識を可能とするア・プリオリな原理についての論証
  3 理論理性の純粋使用の不可能についての論証
  4 「自由」に関する実践理性の能力についての論証
  5 道徳との関係での法の一般理論について
IV 結　語

I　はじめに

　近代社会の成立期に，イマヌエル・カント（以下ではカントとだけ表記する）がイギリスで主流をなす功利主義的な行為規範学（法学・道徳学）を真っ向から否定していたことは，法思想史において良く知られている[1]。しかしアダム・スミス（以下ではスミスとだけ表記する）を一方の支柱とする功利主義の理論が受け入れられてゆくにつれて，カントのそれに対する批判はこれまでほとんど忘れ去られ，それどころかむしろ彼の説くア・プリオリ（先験的）な行為規範学には余りにユートピア的であるとか，形式的で実質的内容がないな

どの評価が下されてきたのである[2]。だが今日の環境問題を前にして，スミスの理論は近代に限局された時代的要請に合致したがゆえに受け入れられただけであって，時代を超えた普遍性をもつのはカントの形而上学に基づく行為規範学の方ではないのかが改めて問われなければならない。

わが国で本格的な公害問題をもたらしたのは，1960年から池田内閣により実施された所得倍増計画であったが，このことに象徴されるごとく今日の環境問題は，我々がめざしてきた「豊かさ」のために現在更には未来世代の生命と身体が危うくされているという現象に他ならない。それだけではない。環境問題は豊かさという実質的（経験的）目標の実現をめざしてきた近代の主流をなす行為規範学の体系に対して，そこに根本的欠陥があることを知らしめている。いうまでもなく豊かさという実質的（経験的）目標は，その達成のために自然を改変し資源を大量に消費することをその代償として要求する。したがってこの目標を実現するためには，我々の経験的世界がそれに向けた変革を受けることは必然であり，またそれに適する機構や制度も用意されなければならない。しかしこのことは翻って考えてみると，我々がもはやこの実質的（経験的）目標に依拠する以外には生きられない——人間存在の諸側面のうちでこの目標を妨げる面を意義なきものとして否定ないしは軽視する——経験的状況を作り出すことに他ならないのではないか。すると近代の主流をなす行為規範学がなそうとしてきたのは，我々が「豊かさ」の目標に拘束されるような経験的世界を着々と築き上げることであったことになり，環境問題は正にその帰結であったことになろう。ところで，我々をしてある実質的（経験的）目標のために生命や身体を危うくしてまで生活しなければならなくする行為規範学は，果たして「個人の自由」をも真の目標としているといえるのだろうか。むしろそれは目標とされる経験的世界を実現するために，人を手段として位置付けているというべきではないか。

近代の主流である行為規範学に基本的な誤りがあるとすれば，それは決して「豊かさ」を目標としたということではなく，それが実質的（経験的）目標をめざしたということにあろう。なぜなら，どんな目標であろうとそれが実質的

（経験的）なものであれば，それの実現のために経験的世界の改変が必要となろうからである。するとここで最も反省されるべきは，我々の行為を規律する規則の確立をめざす行為規範学において，実質的（経験的）目標というものは置かれるべきではなく，むしろ我々がそのような実質的（経験的）目標に拘束されることなく自由に生きるためのア・プリオリ（先験的）な形式的規則の確立がなされるべきではないのか否かであろう。換言すれば，我々が人としてどういう形式に従って生きるべきかというア・プリオリな思想の体系を提示するのが行為規範学（法学・道徳学）であり，それに反する実質的（経験的）な目標からの拘束を否定することがこの学の使命ではないのかということである。更にこれを今日の環境問題にあてはめていえば，これまでめざされてきた豊かな社会という実質的目標によって，我々が人により従われるべき形式的規則にどれほど背反した行為へと誘われてきたかを教え，それが現代や未来世代の生命と身体にもたらす不自由を抑止することこそが行為規範学の役割ではなかったかを問う必要があろう。

　後述するごとくスミスは感情・感覚のレベルで行為規範学を構築したがゆえに，当然にも豊かさという実質的（経験的）目標に連なる理論を提示しており，それゆえに近代という時代の実質的要請に最も合致した行為規範学を構築した。確かにこの理論は後に労働問題や貧困の問題に直面してその修正がいわれてきたが，幾多の努力にもかかわらずこれに代わる適切な理論が見出されなかったことから，根本的に否定されるということはなく法と道徳の分野でも現在なおその基調をなしている。しかしこれまでのところからも明らかなごとく，スミスの理論と根本的に異なる理論として位置付けられるべきはカントの行為規範学であり，もしスミスの行為規範学に徹底した批判が必要であるとすれば，カントの理論がそれに代わるものとしてありはしないかという検討は避けて通れないはずであろう。この両者の理論における基本的相違を要約して示せば，行為規範学は感情・感覚のレベルで求められる実質的（経験的）世界の構築を促進するために存するのか，それとも人としてのあるべき生き方を離れるまでに経験的世界が変革されるのを防ぐために存するのか——その時々の経

験的世界が人のあるべき生き方を実現する手段となるようにするために存するのか——，ということになる。更に両者には次のような構成上の相違を指摘しうる。まずスミスの理論にあってはその構造は単純なものといってよく，体系の各部分がある一つの命題の変奏（バリエイション）として構成されており，またそこでの証明のほとんどは経験的例示から成り立っている。これと全く対照的なのがカントの理論体系である。おそらく彼はスミスのような理論がまず世に受け入れられるであろうことを予期しており，それに対比して自分の提唱する行為規範学がどれほど難解な内容とならざるをえないかも覚悟していたと思われる。彼の論証の第一は，「純粋理性批判」によるア・プリオリ（先験的）な認識がそもそも可能なのかという証明でなければならなかった。そしてそこに始まり法論と徳論に至るまでの証明は壮大にして極めて精緻であり，そのなかで我々がその時々の行為をそこに包摂する大前提としてのア・プリオリな規則（思想）を思惟し，それによって自己の行為を自由に規律する能力といいうる実践理性が文字通り証明可能性の限界にまで達して論証されている。ともかくも今日の環境問題は根本的に相違するこの両者の理論にあっていずれが正しいのか真摯に問うことを余儀なくしており，そこで本稿では両者の行為規範学をできるだけ詳細に比較検討しながら，時代を超えた普遍性に至っている理論がいずれであるかを示すこととしたい[3]。

(1) 例えば Villey (Michel), Leçons d'histoire de la philosophie du droit (nouvelle édition), 1962, p 258. 恒藤武二『法思想史』（筑摩書房，1977）373頁。三島淑臣『法思想史［新版］』（青林書院，1993）280頁。
(2) Villey, supra note 1, p 256. 恒藤・前掲注 (1) 374頁。
(3) 本稿では法の各論にあたる部分までの比較をなすことは出来なかった。他日を期したい。

II スミスの経験的行為規範学の理論体系

1 スミスの議論の進め方における特色

　カントとの対比でスミスの行為規範学を考察しようとする本稿において，当然にもその叙述の中心はスミスの理論体系がどれほど感情・感覚に基礎をおく経験的思考に依拠しているかということにならざるをえない。そこで説明の便宜上その見地から予めスミスの議論の進め方における特色をまず指摘しておいて，その後にそれらを念頭に置きながら各々の問題に関する理論を詳細に検討することとしたい。

　先にも触れたごとく，スミスの理論体系の各部分は一つの命題からその変奏（バリエイション）として構成されており，その中心命題となっているのは次のものである——「各人が行為をなす際には，その動機・原因及びその結果からみて，公平な観察者（中立な局外者）の共感（sympathy）を受けうるようにそれをしなければならない」。また各部分において提示される理論の証明も経験的なそれ，すなわち経験的例示によってなされており，これらのことが第一の特色としてあげられうる。

　次に重要な第二の特色としてあげうるのは，各人が今の命題に基づいて行為する際には自他の豊かさや幸福などの要素が影響を与えざるを得ないとし，そして原則的にはそれらに影響されて行為するそのことが正に共感を受けるに値いする理由となりうるとの叙述を多くの部分において見出しうることである。

　第一の特色で述べたことから明らかなごとく，スミスの体系にあっては公平な観察者の感情が道徳的判断の正しさを証明する根拠とされるのであるが，スミスは更にこの公平な観察者の感情それ自体の正しさを説くに際して頻繁に自然の摂理（自然の創造主の意思）を援用しており，これが第三の特色といいうる。

　これらの特色を念頭にしながら，スミスの理論枠組みが最もよく示されてい

ると思われる部分に焦点を合わせて検討してゆきたい。最初に中心的問題である共感に関する証明から考察しよう。

2 共感についての理論

(1) 共感一般についての説明　スミスはまず，人には他人の不幸に対して感ずる憐憫や同情がその代表であるところの，他人のあらゆる感情に共感しうる性質が備わっていることを確認しようとする。我々は他人が感じるものを直接の経験とすることはできないが，想像力により他人の状況に身をおいて，もし彼の立場にいるならば我々のものとなるであろう喜びや悲しみによって影響されうる。例えば窮状に瀕している兄弟が感じていることは，我々自身が安楽でいるかぎり我々の感覚によっては知りえないが，想像力によってそれについての観念を形成することはできる。また他人の不幸に対する同感が想像における被害者との地位の転換によることは，例えば他人の足や手に振り下ろされようとしている平手打ちを見る時，我々が自然に自分の足や手を縮めたり引っ込めたりし，更にそれがなされた時は被害者と同様ある程度はそれを感じ痛めつけられることなどからも分かるという。他方では，この共感が想像力によるものであるから，他人がその感情を持つことが出来ない場合にも生じうるとし，その例として他人の無礼や無作法を目にして，その者自身は行動の不適切さを感じていないと思われるにせよ，赤面してしまう場合などがあげられ，こういった場合には我々がかくもおかしな仕方で振舞ったとしたら身に受けるであろう当惑を自分のものとして感じることによるとする[4]。

こうして確認した感情における共感が，人々の間でそれ自体として重要なものとされていることの証明をスミスは続いてなす。他の人に我々の心にある感情のすべてに対する同感（fellow-feeling）があるのを見ることは何よりの喜びであり，反対の現れによってほど衝撃を受けることはないが，このことは自己愛（self-love）からすべての感情を引き出す一部の論者がいうように，自分の弱さと他人の助力の必要を意識する人間が自己の感情の採用に助力をみてとり，その反対のものに自己への対抗を確信するから生ずるというものではな

い。なぜならこのことから生ずる喜びや苦痛はいつも瞬時に感じられ，利己的考慮に由来するものではないこと明らかだからである。他の人の共感やその不存在は自己の感情を生き生きとさせたり消沈させたりするであろうが，他の人の感情が自己のものと一致することは，このことによって説明しえない一つの喜びの原因であり，その欠如もやはりこのことにより説明しえない一つの苦痛の原因であるという。スミスはこの証明として，悲嘆への共感はその感情を生き生きとしたものとするだけに役立つとすれば，それは当人に何も与えることはないであろうとし，そうではなく共感はそれ自体によって悲嘆を軽減する原因となることをこう説明する。不幸に出会った人は彼らの悲しみの原因について伝えることのできる相手を見出すとどれほど救われることだろうか。この相手の共感によって不幸な人は苦悩の一部を降ろし，相手がそれをこの者と分け持つといっても不適切とはならない。相手は不幸な人と同じ種類の悲しみを感じるだけでなく，あたかもその一部を彼自身に引き受け，そして彼が感じているものによって不幸な人が感じているものの重みは軽減されているように思われるとする。また，あらゆる場合に当事者が我々の共感に喜びその欠如に傷つくのと同様に，我々の側でも共感できる時には喜びがあり，それが出来ない時には傷つくように思われるという[5]。

(2) 共感による他人の感情の判断についての説明　　続いてスミスは，我々が他人の感情についてその正当性や適切性を判断する際には，それらに共感できるか否かによって判断していることを証明しようとする。当事者の元々の感情が，観察者（spectator）の共感的感情と完全に合致する時には，それら感情は必然的に後者に対してそれらの対象に正当で適切であると思われ，反対にその一致を見出しえないときには必然的に不正かつ不適切に思われる。したがって他人の感情をその対象に適切として是認することは，我々がそれら感情に完全に共感しうるということと同じであり，そのようなものと是認しないことは，我々が完全にはそれらに共感できないということと同じである。私になされた侵害に憤る人は，私が正に彼がするように憤るのをみて，必然的に私の

憤慨を是認するのである。その共感が私の悲嘆と調和する人は，私がもつ悲しみの分別あることを認めざるをえない。反対にもし私の悲嘆が，彼の最もやさしい同情が一緒にしうるところのものを越えているならば，彼と私の感情の不均衡に応じてより大きなまたはより小さな程度で彼の否認を受けなければならないという。また実際にはこの共感なしに他人のある感情を是認しているように見える場合もあるが，それは経験によってその対象が大抵はそのような感情を生じさせるのを我々が学んでいたことによるのであり，そしてたまたまその時我々が有していた気分により心からその感情に加われなかったなどの事情からくるものだとする。

　共感については，最後にそれによる感情の正当性・適切性の判断が二つの関係においてなされることの叙述がつづく。心の感情——およその行為がそこから生じかつその徳性や悪性の全体が究極的にそれに依拠するところの——は二つの異なった関係において考察されうる。一つはそれを喚起した原因すなわちそれを生じさせた動機との関係であり，今ひとつはそれが意図している目的すなわちそれが生じさせる結果との関係である。感情がそれを喚起した原因又は対象との関係で適当であるか不適当であるか，釣り合っているか不釣合いであるかは，生起した行為の適切性（propriety）又は不適切性（impropriety）の内容をなし，その感情がめざすあるいは生じさせようとしている結果の有益的又は有害的性質は，その行為の善価値性（merit）又は悪価値性（demerit）の内容をなす。普通に生活していて，我々が他人の行為やそれを導いた感情を判断する時には，我々はいつもこれら両側面の下でそれらを考察する。我々が他人に愛情や悲嘆更には憤慨の行き過ぎを非難する場合には，我々はそれらが生じさせる破滅的結果だけではなく，それらに与えられた誘因の少なさも考慮しているとされる。そして特に感情を喚起した原因との均衡として判断される感情の適切性の考察に関して，我々がそれに利用しうる規則や規準は我々の相応する感情以外にはないこと，換言すればある人に存するそれぞれの能力が他人の同様の能力を判断する尺度であり，私はあなたの憤慨を私の憤慨で判断しあなたの愛情を私の愛情で判断するものであることを付け加えている[6]。

第3章　環境問題が要請する行為規範学革新の方向性　143

　スミスによるこれまでの叙述は，既に我々が従うべき行為規範を示している。それは「各人が行為をなす際には，その動機・原因及びその結果からみて，他人の共感を受けうるようにそれをしなければならない」とまとめられよう。スミスはこの命題を経験的例示による証明で我々に確認させようとするのであるが，我々はこれに対して直ちにこう問うことができる——たとえこのような感情に関する経験的証明が正しいとしても，それは我々が通常はそうしているという事実に過ぎず，そうした事実が我々の行為を規律すべき正しい規則となりうるのだろうか。しかしスミスの以後の叙述にはこの問題の解明は期待しえない。これからの叙述は総て，今の命題を経験的に確認するのなら少なくとも大筋で確認しなければならない事実について，その確認をさせるべく経験的例示による証明にあてられているだけだからである。次には我々の行為における感情の適切性の判断に関する証明をみよう。

3　適切性の判断力についての理論

(1) 適切性の判断をもたらす感情の合致についての説明　　スミスはまずここで，感情の合致によるその適切性の判断において，我々の感情が有する諸性質のゆえにこの適切性の判断が行き着かねばならない帰結を，最初に状況の相違において，続いて相違する性質の感情のそれぞれに着目して論じている。スミスが最初に考察する状況の相違は，感情を喚起した対象がその感情が判断されようとしている者にも，またそれを判断しようとする我々にも特別な関係がない場合とどちらかに特別に影響する場合である。前者の例としては，山の雄大さや絵の表現更には演説の構成や第三者の行為などがこれに該当する対象としてあげられ，この場合には共感のためになされる地位の転換ということはないこと，またそれについての感情の合致がなくてもそのために両者の間で争いとなる危険は少ないことなどがいわれる。これに対し後者の場合にはそもそも感情の調和や合致を保つことがより困難であり，またその合致ははるかに重大であるとする。例えば私に降りかかった不運について，私の仲間は自然には私がそれを考えるのと同じ視点で見るというものではないし，もし彼が私の遭遇

した不運について私を悩ます悲嘆に釣り合った同感をもたないならば，彼は私の感情の激しさに困惑し私は彼の冷酷な非感受性に怒りを覚えて互いに耐えられなくなるであろうというのである。このような事情からかかる場合の当事者と観察者には感情の合致のために双方からの異なった努力が必要とされる。一方において観察者は，できるだけ当事者の立場に身を置いて共感がそれに基づくところの地位の転換に努めなければならない。しかし人間は同情的ではあるが，自分自身は被害者ではなく安全であるという考えによって当事者と同程度の感情を抱くことが妨げられるものであるから，他方において当事者からの努力を必要とする。つまり当事者の側からは，彼が彼自身の状況について単なる観察者に過ぎないとしたらどのように感じさせられるかを想像して，観察者が一緒にあわせうる程度にまで彼の感情を低めなければならないという。これら二つの努力は異なった二組の美徳に基礎を置くものであり，前者は寛大な人間性が属する美徳に後者は自己統制が属する美徳に発するものであるとされ，そのことから他人のためには多くを感じ自分自身のためには少なく感ずるということ，利己心を抑え慈愛的感情に身を任せるということのみが，感情の美質や適切性の全体がそれからなるところのそれらの調和を人々の間に生じさせうるとする[7]。

　我々に特別に関係する対象から生じたあらゆる感情の適切性は，今述べた理由から明らかに一定の中庸に存することになるが，この中庸は様々な感情において異なるとされ，その相違は人がその感情に共感しやすいか否かということに正に比例するとされる。スミスはこの見地から性質上共感されにくい感情とされやすい感情更にはその中間に位置する感情について説明する。その概略だけを示すと，空腹や性的感情など身体に起因する欲求に基づくものの強い表現は下品とみなされやすいが，愛情の挫折や野心の不首尾などの想像力に起因する感情はより共感されやすいという。また，憎悪や憤激などの感情は非社交的な性質のものとされ，これら感情はそれを感じている者とその対象となっている人物とに我々の共感が分けられてしまうという特有の理由から，対象となっている者がもつ恐怖の感情への共感によりそれら感情への共感は弱められるこ

とになり，そこで他の感情よりもずっと控えめにされなければ共感されないとされる。これに対し寛大さや人間性，優しさや相互的友情とか尊重といった社交的感情については，それを感じている者への観察者の共感がその感情の対象となっている人物への観察者による共感によって倍加され，またこれらの感情はその調和や交換が幸福にとって重要であることからも，ほとんど常に望ましい感情とされるという。社交的感情と非社交的なそれの中間に位置するもう一つの感情として，自分の私的幸運や不運を理由に抱かれる悲嘆や喜びがあげられ，それらはたとえ過度であっても分化・対立する共感を生じさせないから非社交的感情よりも不快なものでなく，逆に対象に最も適当なものであっても二重の共感を生じさせないから社交的感情よりも決して快なものとはされないという。そして我々はこれらの感情に対して喜びについては小さなものに，反対に悲嘆については大きなものに共感する傾向があるとする。そこから大きな喜びを得た者はむしろ彼の幸福への嫉妬や嫌忌の方が共感されることを予期して，心の高まりを抑えて控えめにしているべきであり，また小さな不運に見舞われた者は彼の知己にはそのつまらない事故がある程度の気晴らし程度にしか思われないことを知って，彼らのからかいにそれを紛らす方が適切であろうとする[8]。

(2) 適切性の判断への豊かさの影響についての説明　スミスはこの問題の最後として，富裕と逆境が行為の適切性に関する人々の判断に及ぼす影響を取り上げ，なぜ前者の状態にある者の行為が後者の状態にある者のそれよりも人々に是認されやすいのかを論ずる。その論証の前提とすべくここでも喜びと悲しみに対する共感が検討されるが，先ほどの場合とは異なり嫉妬が介入しない状況での喜びへの共感と悲しみへのそれが比較される。そしてこの比較においては，嫉妬のない時の喜びへの共感の方が悲しみへの共感よりもずっと強い傾向があるとし，その理由として人の自然で通常な状態と最も高い程度の富裕に存する間隔はさほどでもないが，最も深い不幸とこの状態との距離は巨大であるから，観察者は悲しみに完全な共感をすることが喜びよりもはるかに困難

であること，嬉しい感情である喜びに共感することは快であり心から満足してその最も高い移し入れをなそうとするが，悲しみを一緒にしようとするのは苦痛でありまたそのことでめめしく弱い性格とみなされないかとの恐れやためらいがあることがいわれ，こうしてみると自然の摂理は我々に自身の悲しみを背負わせた時に，それで十分であると考え他人のそれについては彼らを慰めることへと促すもの以上にそれを分かちもつことまでを我々に要求しなかったと思われるとする。

　スミスは続いて我々が豊かさを求め，貧困を避けようとするのは今述べた悲しみよりは喜びに人は完全に共感しやすいという傾向のゆえであり，決して豊かさが自然の必要品を与えるからというのではないとする。つまり豊かな者は共感と是認をもって注目されるという虚栄が人をして豊かさへと向かわせ，貧困な者は無視され否認されるという恥辱の念から人はそれを逃れようとするのだとし，その例として最もみすぼらしい労働者の賃金も彼や家族の生活のための必要品更に時々はぜいたく品も与えるであろうが，より高い生活上の地位にあって教育された者が彼と同じ質素な賃金で生きることを余儀なくされたり同じ低い屋根の下に住んだりするのを死よりも悪いとみなす理由は結局このことによると指摘する。それだけでなく人々の様々な地位の総てにおいて行き渡っている競争が生ずる理由も，共感や是認をもって注目されることの有利さにあるとする。このように地位の区別や社会の序列は豊かな者や力のある者の感情を共にしようという人のかかる性向に基づくが，国王などの身分を有する者とは異なり一私人が秀でようと望むならば彼の肉体の労働と精神の活動以外には元手がないから，彼はそれらをみがいてより良い知識や技能を修得し，野心をもって自分を秀でさせる機会を探し求めようとしなければならないとし，他方で人生の労働における半分の目的はこうして一般的共感と注意をもって見られる地位に立つことであり，この地位や卓越は通常の規準よりもはるかに高くにいるか低く沈んでいる者でないかぎり誰にも軽視されえないという。

　スミスは上述の富者や実力者への礼賛と貧者や惨めな状況の者を軽蔑する傾向が，両方とも地位の区別や社会の序列の確立と維持に必要であるけれども，

第 3 章 環境問題が要請する行為規範学革新の方向性　147

同時に道徳的情操を腐敗させる大きく普遍的な原因であると認め，また叡知と美徳にのみ帰されるべき尊敬や賞賛をもって富や地位の高さが見られ，悪徳や愚行だけが適切な対象であるところの軽蔑が貧困や弱さに不正に帰せられることがあらゆる時代における道徳家の不満とするところであったと指摘する。しかし我々は世にでるとすぐに，富者や地位のある者に叡知や美徳よりも強い尊敬の注意がむけられ，力のある者の悪徳や愚行が純真な者の貧困や弱さよりもずっと軽蔑されることのないのを頻繁に見るから，人々の尊敬と賞賛を得たいという我々の野心や競争における目標には，一方で叡知の習得と美徳の実践が，他方では富と地位の高さの取得が，二つの道として与えられているという。そして我々が叡知や美徳に感じる尊敬は富や地位の高さに抱くそれとは異なっていること明らかだが，支持される一般的な雰囲気においてはほとんど同じであって不注意な観察者はそれらをよく取り違えがちなほどであり，富や地位の高さもある点では尊敬の自然な対象であると考えられうることを認めなければならないとする。結論としてスミスは，上級の地位にあっては不幸にも美徳への道と財産への道が異なっていることが多いが，中間又は下位の地位にあっては幸いにもこのような地位の者が合理的に期待しうる財産への道は美徳の道と大抵の場合にほとんど同じであるといい，その理由としてこのような者の職業にあっては職業的能力があっても習慣的無思慮や不正義あるいは不品行はその能力を削ぐこととなるし，またこのような者の成功は隣人や同輩の好意的意見に依存しているから，「正直が最良の方策」という古い諺が真実となることをあげ，それゆえに我々はこのような境遇にかなりの程度の美徳を期待できるし，大部分の人間がこのような境遇であるから幸いにも社会の良い道徳をも期待しうるとする[9]。

4　善価値性と悪価値性の判断力についての理論

前述したごとくスミスは，人の行為を評価する今ひとつの性質として行為の善価値性（merit）と悪価値性（demerit）をあげ，それは行為を生じさせた感情がめざす目標すなわちそれが生じさせようとしている結果の有益性と有害性

に依拠する判断であるとしていた。ここではその詳細が論述されるのであるが，その検討の前に特記しておくべき点がある。それは，正義（justice）の規則の問題がここで一緒に論じられしかもそれに狭い意義が与えられていること，更にスミスはこの正義の規則も感情に基づいていると特にここで強調していることである。

　(1) 善価値性と悪価値性の判断をもたらす共感についての説明　　善価値性がある行為は，返報に値すると見えなければならないから，それゆえに我々をして最も直接的に返報へと促す感情の適切で是認される対象として現れることになり，そのような感情は感謝である。同様にして悪価値性のある行為は，罰を受けて当然と見えなければならないから，それゆえに我々をして最も直接的に罰することへと促す感情の適切で是認される対象として現れることになり，そのような感情は憤りである。スミスは，感謝が最も直接に返報を促す感情であり憤りが最も直接に罰することへと促す感情であるとすることの意味をこう説明する。すなわち，感謝は愛情や尊敬と異なり，その感情の対象となっている人に何かの幸福がもたらされたというだけでは満足せず，彼の過去の奉仕を受けた自分がその幸福の手段となることまでを望む感情であり，同様に憤りもまた憎悪や反感とは異なり，その感情の対象である者になんらかの苦痛がもたらされたというだけでは満足せず，彼が我々に与えた侵害を理由として我々の持つ手段によって罰せられることまでを望む感情なのだという。次にこれら感情の適切で是認される対象であるという意味が敷衍され，他の感情と同じくこれらが適切として是認されるのは，あらゆる公平な観察者（impartial spectator）の心が完全にそれらに共感する時，あらゆる中立な局外者（indifferent by-stander）が完全にそれらに折り合い同調している時であり，これらの場合に行為は返報に値するか又は罰を受けるのが当然とみえなければならないとされる。こうしてここでの判断にあっても共感が要点となる[10]。

　今述べたところから明らかなごとく，ここで問題となるのは奉仕や侵害などを受けた者が有する感謝や憤りに我々が共感しうるか否かということであり，

従ってこの奉仕や侵害などを与えた行為者における動機との関係でなされる共感の問題は前述した適切性に関するものとして区別されるはずである。しかしスミスはこの区別をもちろん認めながらも，ここでの判断をなすには行為者の動機の適切性と不適切性の判断が付け加わらなければならないとする。まずその例示として，自分と姓名が同じだからというつまらない動機で最も大きな恩恵を与える者がいたとして，それがいかに有益的性質のものだとしてもこの行為者の愚行に対する軽蔑が我々をしてその好意の施された人がもつ感謝に十分同調することを妨げ，かかる行為は感謝に値しないとされる場合や，非人間的殺人者が絞首台に送られたとして検察官や裁判官の行為は正しい動機に基づいており，彼らの行為は犯人に致命的なものではあるが憤りを受けるのが当然とはされない場合があげられる。かくして，我々がある者の他の者への感謝に心から十分に共感しうるのは，この他者が彼の幸運の原因であったという理由だけではなく，その他者は我々が完全に同調しうる動機からそれの原因であったという場合でなければならず，従って行為を生じさせた感情の適切性が付け加わる必要があるとされる。同様にして，我々がある者の他の者に対する憤りに共感しうるには，この他者が彼の不運の原因であったという理由だけでなく，我々が折り合えない動機からその原因であったという場合でなければならず，従って行為を生じさせた感情の不適切性が付け加わる必要があるとされる。するとここに，善価値性・悪価値性の判断は適切性・不適切性の判断と明確に区別されるのかという疑問を生ずるが，この点に関するスミスの説明は以下にみるごとく説得的とはいいがたい。ここでは善価値性についての説明だけを取り上げるとこういわれている。行為の適切性についてなす我々の判断は行為する者の感情や動機への直接的共感と呼びたいものから生ずるが，行為の善価値性についての判断は行為が向けられる者の感謝に対する間接的共感と呼びたいものから生ずるとされ，その意味として我々は前もって恩恵を与えた者の動機を是認しない限りはその恩恵を受けた者の感謝に十分同調することができないから，この理由により善価値性の判断は複合された感情であり二つの別個の感情から成り立っているように思われ，それは行為者の感情への直接的共感と彼の

行為の恩恵を受けた者達の感謝への間接的共感であるという(11)。

(2) 正義についての説明　スミスはこの善価値性と悪価値性の検討のなかで正義の問題を扱い，それを主として善行・徳義（beneficence）との関係で論じている。しかし既に見たごとくスミスの適切性と善価値性の区別があいまいであるから，特にここで論じていることにそれほどの意味はなく，実際にもこの両面から論じていることが多いのであるが，強いてその意味をあげれば，正義の違反は結果において有害的であるが善行・徳義の違反はそうではないという面から区別を説明するための配置のようである。しかし結果において有害的かそうでないかもやはり感情的・経験的判断とされ，そのことも動機を含めた諸々の行為の経験的例示で論証がなされているので，ともかくもここでの説明に理論的厳密性はそれほど期待しえない。スミスはまず善行・徳義は常に自由であり，力によって押し付けられることができず，その単なる欠如は罰にあうことはないとし，その理由は誰に対してもその欠如が積極的害をなさないからだという。例えば恩恵を与えた者に助力の必要な時にその力のある恩恵を受けた者がお返しをなさないとしても，この者は感情と行為の不適切性によって喚起される憎悪の対象とはなっても，憤りのではないという。そこで憤りの感情が重要となるが，それはある特定の人への現実的で積極的な害をなす行為以外によっては決して適切には生ぜしめられない感情であり，その意味でそれは本来的に我々に防御のためにそして防御のためにだけ与えられたように思われるとする。つまりこの感情はなされようとしている害悪を追い払い，既になされた害悪に報復し，犯罪者に後悔させ，他の者達も同様の犯罪について有罪となることに恐怖を覚えさせることのために留保されなければならず，それがその他の目的のために行使される時には観察者はそれに同調しえないものだというのである。これまでの善行・徳義と対比される正義は正反対の性格をもつ美徳（virtue）として位置付けられる。すなわち，それの遵守が我々自身の意思の自由にまかされず力で押し付けられえ，その違反は憤りとその結果としての罰にあう美徳であるとされる。そして正義の違反は特定の者に対して性質上か

ら是認されえない動機によって現実のそして積極的な害を与えるものであるから憤りと罰の適切な対象であること，それゆえに人は不正義によりなされる害に報復するために力が用いられるのを是認するのと同様に犯罪を予防し抑止するためにもそれの使用に同調するとされる。そこから逆に正義の遵守はこう性格付けられる。正義の規則を遵守したということはめったに返報に値しない。確かに正義の実践には適切性がありその理由から適切性に払われる是認を受ける価値があるが感謝を受けるまでの資格はほとんどない。単なる正義は大抵の場合に否定的美徳に過ぎず，ただ我々が隣人を害するのを妨げるだけであるから，我々はしばしばじっと座っていて何もしないことにより正義の規則を遵守しうるからであるという。

　それでは正義に違反したとされるのはどの範囲でか。スミスはいう。単に他人の幸福が我々自身のそれの邪魔になるという理由で彼の幸福を妨げたり，彼に現実に有用なものをそれが等しく又はより多く我々にも有用であるというだけで彼から取り上げたりすることは，どんな公平な観察者も同調し得ないものである。確かに各人はその本性によって第一にまた主として彼自身への配慮を推奨される。しかし隣人の破滅が我々自身の小さな不運よりも我々に影響することがずっと少ないにしても，その小さな不運を防ぐために彼を破滅させてはならないし，たとえ我々自身の破滅を防ぐためでさえあってもそうである。各人は公平な観察者が彼の行為の原則と折り合えるように行為しようと望むなら——これは彼が何にもましてなすことを熱望するものである——，彼の自己愛における傲慢さを謙虚にして他の人々が同調しうるものにまでそれを引き下げなければならない。その限りで彼らは彼が他人の幸福よりも自己の幸福を案じ，より勤勉に追求するのを容認する。その限りでなら彼らは彼の立場に身を置くときはいつでも，彼らは進んで彼に同調するであろう。裕福と名誉と昇進の競争において，彼は競争者に打ち勝つためにできるだけ一生懸命に走りうるし，あらゆる神経や筋肉を張り詰めさせうる。しかしもしも彼が他の誰かを押しのけたり撥ね付けたりすれば，観察者達の寛大さは完全に終了する。それは彼らが認めえないフェアプレイの違反だからである。彼らにとってはこの人も

あらゆる点で彼と同様に尊ぶべきものだからであるとされる。そして被害者の憤りや観察者の共感的憤慨の大きさから見ると，隣人の生命と身体を保護するものが最も神聖な正義の法であり，続いてのものは彼の財産と占有を守る法であり，債権と呼ばれるものを保護する法は最後となるという[12]。

　次にスミスは，善行・徳義と比べながら正義の有用性（utility）について論ずる。人間社会の総ての構成員は相互の助力を必要としているし，また同様に相互の侵害にもさらされている。相互の愛情により度量があり私心のない動機から必要な助力が相互に与えられるべきであるが，しかしそうではないにせよそれで社会が必然的に解体するというものではない。だが社会は，いつも互いに害悪や侵害を進んでなそうとする者達の間では存続しえない。それゆえに善行・徳義は社会にとって正義ほど本質的なものではないが，不正義の横行は全くそれを破壊させるに違いない。そこで自然の摂理は正義の遵守を強制するために，人の胸にそれの違反に伴う悪行の意識や応報的刑罰の恐怖を，人間の結合の偉大な防御装置として植え付け，弱者を保護したり乱暴者を抑止したり有罪者を咎めたりしているのであるとする[13]。

　スミスは今の説明にすぐ続けて，正義はやはり感情の問題であること，言い換えれば人々をして正義の規則を遵守させたりその違反が罰せられるのを是認させたりするものは，侵害が向けられた者の憤慨への共感なのであって，よくいわれる社会の維持の必要性に対する考慮ではないことを強調している。そして後者のような考えは効力因（efficient cause）と目的とを混同するものであり，また我々は不正義が社会秩序のためにだけこの世で罰せられればよいとは考ええず，来世においても罰せられるべきことを望むことからも前者の理論が正しいのは明らかだという[14]。

(3) 運による結果の達成・不達成が善価値性と悪価値性の判断に与える影響についての説明　　最後にスミスは，我々の行為が運（fortune）によって意図されていた結果を生じさせなかったり，意図以上の結果を生じさせたりした場合に，それが善価値性と悪価値性に関する我々の感情に及ぼす影響を取り上

げる。このような場合に是認または否認を受けるべきは，なんらかの仕方で意図されていたか少なくとも心の意図において好ましいあるいは不快な性質を持つ結果のみであるから，意図されも予見されもしない結果がいかに有益的であれ有害的あれ，行為の善価値性や悪価値性は同じであるという定式は，それが抽象的・一般的に提示される時には正しいが，個別的事例に直面すると我々の感情はこの規則によって完全に規律されているものでないことが分かるという。その例としてある人のためにある地位を懇請してしかしそれを得ることが出来なかった場合には得られた場合ほどには感謝されないこと，害をなそうと企てただけの者に対する我々の憤りは，それを実際になしたなら受けるべき罰を加えるほどに強いものではないこと，逆に宮廷の慣習では勝利の吉報をもたらす将校は昇進の権利があるとされていること，また不正義をそれ自体に含まないような過失でも不運な事故を生じさせると罰を受ける場合があることなどがあげられる。そしてこれらは公平な観察者でもある範囲で認めざるをえないが，この感情の不規則性ともいうべきものには全く有用性がないわけではなく，自然の摂理が人間という種の幸福と完全を意図して人の胸にこの不規則性の種を植え付けたように思われるという。その意図ないしは効用として，人は彼の能力の行使によって総ての人の幸福に最も有利となるよう自己及び他人の外的状況における変化を促進するために作られているから，彼がその存在の目的であるものを実際に生じさせない限り彼自身も人類も彼の行為に十分満足しえず完全な賞賛も与えられないと自然の摂理が教えていることがまずあげられている。更にその他にも行為にまでならない抱かれただけの有害な企図や感情も罰の対象となると，最も罪のない慎重な行為についてさえ悪い願望や企図がなお疑われうることになるから，自然の創造主は現実の害悪を生じさせるか生じさせようと試みる行為だけを人間の罪と憤りの適切で是認される対象としたこと，逆に企図なくなされた害悪が損害賠償等の罪を問われうるのも，人はそれによって彼の同胞の幸福を尊重し知らずにでさえその幸福を害する何かをしないように気遣うよう教えられること，などがいわれている[15]。

5 義務の判断力についての理論

(1) 自己の行為の是認と否認についての説明　これまでは他人の行為や感情の評価が問題とされてきたが，スミスはここで我々が自分自身の行為や感情に関してなす判断の起源を考察している。最初にこの場合の判断も他人に関するものと原則として同様であることがいわれる。我々が自己の行為を是認したり否認したりするにも，我々が自分自身を他人の立場に置いて，あたかも彼の目で彼の位置から見る時に感ずるところによってそれをなす。我々はいわば自己の自然な位置から自分自身を離れさせ，ある距離をおいて我々自身の感情や動機を見るように努めなければそれらについての判断を形成することができない，つまり我々は想定する他の公正で公平な観察者として自己の行為を考察するように努めなければならないとされる。そこで例えば親切であることや功績のある美徳はそれがそれ自体で愛や感謝の対象だからではなく，それが他人にそのような感情を喚起するがゆえに美徳といわれるのであり，従って彼らの好意的視線の対象であるという意識がそれに自然に伴われる内的平静や自己満足の源泉なのであるという。その上でスミスは，一方で賞賛されることの愛と賞賛に値することの愛を，他方で非難されることの恐れと非難に値することの恐れを区別して次のように説く。人は本来的に愛されることだけでなく，愛の自然で適切な対象であることをも欲する。つまり賞賛だけでなくたとえ誰にも賞賛されないとしてもその自然で適切な対象であること——賞賛に値すること——を欲する。同様に彼は憎悪されることだけでなく憎悪の自然で適切な対象であることを恐れる。つまり非難だけでなくたとえ誰にも非難されないとしても非難の自然で適切な対象であること——非難に値すること——を恐れる。互いに類似はしているが，賞賛に値することへの愛好は決して賞賛への愛好から完全に導かれるというものではなく，両者は別個独立である。そのことは，例えば無知や誤解により最も心のこもった賞賛が与えられたとしても，それが賞賛に値することの証明として考えられえないからにはほとんど喜びを与ええないこと，逆に実際にはなんらの賞賛も与えられていないとしても，自己の行為

がそれに値するようなものであったことそしてあらゆる点で賞賛や是認がそれに基づいて自然で一般的に授与されるところの規準や規則に適合していたのを顧みることが真の安心を与えるという事情から明らかだとされる。

　続いて人と社会との関係において今の点が敷衍される。自然の摂理は人を社会のために形成するにあたって，彼の同胞の好意的視線に喜びを感じ，非好意的視線に苦痛を感じることを教えた。しかし同胞から是認されるこの欲求と否認されるこの嫌忌だけでは，彼がそのために作られたところの社会に適合させることはなかったであろう。自然の摂理はそれに加えて，是認されるべきものであろうとする欲求を人に賦与した。第一の欲求は彼をして社会に適合しているようにみえることを欲しさせるだけであろうが，第二のものは彼をして真に適合していることを熱望させるのに必要であった。第一のものは美徳の愛好と悪徳の隠蔽へと彼を促しただけであったろうが，第二のものは彼に美徳に対する真の愛と悪徳に対する真の忌避を抱かせるのに必要であった。そして良く形成された精神にあっては二つのうちで第二の欲求が最も強いとされ，それゆえにまた他人の是認に基づく確認を必要としない自己肯定が唯一でないにせよ彼が熱望しうるまたすべき主要な対象であり，それへの愛が美徳の愛であるという。他方で我々が他人に自然と抱く憎しみや軽蔑はなんらかの点で彼らに類似することを極度に恐れさせるが，この場合にも我々が恐れるのは憎悪されているとか軽蔑されているという考えよりは，むしろ憎悪されるべきものであるとか軽蔑されるべきものであるという考えの方であるとされる。スミスはこれらの点を要約していう。全知なる自然の創造主は人に彼の同胞の感情や判断を尊重することを教えた。そういってよければ彼は人を人間の直接の裁判官とした。しかしそれは第一審においてだけそうされたのである。その判決に対するずっと高い裁判所への控訴が存在する。すなわち彼ら自身の意識の裁判所，仮定される公平で事情に通じた観察者のそれ，彼らの行為の偉大な裁判官と審判者である心の内なる人のそれへの控訴である。そして外部の人の裁判権は，現実の賞賛への欲求と非難に対する嫌忌に基礎を置いているのに対し，内部の人の裁判権は，賞賛に値することの欲求と非難に値することの嫌忌に基礎を置い

ているという(16)。

(2) 一般的規則の形成と義務についての説明　　人には如上のごとく公平な観察者という内なる裁判官が賦与されているにもかかわらず、それが遠くにいる場合だけでなく、それが手近に現存している時でも、利己的感情の激しさと不正義が時々は胸の内なる人をして事の真なる事情が正当とするものと異なる報告をなすことへと誘うに十分であるとスミスは指摘する。そしてそこに一般的規則が立てられる理由と有用さがあるとする。次にはその説明をみよう。人間による自己の行為の適切性に関する見方は、行為の時でもその後でも非常に不公正なもので、中立な観察者ならそれを考察するであろう見地で彼らがそれを見ることは困難である。この自己欺瞞、この人間の宿命的弱点が人の生活における無秩序の半ばをなす源泉である。だが自然の摂理は、この非常に重大な弱点を全く救済なく放置したのではなかった。我々の他人がなす行為に対する継続的観察は、気づかないうちに我々自身のために何がなされるのが適切か、又は何が避けられるのが適切かについての一般的規則を形成することへと導く。周りのあらゆる人がある種の行為に対する同様の嫌悪を表明するのを聞き、それらの醜悪さの自然な感情を一層確信し憤激さえもする。我々は決してそのようなことに罪をもとうとはしないし、自らをそのような仕方で道徳的非難の対象としようと決めたりはしない。このようにして道徳性の一般的規則は形成されるが、それらは結局のところ個別的事例において我々の道徳的能力や善価値性と適切性の自然な判断力が、何を是認し何を否認するかについての経験に基礎付けられている。つまり一般的規則は、ある種の行為がすべて是認されるとか否認されるとか、ある仕方で状況付けられた行為はすべてそうだといった経験からの発見によって形成されるのであるという(17)。

　以上のことを前提として、最後にスミスは義務についてこう説明する。前述のような行為の一般的規則に対する尊重は、適切に義務の判断力と呼ばれうるものであり、これは大多数の人間が彼らの行為を方向付けることのできる唯一の原理である。多くの人は彼らの行為を是認する適切性の感情を感ずることな

く，彼らが確立された行動の規則であると知っているところのものの尊重だけから行為するのであり，動機がそのような確立された義務の尊重以外のものではないのである。以前の経験が教えるこれら規則に対する習慣的尊重が，あらゆる場合にほぼ等しい適切性をもって行為することを可能とし，かつすべての人が服するかの気分の不均一により著しい程度で行為が影響されるのを防ぐのであるとされる。そして人間社会の正に存在は，ここにいう認容しうるこれら義務の遵守にかかっており，もし人間がそれら重要な行為の規則の尊重に一般的に印象付けられていなければ，社会は無に帰すであろうとされる。またスミスは，これら重要な道徳性の規則は最終的にそれら義務の遵守に報い違反を罰する神の命令と法であるとする見解に言及し，その結論を確認させるのに役立つ考察の一つとして説く。すなわち，人間の幸福が自然の創造主によって意図された本来の目的であることは，すべてが幸福の促進と不幸からの防御を意図されていると思われる自然の働きの検証によっても確認されるところであり，従って我々の道徳的能力の命ずるところにより最も有効な幸福増進の手段を追求するのは神と協力することを意味し，逆にそのようにではなく行為することは自然の創造主が世界の幸福と完全性のために立てた計画を妨害するものとなるという[18]。

6 小括——スミスの体系に対する批判的考察——

以上の概観から，スミスの理論体系の全体は我々が他人の感情や意図に対して持ちうる共感という経験的事実を支柱とするものであることが確認されたであろう。そこで当然にもスミスは，我々の行為を経験的に観察するとの前提に立って，その行為がそこから生じた感情や意図の正当性についてそれらを喚起した原因およびそれらが生じさせようとした結果という二つの関係での共感を問題とすることによりその判断をなすとの理論枠組みを構築したのであり，そして前者の関係での判断が適切性・不適切性の評価の内容をなし，後者の関係での判断が善価値性・悪価値性の評価の内容をなすとしたのである。またスミスはこの経験的理論枠組みを構築する際には正義の問題を，今述べた感情や意

図の善価値性・悪価値性という評価のそれに含まれるものとして，その中で論じている。しかしこれらはいずれも大きな論点を蔵している。というのも，感情や意図の正当性をそれらが生じさせようとしている経験的結果との関係で評価しようとすれば，そもそも人はどういう経験的目的を実現するために存在しているかを問わざるをえず，またこのような関係での評価に含められた正義の美徳も人が実現すべき経験的目的によって影響されざるをえないことになるが，そこには容易に肯定しえないものが存するからである。そこでこれらの点を中心としてスミスの理論を批判的に考察することとしたい。

　前述したごとく，スミスが感情や意図についてなす適切性・不適切性と善価値性・悪価値性の区別はそれほど厳密なものではない。そのことは，自己の豊かさを求める感情もある範囲では適切性あるものと認めなければならないとする叙述などにも現れており，この場合の豊かさは確かに感情を生じさせた原因とも見うるが，それがめざす目的すなわち結果とも見うるであろう。スミスによるこの区別は少なくても機能的に考える限り，行為を生ぜしめた感情や意図が是認されるための原則的必要条件として，まずその動機すなわち原因が是認されなければならないということの説明に役立っているに過ぎないといいうる。むしろ行為を生ぜしめた感情や意図が是認されるべきか否認されるべきかにおいて重要な機能を果たすのは，それらがめざす目的すなわち結果との関係で公平な観察者がそれらに共感しうるか否かの判断であろう。すると当然にも，人はどのような経験的目的を実現するべく存在しているかを，公平な観察者の立場から問題にせざるをえなくなろう。実際にもスミスは，結果の善し悪しが行為の善価値性の判断に与える影響を強調する個所などで，人は彼の能力の行使によって総ての人の幸福に最も有利となるように自己及び他人の外的状況における変化を促進するために作られているとか，自然の働きの検証から自然の創造主によって意図された目的は人間の幸福であるから我々の道徳的能力の命ずるところにより最も有効な幸福増進の手段を追求するのは神との協力を意味するなどの説明をしている。そしてその幸福増進とは自己及び他人のための豊かさ（prosperity）の実現を意味することも随所に読み取ることができ

る。しかし今日の環境問題を前にして，このような理論には根本的な疑問を提起しなければならない。その疑問とは，かかる理論が行き着くところは人間の存在が豊かさという経験的目標を達成するための手段と位置付けられることではないかというものである。豊かさという経験的目標は人がめざす結果というだけでなく，我々の行為をそちらに誘導する原因ともなりうるから，その目標は我々の存在においてそれを促進する側面（例えば経済活動の主体として存在する側面）を有利に扱い，それを阻止する側面（例えば経済活動によって害される存在としての側面）を軽視するように我々の感情に影響を及ぼしてくることは否定しえない。これは言葉を換えていえば豊かさの目標が我々をしてその実現に役立つように存在させようと仕向けてくることでもある。そして人（公平な観察者）がその影響を受けている限りは，行為の是認と否認の評価も豊かさの目標にかなう行為を有利に扱いそれを阻止する行為を軽視する結果となることは明らかであろう。またこのことはスミスが行為の善価値性と悪価値性の枠内で論じた正義の美徳についても勿論あてはまり，互いに侵害しないための正義の美徳における違反の判断にあっても豊かさの目標にかなう行為が有利に評価されそれを阻止する行為（例えば経済活動の被害者としての権利主張）が軽視されることになる。それだけではない。人が他人の経験的観察のなかで形成するとされる一般的規則（特に正義の規則）もこの豊かさからの影響を反映してここに繰り返し述べた悪しき性格を帯びざるをえないのである。おそらくスミスには，豊かさや幸福という経験的目標が我々に及ぼすこのような作用について十分な問題意識はなかったであろう。むしろ人は自然の摂理によってこれらの目標を実現するように作られているとの叙述に明らかなごとく，このような作用を肯定的に理解していたと思われる。しかしそもそも自然の摂理や創造主の意思などを持ち出し，それを基礎にして人がこのような経験的目的のために存在しているとする主張には今日どれほどの説得力があるだろうか。

　最初にも述べたごとく，今日の環境問題は豊かさの要求のために現在更には未来世代の生命と身体が危うくされている現象に他ならないが，これは基本的にスミスの理論に依拠して豊かさという経験的目標にかなうように社会の制度

や機構が組み立てられることにより，人がこの目標達成の手段とされてきたことを如実に示す現象でもある。それではスミスや近代国家の誤りは，豊かさを人の存在における経験的目標としたことにあったのだろうか。そうではなかろう。およそそれが経験的目標であるならば，どんなものでもそれが経験的原因となって人をしてそれの実現にかなうような仕方で存在させようと仕向ける作用を及ぼし，人がその影響を受けつづけている限りは社会の制度や機構もそれを反映したものとならざるをえないからである。するとその時々において，経験的目標との関係で人の感情に作用することの少ない人間存在の側面が否定ないしは軽視される現象は常に存在することになろう。そこで次に問われるべきは，我々には経験的行為規範学をしかもつ可能性がないのか否かである。もしそれだけが可能ならばおそらくスミスの理論体系はその可能性の枠内で望みうる最良のものに属するであろう。しかしもし経験的原因が及ぼしてくる影響から全く自由に，我々の存在自体が究極の目標となり他の経験的目的の手段とはされないための行為規範を考えうるとすれば，その時々において我々の間に存在している人と人の関係から経験的原因が及ぼしてくる影響を取り去り，それによって否定ないしは軽視されていた人間存在の側面を究極の目標として保護することが可能となり，またその帰結として経験的目標が隠してきた人間存在のそのような側面が有している意義を初めて認識しうることにもなろう。我々の間に存在する人と人との関係が経験的目的を実現するための手段とされる場合には，何よりもそのような目標を達成する最も効率的な関係が優先され，各人の自由が共に調和して尊重される（各人の存在自体が目標とされる）という要請は決して達成されない。そのような要請を実現するのは経験的原因ではなく我々自身から全く自発的に意思に及ぼされる作用，すなわち経験的なものを何も含まない思想（先験的な思想）としての行為規範を共有することによってその規範の意思に対する作用を通じて以外には考えられないのではないか。するとここで最も問われるべきは，果たして経験的行為規範という枠の呪縛から我々は解放される可能性があるのか，そしてその時々の経験的世界（特にそこで存在する人と人の関係）を人のあるべき生き方を実現する手段とすることが

第3章　環境問題が要請する行為規範学革新の方向性　　161

できるのかということになるが，これらが哲学者カントの解明しようとした問題である。そこで次にはスミスとの対比においてカントによる先験的行為規範学の体系を見ることにしよう。

(4) Smith, The Theory of Moral Sentiments（以下では Sentiments と略記する）PART I. SEC I. CHAP I.
(5) Smith, Sentiments, PART I. SEC I. CHAP II.
(6) Smith, Sentiments, PART I. SEC I. CHAP III.
(7) Smith, Sentiments, PART I. SEC I. CHAP IV-V.
(8) Smith, Sentiments, PART I. SEC II. CHAP I-V.
(9) Smith, Sentiments, PART I. SEC III. CHAP I-III.
(10) Smith, Sentiments, PART II. SEC I. CHAP I-II.
(11) Smith, Sentiments, PART II. SEC I. CHAP III-V. なおスミスは，人の性格や行為の美徳性・悪徳性の判断に関して，それらがその人自身と他人に対して有用性があると言う美の外観か逆に有害であるという醜悪の外観からこの判断の全体が生ずると主張する見解に触れている。そして自然の摂理は幸いにも我々の是認と否認の感情を個人と社会の両方の便宜に適合させたように思われるとして一般的にはこの見解は正しいとしつつも，有用性又は有害性の外観が我々の是認と否認の第一のそして主要な源泉であるとはいえないとし，それらの認識とは別個の適切性と不適切性の判断力がそのような源泉であるとする。その例の一つとして，我々が度量（generosity）の美徳ありとされるのは，なんらかの点で他人を自分自身よりも優先させ自分の利益を友や目上の者が有する同等の利益のために犠牲にする以外にはありえないが，これは有益性による判断ではなく適切性による判断であることがあげられている（PART IV. SEC I. CHAP II）。しかし適切性と有用性の区別についてはここでもそれほど説得的ではない。
(12) Smith, Sentiments, PART II. SEC II. CHAP I-II.
(13) スミスは，自己自身の幸福への関心が我々に推奨してくる美徳は思慮の美徳（virtue of prudence）であるのに対し，他の人々の幸福への関心が推奨する美徳がここで論じられた正義および善行・徳義のそれであると位置付け，これらを美徳の性質という観点から詳細に論じているが（PART VI），スミスの理論枠組みだけを検討しようとする本稿では省略せざるをえなかった。
(14) Smith, Sentiments, PART II. SEC II. CHAP III. スミスはおよそ道徳的に善なる性質や悪なる性質は経験的に知覚される客体に帰属するものであり，そしてそれを識別するのは我々の精神にある特別な能力ではなく直接的判断力（sense）であるとしている（PART VII. SEC III）。
(15) Smith, Sentiments, PART II. SEC III. CHAP I-III.
(16) Smith, Sentiments, PART III. SEC I. CHAP I-II.

(17) Smith, Sentiments, PART Ⅲ, SEC Ⅰ, CHAP Ⅳ. このような一般的規則にはもちろん正義の規則も含まれるが，この規則はそれが要求する外的行為を最高度の正確さで規定するものであり，例外や修正もこの規則と同様の正確さで確認されそしてそれと同じ原則に基づくもの以外には認めない性格のものであるという。またその反面としてこの規則には最も神聖な尊重が払われるべきであって，そこから正義が要求する行為にあっては行為の主たる動機がこのような尊重的考慮にある場合に最も適切な履行がなされると説かれている（PART Ⅲ, SEC Ⅰ, CHAP Ⅵ.）

(18) Smith, Sentiments, PART Ⅲ, SEC Ⅰ, CHAP Ⅴ.

Ⅲ　カントの先験的行為規範学の理論体系

1　カントの論証がめざす目標

　初めに触れたように，カントは実質的（経験的）目標の実現をめざす功利主義的行為規範学を真っ向から否定し，各人の存在自体が究極の目標とされる形式的（先験的）行為規範学の体系を構築したのであるが，ここではこれまで述べてきたスミスの理論体系と対比して，カントの論証が達成しようとした目標をまず提示しておいて，後になされる理論体系の考察へのオリエンテーションとしたい。

　スミスの行為規範学は，おそらく最も世に受け入れられるであろう自己と他人の豊かさや幸福を実質的（経験的）目標としたのであるが，このような目標は当然にも未来に向けられるものである。するとそのような目標を達成しうる能力を持つ人間は，自己の存在様式（行為）をその目標という結果達成のための原因となるように規定しなければならない。勿論これを外的にみると人間が原因で目標が結果であるが，人間の心理的規定に目を向ける時には実質的（経験的）目標からの誘因が原因であり，人間がなす自己の存在規定が結果である。しかし人間は性質上自然にこのような未来に向けた実質的（経験的）目標を抱き，それからの影響を受けることは不可避だとしても，この誘因としての作用により規定され尽くしてしまうのではなく，自己自身に対して及び他人と

の関係で人間の存在様式（行為）の規定として正しい規定であるかを評価して，目標からの誘因によるそのままの存在様式（行為）の規定が正しくない場合には人間として正しい規定の仕方（形式）に則って自己規定をなしその形式の下でのみ実質的な目標の実現を図ることはできないのだろうか。ここにいわれる自己の存在様式（行為）の規定は未来に向けられた目標達成のために現在の自己をその手段として規定するというものではない。そうではなく逆に未来に向けられる目標からも自由に，現在の自己が自分に対して及び他人との関係で人間として正しい存在様式（行為）の規定となる仕方（形式）を実現しようとするものであるから，その意味で存在様式（行為）の規定をなそうとする者にとっては常にそれをなしうる唯一の時点である現在の課題・目標というるものである。しかも経験的な誘因からの規定に依拠しない規定であるから，人間が全く自発的になす自己規定であり，また実質的（経験的）なものを全く含まない目標として設定されえなければならない。すると我々がこのような自己規定を実践しうるというためには，我々には自己の存在様式（行為）がとるべき形式に関するア・プリオリ（先験的）な——すなわち経験に一切かかわりのない——思想をもつための思惟能力（実践理性）の存在が証明されなければならない。そしてこの能力の存在可能性こそが，カントが文字通り証明可能性の限界にまで達して論証しようとしたものなのである。

　上記の能力が証明されると，我々は経験的目標（原因）が及ぼしてくる存在様式（行為）の規定から独立して，経験にかかわらない思想である先験的規則（道徳的規則）により自己および他人との関係で人として正しいと確信できる形式での自己規定をなしうることになるが，これは経験的目標（原因）の及ぼす作用に屈従して自己および他人をそれの達成の手段としないこと，逆にいえば自己と他人の存在それ自体を究極の目標とする行為の自己規定がなされることに他ならない。前述したごとくこの証明は，当然にも経験的行為規範しか存在しえないという呪縛からの解放をめざすものであるが，そこにはいくつもの難関が待ち受けている。なかでも重要なのは，我々は経験的認識のほかにア・プリオリ（先験的）な認識の可能性をもち道徳原則をそれによって認識しうる

かということ，更には我々の認識している経験的世界（自然界）では出来事はすべて原因をもつのであるから，我々の行為（意思決定）という出来事もすべて自然原因によって確定——ここでは対象が我々の欲求におよぼす感性的誘因による確定——されるはずであり，それら原因から独立して又は抗して道徳原則によって行為（意思決定）する自由はありえないのではないかということであろう。カントはこれらを解決するために，我々が認識している経験的世界は物自体の世界ではなく，我々の感性（知覚）がそこに属する空間と時間という形式によって物自体から触発されて有するに至った現象（諸表象）の世界であるとする証明を開始する。そして，この経験の基礎をなすがそれとは別の物自体の世界がありうるということから，経験にはありえない自発的自由の実現可能性，及び経験にかかわらない認識の可能性を導き出すのである[19]。

2　経験的認識を可能とするア・プリオリな原理についての論証

(1) 感性の形式についての理論　　最初に感性の形式についての論証を見よう。我々に対象が与えられるということは，対象がある仕方で我々の知覚を触発することによってのみ可能であるが，感性とはかかる触発を通じて対象から諸表象（印象）を受け取る能力である。この感性は受け取った対象を残らず空間において表象（思い描く）するが，この空間はそれ自体として実在するものではなく，我々の感性（知覚）が対象から触発されてそれに対応する直観（感覚的に意識された対象）を生ぜしめる際の形式であり，我々の主観にア・プリオリに備わっている条件であるとされ，カントはこの説明こそが空間に関する幾何学的命題の必然性やア・プリオリな認識としての幾何学自体の可能性を理解せしめる唯一のものであることなどで理由付ける。次に時間もそれ自体として実在するものではなく，対象からの諸表象（感性的印象）を受容した我々・我々の内的状態——即ち自分がそれら外的表象をどのように受容したか——に関する内的現象のための条件として我々の知覚に主観的に備わるア・プリオリな形式（内的感性の形式）であるという。そして時間は一次元のみをもつとか，多くの異なった時間は継起的であるなどの原則がア・プリオリな必然性を

もつのはこのことによるとされる。かくして，現象の実質は確かにア・ポステリオリ（経験的）に与えられるのであるが，我々の知覚はかかる対象からの外的現象を空間の形式で区別して整理し，それを受容した自己の内的現象については時間の形式で区別する経験的意識を本体とすることになる[20]。

(2) 悟性による綜合的認識についての理論　　上述したところから，我々が認識の対象としているのは物自体ではなく，空間と時間の形式に従って我々の主観に生じている現象（諸表象の連なり）であることになる。もちろん，これら二つの形式で位置と時点によりどこまでも区別されている諸表象は綜合（結合）されるのでなければ認識のための同一性ある客体とはなりえない。ところで対象から諸現象の実質が与えられるか，いかなる実質が与えられるかは経験的に認識されるだけである。しかし諸現象は我々がその性質をア・プリオリに認識している空間と時間の形式に必ず従うのであるから，実質がどのようなものであれもしそれが与えられた場合に，諸現象がいかなる様態で綜合（結合）されて認識の客体となるかの規則は，既にア・プリオリに定まっている。諸表象の連なりである現象が直接に従っている時間において，我々が諸表象に見出しうる関係は以下に見るごとく永続性と偶有性・継起・同時存在だけであり，それが我々の対象認識の三様態となる。次にカントの論証を各別に要約して掲げたい。

(a) 実体の不変性の原則　　知覚された諸表象はすべて時間の形式に従っているが（外的表象は間接的に内的表象は直接的に），この時間についてはまずそれが永続性（不変性）をもった一つの連続体としてある形式であり，諸々の時間はそれの部分に過ぎないことをア・プリオリに認識しうる。するとこの形式に従う現象の内には絶対的有から無への消滅やその逆の生起といった完全に不連続な変移（変化）はありえない。かわって唯一ありうる変移（変化）は，ある不変な基体があってただその状態が諸々の時間において変移（変化）するというものである。なぜなら時間は一つの連続体なのであるから，変移（変化）はどこまでも連続していなければならず，それゆえに変移（変化）はどこ

までも不変に存在しつづけるもの（実体）の状態（偶有性）に生ずるものとしてなければならないからである。我々は既に諸々の現象の認識において，物質（現象的実体）は消え去ることがなく，それの状態（偶有性）だけが変更するということを論駁しえないものとして前提しているが，それは正にこの原則に基づくのである。かくして我々が時間に従う諸表象に見出しうる第一の関係は実体と偶有性であり，これが対象認識の第一の様態である[21]。

(b) 因果性の法則に従う時間継起の原則　　時間という形式が，それに従う現象において第二に示しうる諸表象の客観的関係は，継起・先後の関係であることもア・プリオリに認識しうる。時間は確かに知覚された諸表象を一つの順序において整理する形式だからである。ところで (a) の原則は，存在と不存在の継起——つまり量的変移——が見出されるとすれば，それは実体にではなく必ずその状態にであることを教えていた。そこで今，我々にその状態の量的変移（変化）に関する諸表象（例えば河を下って位置的状態の変化をしている船の諸表象）が与えられているとしても，このままではこれら知覚された諸表象が客観的にいかなる先後関係にあるかを知りえないから（今の例では上流にある船の表象が下流にある船の表象より先なのか後なのか），我々は確定した順序でこれらを配置して認識することができないことになる。このことを知るためには，かかる状態の変移（変化）を条件づけたもの（今の例では流れている水が船に及ぼす動力）を知らなければならず，しかもそれは時間関係においてこの変移（変化）に先行していなければならない。なぜなら我々のア・プリオリな時間認識からは，条件たるものは条件付けられたものに必ず先行し，決して後続することがありえないからである。かくして時間に従う現象の内に見出しうる第二の客観的関係の様態は継起であり，それは原因（条件たるもの）と結果（条件付けられたもの）の規則によって綜合されるのでなければ経験的認識となりえないことがア・プリオリに知られるのである[22]。

(c) 相互作用の法則に従う同時的存在の原則　　最後に，時間は同時関係を示しうる形式であることもア・プリオリに認識しうるから，我々が諸表象間に見出しうる第三の客観的関係は同時存在である。既に (a) の原則により，現象

が一つの連続体としてある時間の形式に従う以上は，そこに必ず不変なもの（実体）が存し，諸々の時間において示されるものはそれの存在の仕方であることが知られている。従って現象の内に同時存在の関係が見出しうるとすれば，それは諸実体間に存するものである。そこで (b) の原則では，我々をして諸表象が客観的に一定の先後関係にあると判断させるものは原因であったが，諸実体間の同時存在（例えば地球と月との同時存在）について我々をしてそのような関係にあると認識させるものは何か。それは，諸実体が相互にそれらの時間位置を規定しあっている相互作用（今の例では地球と月が相互に及ぼしている引力）である。つまり各々の実体が他のそれのある諸規定について起因性をもち，そして同時に他のそれの起因性による諸結果を含んでいる場合に初めて，我々はそれらが同時存在していると判断するのである。かくして諸表象が綜合されうる第三の様態は同時存在であり，それは相互作用の規則に従って認識とされなければならないことがア・プリオリに知られるのである[23]。

　これらがカントによって示された対象認識の三様態である。我々の対象認識はこれら以外にありえないのであるから，一切の現象の結合としての自然統一はこれら時間関係における三様態の指数として表されることになる。この事情はまた次のことをも意味している。それは，時間がこれら三様態を含む一つの形式としてあるのと同様に，一切の現象はこの三様態に従って一つの自然——単一な時間の形式に従った総体としての自然——に統一されなけばならないということである[24]。

　こうしてカントは，我々が経験的に認識する対象は決して物自体ではなく，空間と時間の形式に従って我々の主観に生じている現象であること，更にはそれゆえに悟性が諸表象の綜合（結合）に用いうる概念も現象の実質が与えられる以前にア・プリオリに決定されており，それは時間という形式がもつ性質から不変性と偶有性，原因と結果，相互作用——カントはこれらを対象認識のための純粋悟性概念（カテゴリー）と呼ぶ——となることを論証した。この論証は同時に，我々が認識している現象的世界とは別に，その基礎をなす物自体の世界があることを十分な根拠をもって想定させる。後述のごとくこのことは，

我々がア・プリオリ（先験的）な思想としての行為規範（法規則・道徳規則）をもちうるか，またそれによって自然原因から自由に自己の行為を規定しうるかという実践的問題に対して大きな意義を有するものである。しかしこうして想定される物自体の世界は，このような実践的関心を離れて我々の純粋悟性概念（カテゴリー）による対象認識をその世界にまで拡張させようと誘うであろう。しかしカントは，このような理論的関心から見ると，この世界は全く意義をもたないとしてその理由をこう説明する。純粋悟性概念（カテゴリー）は現象が空間と時間の形式に従っているということから，これらの形式の性質に基づいてア・プリオリに経験的認識をもたらす概念として演繹しうるものである。それゆえにそれらが認識をもたらしうるのは，空間と時間に従っている現象の世界（経験的世界）の範囲内であり，物自体の世界はそれが及ばない世界という意味で常に想定しうるだけの叡知的（可想的）世界に過ぎないという[25]。だがカントは，にもかかわらず我々には必然的に誘われる虚偽推論があり，それにより経験を超えていくつかの「無条件的なもの」の存在証明に達したいとする不可避的願望があるとする。そしてこれら虚偽推論は実践的問題にも関係するところから，カントは次にそれらを考察する。

3　理論理性の純粋使用の不可能についての論証

(1) 理性能力一般についての理論　　我々の認識能力の内で，悟性はカテゴリーという規則によって現象を統一する能力であった。それゆえこの能力がア・プリオリにもたらしうるものは，現象が従うべき論理的形式だけであり，認識の内容（それはア・ポステリオリに知覚された諸表象から得られなければならない）までを含むものではなかった。これに対しある種の概念（先験的理念）によって独自のア・プリオリな認識をもたらそうとするのが理性である。理性は経験やなんらかの対象に直接関係することはなく，悟性による雑多な認識（及びそのために使用されるカテゴリー）にだけ関係し，そこに後述する仕方でのア・プリオリな統一を与えることをめざしている。そこで理性にはまず，悟性と同様にその形式的・論理的使用があり，ある結論命題（例えば「カ

ユスは死ぬ」)をより一般的条件を含む命題・大前提(例えば「すべての人間は死ぬ」)に媒介的命題・小前提(「カユスは人間である」)によって包摂させて結論をえるとともに,更に後者の命題をより一般的条件を含む命題へと包摂させることを繰り返して,特殊なものからより一般的なものへの系列を可能な限り遡ってゆく間接推論がこれによってなされる。しかし理性にはなお独自の能力がある。すなわち理性は,今述べたカテゴリーが含む条件についてより一般的なものへの論理的統一を成就するためではあるが,ある種の概念(先験的理念)及び原則——それらは感性からも悟性からも借りたものではない——の源泉を自らの内に有しており,それによって独自のア・プリオリな認識をもたらそうとするのである(カントはそこで理性を概念によって特殊なものを普遍的なものにおいて認識する原理の能力とする)。この概念こそ,いくつかの「無条件的なもの」に関する先験的理念であり,そこで前提とされるのは次の原則である——「条件付けられたもの」が与えられていれば,それによってこの「条件付けられたもの」が可能となったところの条件の完全な総体も与えられており,そしてこの条件の完全な総体自体は絶対に無条件的であるから,「無条件的なもの」も与えられている。カントはこれを理性の先験的使用と呼び,そのような使用の誤りを論証しようとする。

　理性が「無条件的なもの」を前提しようとするのは,経験的認識(自然認識)における条件の系列を完結させるため——論理的統一をもたらすため——なのであるから,それは三つのものに限定される。なぜなら,前述のごとく我々の経験的認識は実体と偶有性,原因と結果,相互作用のカテゴリーによって示される時間関係の指数としてしかもたらされないのであるから,条件の系列の完結に必要な「無条件的なもの」の理性概念もこの数だけでよいからである。すると,第一のカテゴリーの条件系列(依存関係)では総ての存在するものにおいてもはやいかなる他の基体にもそれの偶有性として自己の存在を依存することの絶対にありえない実体が[26],第二のカテゴリーの条件系列ではもはやそれ自体の原因をもたない絶対的な第一原因が,第三のカテゴリーの条件系列では総ての区分肢に該当する物を完全に包含する根源的存在者が「無条件的なも

の」として推論されることになる[27]。これらが理性の本性に由来する弁証的理性推論であるが，次にはそれらを虚偽とする論証が順番になされることになる。

(2) 「思惟する主観」の客観的実在証明の不可能について　我々の悟性は前述した第一のカテゴリーによって，存在するものの実体（基体）とその偶有性（状態）の関係を条件と条件付けられたものの関係において経験的認識とする。この認識においては前者の存在が認められうるから後者の存在が認められうるという存在の依存関係が認識の対象である。換言すればおよそあらゆる偶有性の存在が，一つの実体の存在を前提としているという条件と条件付けられたものの関係が，このカテゴリーによって認識されるのである。それゆえこのような認識における条件の完結は，ここでの一つの実体がその存在認識のために前提とする「無条件的なもの」の実在証明によってなされることになる。そしてこのような実体の存在が対象として認識されるのに必要となる唯一の条件は，それを対象として認識しうるところの「私」あるいは「思惟する主観」の実在であり，そしてそれが経験的対象にア・プリオリな統一をもたらすものであるから先験的な性質をもって実在しなければならないとする推論の正否がここでの問題である。カントは「思惟する主観」の客観的実在性をア・プリオリに推論しようとする学を理性的心理学と名づけ，この学が陥っている誤謬を解明しようとする。

理性的心理学は，「私は考える」という章句から全教説を解き明かすべき学である。そこには，時間の形式によって示される自己の内的知覚（例えば外的表象をどのように受容したかなど）が最小限でも混入することは許されず，もしそれが加われば経験的心理学ということになる。つまりここで問題とされるのは，思惟能力によって時間の形式により規定され経験的認識とされる「私」ではなく，カテゴリーによって諸表象に先験的統一をもたらすところの考える方の「私」である。この心理学は思惟する「私」が認識を規定するもの（条件・主語）としてあり，その認識において絶対に存在を経験的に規定されるもの・

その存在認識を経験的認識能力に依存するもの（条件付けられたもの・述語）としてではないことから，ア・プリオリな性質をもって実在するものでなければならないとし，しかもこの認識を「私」だけでなく一切の「思惟する主観」に結び付けようとする。その際には，もちろんア・プリオリな性質を考えるために使用しうる手段，すなわちそれ自体がア・プリオリな概念であるカテゴリーを使用する他はない。そこで，カテゴリーによっては経験的認識とはなしえない性質がカテゴリーの逆利用によって導かれ，まず経験的認識自体における主語としてだけ存在する実体の概念が，次に存在において部分からなるものではないという意味での単成的なものの概念（常に部分の綜合として対象化される空間の性質からこのようなものが経験的認識とされることはありえない）が，続いて主観の状態を規定する時間において常に数的に同一という概念（経験的に現象として現れる主観にあってはその状態が時間の形式により必ず数多として示されるから数的に同一ではありえない）が，最後に空間における可能的諸対象と対応しているもの（当然にも経験的認識においてはありえない）の概念が「思惟する主観」に結び合わされるのである——更に理性的心理学はこれらの要素を合成して心神・霊魂（Seele）の身体からの独立性やそれの不死性を主張する。確かに思惟する主観が実在し，にもかかわらずそれが自己によってもまた他の思惟する主観によっても決して経験的に認識されえないものだとすれば，それにはそのような性質が帰されなければならない。

　しかしカントは，「私は考える」という最も簡素な知的表象からこれほどの認識を導こうとする理性的心理学に対し，一方では決して思惟する主観としての「私」が感性には現れないことを前提にしながら，他方ではなおカテゴリーによってそのような対象に自己認識としての判断を加えようとする決定的な誤りがあるという。それによると，カテゴリーは現象が我々の感性における形式（空間と時間）に従っているということからア・プリオリに演繹しうる概念であり，それゆえに現象に適用されてのみ認識をもたらしうるものであるのに，理性的心理学はカテゴリーを感性の条件から切り離して経験的世界の領域を越えているものの認識に——それのア・プリオリな実在の仕方の認識に——利用

する誤りを犯しているとする。つまり自己認識についていえば，カテゴリーは時間の形式に従う内的知覚によって認識しうる現象としての「私」（規定される「私」）にだけ適用されうるもので，そのカテゴリーによって思惟する物自体としての「私」（規定する「私」）にまで適用されてその実在の仕方についてなにごとかを自己認識させるものではないというのである。かくして理性的心理学は，なんら感性的表象ではない「私は考える」という表象に，感性的表象にしか適用しえないカテゴリーを適用する誤謬推論によって，上記四つの認識を導いたに過ぎず，結局この学は我々の自己認識に加えられるべきなにものをももたらさないことが結論される。そして思惟する主観としての（切り離された純粋意識としての）「私」は，カテゴリーによっては認識することのできないなにかあるものなのであり，それは後述する理性の実践的使用において自己の行為を自由に規定するための「要請」として考察されるべきものとされる[28]。

(3) 「自由」の客観的実在証明における二律背反について　我々が不可避的に誘われる第二の誤った推論は，「自由」という先験的理念を対象とする弁証的理性推論であり，それは悟性が原因と結果のカテゴリーによってなした雑多な認識に条件系列の統一を与えようとしてなされるものである。原因と結果の認識にあっては，条件（条件付けたもの）の系列を遡及して進む統一をなすことができる。先に示された例でいえば，河を下っているという船の結果は水という実体が流れるという変化をすることにより及ぼす原因（起因性）によって生じ，更に河の水が流れるという結果は太陽という実体が熱放射反応という変化をすることにより河が流れ込んでいる先の水を蒸発させるという原因（起因性）によって生じるといえる。すると現在ある結果からそれを条件付けた原因へと進み，更にその条件を条件付けた原因へと進むことを繰り返して一つの系列を遡りうることになる。そこで理性は，現在の条件付けられたもの（結果）が与えられていれば，それによってこの条件付けられたものが可能となったところの条件の完全な総体も与えられており，そしてこの条件の完全な総体

第3章　環境問題が要請する行為規範学革新の方向性　173

自体は絶対に無条件的であるから，無条件的なものも与えられていると推論する。「自由」（絶対的自発性）はこの条件の系列を終結させる第一の原因（もはやそれ自体は先行する原因に従属することがない無条件者）として，理性がカテゴリーを「無条件的なもの」にまで拡張した先験的概念である。ここではその実在証明の正否が問われるのであるが，カントは理性がこの証明をなそうとすると，一方では条件系列の「第一のもの」としての自由があるとする推論の，他方では条件の系列全体だけが無条件的なのであって各項としての一切の条件は例外なく条件付けられたものであるとする推論の必然的妥当性を共に承認せざるをえなくなり，不可避的に二律背反の窮境に陥ることになるとする。最初に「自由」の実在を肯定する証明が以下のように提示される。

　およそ起因性には，自然法則に従う以外のものはないとしよう。するとある結果としての状態変化（例えば船の位置的状態の変化）は，それがそこから継起した（時間において先行する）原因にも状態変化があったこと（例えば河の水の流れ）を前提とする。なぜならずっと存続する状態のままで原因が起因性を有していたのであれば，結果もずっと存続していたはずで，現在初めて結果が生じたと認識することはできないからである（例えば河の水の状態に変化がなくても起因性があるとすれば船の移動という結果も現在ではなくずっと存在していたであろうことになろう）。するとこの原因にも状態変化がある以上は，それがそこから継起した原因を前提とし，そして同じ理由からそれにも状態変化がなければならない等々のこととなる。それゆえにおよそ総てのものがこの法則に従うと仮定すると，いつでも従属した始まりがあるだけで，第一の始まりは存しないことになり，従ってまた相互に系列化される原因の側における完全性は決して存しないことになる。しかしこの自然法則は，カテゴリーによってア・プリオリに規定された原因がなければ何ものも生起しないことを正に本体とするものである。これに対し一切の起因性は自然法則に従って可能であるとの命題は，第一の始まりなく現在の結果があることを結論するものである。するとこれは自己矛盾であり，このような矛盾に陥ることなく自然法則の普遍性を保持するためには，常に上位の原因に従属する起因性が唯一のものと

されるべきではなく，諸現象の系列を自ら始める絶対的自発性としての先験的自由が実在しなければならない。

続いて「自由」の実在を否定する証明が以下のように提示される。

先験的意味における自由が存在すると仮定しよう。それは世界の諸事象がそれによって起こる特別な種類の起因性ということになる。つまり，この第一原因自体がある状態の生起を絶対的に始め，それゆえにまたこの生起に伴う起因性によってある系列となるそれの諸結果を絶対的に始める能力である。するとこの第一原因にあっては，その起因性に伴う状態の変移を因果性の法則によって規定するいかなる先行するものをもたないことになる。しかしいかなる起因性もそれが対象として認識されるためには，それに伴って生ずる状態の生起について確定した継時的順序での諸表象の綜合を必要とする。なぜならずっと存続していた状態での実体がそのままで起因性を有していたのであれば，結果もまた初めて生じたのではなくずっと存在していたであろうからである。そうではなくこの結果は，それ自体がまた生起した状態をもつところの実体から，その状態の変化に伴って原因力を与えられたものと認識されなければならない。ところがここでの第一原因（自由）にあっては，その起因性にともなう状態の生起がいかなる先行するものによっても規定されないのであるから，この生起に関する諸表象の継時的順序は因果性の法則によって確定されるはずがなく，全く不確定（アト・ランダム）なものであることになる。ゆえにここで仮定されている第一原因（自由）による起因性は，対象としての綜合が不可能なものであるから，いかなる経験にも見出されない空虚な思惟物ということになる[29]。

カントはこれら二つの証明を，経験的解明の外に知性的始まりを基礎付けようとする教義学と，世界総体の先験的理念を含めて経験的解明方法をとる純粋経験論に区別し，そしてこのいずれもが他方に対して自己の弁証的推論の必然的妥当性を主張しうる不可解の根源は，現象的世界が物自体の世界として考えられたことにあるとの見地からかかる二律背反の根本的解決をもたらす。上記二つの証明は，条件付けられたものが与えられていれば，このものの一切の諸

条件からなる全系列もまた与えられているという大前提を基礎とすることで共通している。そこで全系列自体は絶対に無条件的であるから「無条件的なもの」も与えられているとして，第一の証明はそれが「自由」であると主張し，第二の証明は系列全体だけが無条件的であると主張するのである。この証明方法からは，我々がなす原因からその原因へという条件の系列における遡及は有限か無限かのどちらかとなる。しかしこの大前提は我々が経験的認識をなすための感性的諸条件を顧慮することなく純粋悟性概念（カテゴリー）だけによって立てられたものであり，それゆえに条件付けられたものと条件たるものがもし我々の感性にかかわりなく物自体として与えられるとしたら，正しいとされるに過ぎない。なぜならその場合には，我々の原因と結果のカテゴリーによる認識（悟性による綜合）がどこまで到達することができるかということと関係なく条件の系列の存在が問われるのであるから，当然にも条件付けられたものがあれば条件の全系列があるはずでありそれの遡及は有限か無限かのどちらかであることになろう。しかし我々の認識は感性上の諸表象の連なり（諸現象）にだけにかかわり，そこではカテゴリーの手引きにより現在の諸知覚からそれと因果的に関連する可能的諸知覚への認識の到達を繰り返さなければ決して条件の系列は与えられないのであるから，条件付けられたものが与えられていることから一切の条件（現象としての）も与えられている——即ち悟性による一切の条件の綜合的認識も同時に与えられると前提することができる——と言明することは不可能である。この場合にいいうるのは，条件付けられたものが与えられていれば条件の側への遡及が課されており，そして上記の二証明も共に認める通り経験的認識にあっては無条件的な原因——その起因性が諸表象の継時的綜合により認識されることの不可能のゆえに——を認識することはありえないのであるから，正にその理由から常に不定の項としての諸条件を求めることが必然的となるということだけである。感性的世界には条件の絶対的完全性が予め含まれているわけではないから，その在りようについて先取認識しうる前提が欠けているのである。以上のところから，ここに提示された二律背反の根本的錯誤は，前述の大前提では条件付けられたものを我々の経験的認識にか

かわりない先験的意味に解し，にもかかわらずここに条件付けられたものが与えられているとする小前提ではそれを経験においてだけ適用される悟性概念としての結果（経験的な意味での条件付けられたもの）と解する叙述形式の詭弁にあることが明らかとなった。この錯誤により現象的世界が物自体の世界とみなされ，そこで条件の全系列が存在することを前提に「自由」の実在性の正否が問われたのであるが，そこにはそもそもの問題設定に誤りが存するのである。カントはこうして二律背反の根本的錯誤を論証したのであるが，同時にこの論証は次のことを示す点でも極めて重要であるとする。それは，もし我々の感性的世界が物自体の世界であるとすれば，ここでの問題設定はもちろん正しいものとなりまた当然にも正しい解答を与えられるはずであるが，そうではなく二律背反という矛盾対立だけが与えられたという事情はかかる前提の虚偽を示しているということである[30]。

　カントは上記の二律背反につき，そのような矛盾対立を生じさせる錯誤を解明したのであるが，ここでの二証明を共に虚偽として棄却することなく，かかる証明をなそうとする理性の主要な関心は我々が自然原因に規定されてしまうことなく自由に行為（意思決定）できるかという実践的問題にあることから，そのような実践的自由（我々の行為における自由な意思決定）の蓋然性が唯一残される和解の道を探求する。そしてこの和解を導く糸は今や用意されており，それは我々が経験的に認識している世界（感性的世界）とは別に物自体の世界がありうるという確固とした基盤である。実践的意味における自由とは，恣意選択（Willkur）の感性上の誘因による強制からの独立のことである。人間の恣意選択は感性上の誘因によって生現象学的に触発される限りは感性的であるが，しかしそれによって彼の行為が必然的に確定されるのではない。人間にはそれによる強制から独立して自ら選択する能力が内在している。だが容易に理解されるごとく，一切の起因性が自然法則に基づくものだとしたら，現象がいずれの恣意選択（行為）をもそれの自然的結果として必然的なものとしなければならないから，先験的自由の廃棄は実践的自由を根絶することになるだろう。ところで，現象が物自体だとすれば，世界における結果は自由か自然原

因のどちらかから生じていなければならないとの選定的命題が妥当するが、しかしどちらの証明も反対証明によって否定されることになった。すると現象が物自体ではないことが知られている今、この選定的命題自体を考え直して、自由と自然原因は同一の事象（結果）における別種の（別の存在相での）関係として同時に起こりうるのではないか、自然の不変な法則である因果性の法則はなおこの別種の起因性を排除することなく法則として妥当するのではないかが問われるべきである。確かに現象が物自体であるとしたら（絶対的実在性の承認）、自然の結合法則に従ってそれ自体がまた条件に規定された起因性だけが存在し、自由による起因性は全く入り込む余地がない。これに対して、現象は物それ自体ではなく経験の法則によって連関において把握される単なる表象とみなされるならば、現象の系列に属する諸条件としての自然原因の他に、その系列の外にある——現象の基礎にあると十分な根拠をもって考えうる物自体の世界・叡知的世界に属するところの——異質な原因として、叡知的・可想的原因を想定することが許され（少なくとも禁止されることはなく）、これが現象における結果に対して現象上の原因と共に作用しうる蓋然性を承認しうることになる。そしてこの想定される原因は、それが現象に属さないがゆえに現象上の先行する諸原因に規定されることがないから、ある現象上の結果はこの原因との関係では自由な起因性によって生じ、しかし同時に現象上の原因との関係では自然必然性に従ったそれらの帰結として生ずると考えうるのである。

　カントは以上の想定をもちろん認識の拡大のためにしているのではない。自由な起因性は経験的認識が全く及ばない叡知的なものであることを前提としながら、我々が行為する主観（行為する存在者）として感性的誘因から自由に（独立して）理性が自らに与える理念によって自己の恣意選択（行為）を規律しうる蓋然性に道を開くこと、換言すれば我々の実践的自由が実在する蓋然性に道を開くことだけがめざされているのである。カントはこの蓋然性の論証を我々の恣意選択（行為）が持つ二つの側面（叡知的存在相・経験的存在相）に着目して導こうとする。いうまでもなく我々は現象的世界に属しているから、我々の恣意選択（行為）という事象はすべて現象上の先行する諸条件に規定されて

いる。すると恣意選択（行為）がめざす対象が実現可能かどうか，あるいはそれがどのような具体的形態で実現されるかなどについては，我々の自然的能力を始めとする諸々の条件に依拠しており，従って我々の恣意選択（行為）が感性界（現象的世界）でもつところの経験的存在相にあっては，常に経験の法則に基づく自然必然性だけが存在することになる。これが我々の恣意選択（行為）の成り行きを規定する自然必然性である。しかし物自体として叡知的世界——想定しうるだけで対象として認識されうる可能性のない世界——にも属する我々においては，理性（自己の行為を規律するための理念を思惟する能力）が先験的理念に従ってその恣意選択に影響を及ぼすことによって，それを意欲すべきか否かという道徳的可能性の見地から規定をなすことができ，しかも現象上の先行する経験的諸条件に一切かかわりなくかかる起因性を与えることができるのではないか。なぜなら我々の叡知的存在相——これもまた認識しうるものではないが——が時間の形式（系列）に従っていないのは確かであり，それゆえにそこで先行している諸条件に規定されることがないから，それらから独立した起因性（自由な起因性）を想定しうるからである。かくして我々の恣意選択（行為）の成り行きに関する自然機構の必然性と，理性の先験的理念による自由な起因性が両立する蓋然性の道は開かれたことになる。そしてこの蓋然性は，後にみる「自由」に関する実践理性の能力が検証される際の基礎となるのである[31]。

(4) 最高存在者・神の客観的実在証明の不可能について　我々が経験的認識（自然認識）のために使用する第三のカテゴリーは相互作用である。このカテゴリーによって，諸実体がそれぞれに相違する経験的内容をもつ物（Ding）として，同時的に共存することが認識されることになる。また同じことに帰着するが，我々はこのカテゴリーによってある実体が共存する物としてもっているところの経験的内容が，あれであるかこれであるかという選定的判断をなしうるのである。ところで物としての実体に関するこの選定的判断については，それが普遍妥当的判断としてなされるためには，選定に用いられる各々の選定

肢が無限に増加するものであってはならず（一つの全体をなす諸部分としての何通りかのものでなければならず），それらは区分肢として一つの集合（全体）に属していることが必然的に要求される。なぜなら選定的判断が普遍妥当的になされるためには，判断の対象が他の選定肢には属さないと断定しえなければならないが，このような否定的判断をなすためにはその選定肢に属する経験的内容を知りうることが必然的前提となるから，選定肢が無限に増加しうることを認めながら（知りえない経験的内容をもった選定肢の存在可能性を一方で認めながら）選定的判断を普遍妥当的になしうるとするのは完全な矛盾となるからである。以上のことは次のようにも言い換えることができる。すなわち，我々が共存する物としての実体について，それがもつ経験的内容を普遍妥当的に規定しうるためには（他のどれでもなくこれと規定しうるためには），選定肢としての物の存在から全体（集合）の存在が成立せしめられていてはならず，逆に選定肢としてあるすべての物を包含する全体の存在が各々の選定肢に該当する物の存在を根拠付けていなければならない。そうでなければ選定肢となる物（そしてその経験的内容）が無限に増加しうることを絶対的には否定しえないからである。こうしてここでは選定肢・共存可能な物（経験的内容）としての「条件付けられたもの」（部分）とそれらの共存を可能とする「無条件的なもの」（全体）の関係が問題とされるのである。

　理性は共存しうる諸実体の経験的内容について，それらを何通りかの物として普遍妥当的に規定しうるために是非とも必要とする「無条件的なもの」の実在を推論しようとするのであるが，それは他のすべての物がそこから派生するところの根源的存在者ということになる。そしてこの根源的存在者にあっては，区分肢にあたる各々の物を包括する単なる集合であってはならず，反対にまず根源的存在者としての全体の存在にその諸部分としての物の存在が依存する関係になければならないのであるから，この根源的存在者はすべての物がそれぞれにもつ実在の全部を包含した存在でなければならず，各々の物についてはそれの実在を多様に制限した結果（条件付けられたもの）としてそこから生ぜしめられていなければならない。全体が条件で部分が条件付けられたもので

ある場合の両者における関係は，正にこのようなものであろう。確かにこのような根源的存在者の実在を前提としうるのであれば，物即ちそれの経験的内容が無限に増加することが否定されるのであるから（可能的な一切の物がそこから派生するところの存在者であるということの中にはもはやこの根源的存在者自体はそれを可能ならしめる条件たる存在者をもたないということも含まれるから），我々の物に関する選定的判断は普遍妥当的判断となりうるであろう。この根源的存在者はこれまで述べたところから実在者中の実在者とか最高の実在者と呼ばれうるものでもあることは明らかである。また我々がこの理念を実体化してそれにふさわしい述語をつけるとすれば，唯一の単成的で（前述した意味で部分から構成されているのではない）あらゆる実在性につき完全具足したそして永遠の存在者等々の無条件的完全性によって規定することができ，そうして先験的意味における神の概念に行き着くのである。カントが先験的理想と名づける理性による誤謬推論とはこのようなものである[32]。

　カントはかかる最高存在者（根源的存在者）の実在証明の虚偽を論証する前置きとして，理性が悟性による経験的認識に統一を与えようとする際に，どうして一切の物における実在可能性が唯一の根源的存在者に包含されていると思惟するに至るかを解明するが，それによるとそこにはやはり現象としての物の可能性に関する我々の経験的原理を物一般（物自体）の可能性という先験的原理とみなす人間理性に自然な錯覚があるという。我々が空間と時間の形式において知覚する現象においては，この空間と時間という感性の形式が諸知覚について可能とする綜合によってしか対象認識（経験的認識）の可能性はないと断言できる。そしてそれが前述した三つのカテゴリーによる対象認識なのであった。それゆえに我々は現象における実質（知覚された諸表象）が与えられる以前に，現象の形式がもつ性質から我々にとって唯一可能な経験（一つの時間の形式に従って綜合される一つの可能的経験）があって，知覚された諸表象の綜合による個別具体的な各々の経験的認識はその唯一ある可能的経験の全可能性に含まれている制限された可能性の現実化（実在化）であるということができる。換言すれば，可能性のすべてを総括する一つの経験からその可能性を条件

として与えられるのでなければ，個別具体的な実在は経験的認識にはなりえないのであり，そうではない対象は我々にとって無であることになる。これが我々に知覚された現象にだけ当てはまる経験的原理であるが，理性はそれに自然な錯覚によってこれを物一般（物自体）の可能性に関する先験的原理とみなすのである。そうなると空間と時間の形式のゆえに個別具体的な実在の可能性を総括していた経験に代わって，一切の実在性の総括という理念が実体化され，現象における一切の経験的実在性を含むところの単一な物として最高存在者・神が実在しなければならないと推論されるのであるが，カントは次に人間理性の自然な進行としてこの推論がいかに続けられるかを示す。

　理性がここで望むことは，悟性がそれの概念により物即ちその経験的内容の普遍妥当的規定をなすために，基礎にしうるあるものを推論により導くことである。従って理性はまず普通の経験的認識から出発するのであるが，そこにおいて普遍妥当的に選定的判断をなしうるためには（ある選定肢に属し他の選定肢には絶対に属しないと判断しうるためには），絶対に・無条件的に必然的なものという基礎がなければならないことに気づく。なぜなら偶然的なもの（換言すれば原因が与えられて初めて必然的となるもの）だけしか存在しないということは，その逆として原因さえあればどのような物（経験的内容）でも無限に存在しうるということを意味するから，選定的判断における可能的選定肢・共存可能性ある物が無限に増加しうることとなり，そうなると前述した理由から普遍妥当的にこの判断をなすことは不可能とされるからである。そこで理性は総ての共存可能性ある物がそれによって条件付けられているところの何かあるものが絶対に（無条件的に）・必然的に実在しなければならないということを最初の推論によって既に決定したものとして，そのような存在者が矛盾なく前提されうる概念を見出そうとする。するとここに，すべての可能的な物・可能的な何通りかの経験的内容がそれぞれの実在をそれに依存しているところの最高存在者（根源的存在者）の概念が，無条件的必然性に最もふさわしいものとして考えられることになる。確かにこのことから「最高のそしてあらゆる点で完全な条件を含んでいないものは，その存在に関しても条件付けられていな

ければならない」という結論はなされえない。そのような物が無条件的に必然的と認めえない理由はなく，ただそのような物の概念からは論理的にかかる必然性を推論しえないというに過ぎない。しかしともかくもそのような物の概念には無条件的な実在性のメルクマールが具わっておらず，それを具えたものとして理性がア・プリオリに自己の内に完全な条件を含む最高存在者（根源的存在者）の概念に到達するのは自然な進行である[33]。だがこうして無条件的必然性が最初に決定され，その後でそれに最もふさわしい実在をもつものの概念がア・プリオリに思惟されえたことをもって，かかるものの実在証明がなされたといいうるのだろうか。カントが次にその虚偽を論証しようとするのは，この点についてである。

　およそ物の実在に関する認識は綜合的命題によってなされる。すなわち主語と述語による判断において，主語の概念に既に含まれている（隠されてであれ）のではなくその経験における現存在（実在）に直接由来する内容をもった述語が主語に結びつけられなければならない。反対に述語が既に主語の概念に含まれている分析的命題にあっては，物の実在から直接由来する内容が何も加えられていないのであるから，物の実在に関する認識をもたらしえず，そのような実在に関する正当性とは切り離された判断としての正当性（論理的正当性）だけが問題とされうる。そこで例えば三角形は三つの角をもつという命題は分析的である。述語が三角形という主語概念にすべて含まれているから，何らの実在に関する認識をもたらさないからである。これに対して「三角形の内角の和は二直角である」という命題は綜合的である。それは我々の経験を可能ならしめる感性の形式である空間での三角形の実在（ア・プリオリなものであるが）に直接由来する内容を含んでいるからである。それゆえに前者の命題からは三角形の実在可能性を導くことができないから，もし三角形が実在しうるとすればそれは三つの角をもつという意味にすぎない。反対に後者の命題では，そのうちに三角形の実在可能性までが含まれているから，三角形が実在しうることは明らかであり，この命題は任意に設定されたものではなく実在可能性に基礎付けられていることになる。かくして後者の命題にあっては述語に

よって任意の設定ではない実在可能性に裏付けられた内容が付け加えられているから，もはやこの述語を主語ととも任意に否定しえない（そのような否定は実在可能性に対しての矛盾となるところの）正当性を具えているのである。ところで，物の実在を判断する我々の悟性は，絶対に（無条件的に）必然的なものの実在を（綜合的に）認識するのには全く相反した性質を有している。我々はそのようなものを名目的にだけ説明して，その非存在が絶対にありえないものといいかえるのは極めて容易である。しかし悟性はその非存在が絶対にありえない理由（条件）にまで至らなければ，その存在可能性を認識できないのであるが，この無条件的に必然的なものの名目的説明からはその必要な条件がどうしても得られえないのであるから，我々はもはやそのようなものの実在可能性を考えることすらできないことになる。にもかかわらず理性は，ここで絶対的（無条件的）に必然的な実在としてそれに最もふさわしい最高存在者・神の概念をア・プリオリに導いて，それに無条件的完全性としての述語を結び付け，例えば「神は全能である」という命題によってその実在を証明したと主張するのである。しかし全能という述語は既に最高存在者・神の概念に含まれていて決してそれの実在に直接由来する内容を含んでいないから，神という主語と共に否定すれば（主語を残して述語を否定すれば矛盾であるが）なんら矛盾は存在しないことになる。そのような否定が主語の実在可能性に対する矛盾となるだけの実在的内容が，この命題における述語には含まれていないからである。従ってこの命題によってはなんら実在に関する認識がもたらされないことになる。もちろんこのことは，最高存在者・神の概念には無条件的に必然的な実在という内容が含まれているから，その実在を否定しえないという主張によって回避されるものではない。それは最高存在者・神の概念がそのような実在と矛盾しないという内的可能性（その概念に矛盾なくそのような実在を結合しうるということ）を意味するに過ぎない。そのようなものが実在するというためには，述語の内容に主語からではなくそれの外にでて全くその実在自体から直接に由来するものがなければならないのである。およそ主語はその概念だけによっては（それが実在に関するどのような内容を含もうとも）物を実在せ

しめえないがゆえに，それに対応する実在する物について述語が主語にはない新たな内容を付け加えうるのである。それゆえ概念の可能と実在認識の可能とは全く別個なのであって，後者は可能的経験の領域を超えてはありえないのである。かくしてここでも最高存在者・神は単なる理性理念にすぎずその実在の理論的証明は断念されなければならないことになる。それは以下に述べる理性の実践的使用において，我々が自己の行為を自由に規定しうるための「要請」として考察されうるだけなのである[34]。

こうして「無条件的なもの」の実在を証明しようとする我々の思弁的理性（理論理性）の能力は，結局のところ虚偽の論証を導くものとしてそれ自体では是認されえないことが明らかとなった。しかしカントは理性がその認識能力によって究極的に達成しようとする目標から見ると，思弁的理性のかかる努力は全面的に否定されるべきではないとする。というのも理性が「自由」「心神・霊魂の不死」「神」の実在証明によってめざした関心は，決して理論的認識の拡張という思弁的なそれ自身にあるのではなく，これら三者は我々の行為をあるべき規則によって自発的に（自然原因とは独立に）規定するという目標に不可欠な前提であることからくる実践的なものであるが，もし思弁的理性の実在証明という前記のような努力がなければ，実践的使用のためにせよこれら三者の概念がもつべき内容を少しも知りえなかっただろうからであるという。そこからカントは，これまでの思弁的関心による誤まった認識をこれからの叙述にかかる実践的関心からの認識に従属せしめることによって，全体として正当なものとなる統一された理性認識への道を歩もうとする。そしてその道こそ我々の経験的認識の原理とは区別された，実践的認識原理に関する学（我々の実践理性能力とそれによる行為の実践的規律に関する学）へと導くそれに他ならない。

4 「自由」に関する実践理性の能力についての論証[35]

⑴ 実践理性が自己に及ぼす先験的作用　ここで論証されるのは，我々にはその時々の行為をそれに包摂して規律するための大前提（実践的法則）を

ア・プリオリに思惟する能力があるか，更にはそうして考え出された先験的命題によって，自己の行為を規律する起因性をもちうるかということである。かかる能力は実践理性と呼ばれるが，この能力は決してその成立可能性を感性の形式（空間と時間）に依拠する性格のものでなく，それらの条件から自由に（無条件に）先験的理念による起因性を及ぼす能力と前提されているから，この能力の証明は他の自発的能力のそれに比して特異なものとなる。というのも，例えばカテゴリーによって諸表象を統一する悟性の場合には，その能力が空間と時間の条件に合致すべきことから，前述のごとく時間関係における三つの様態で綜合的統一をなすものとして，我々が現実にその能力があることを意識する以前にその客観的可能性を演繹できた。しかし根源的・無条件的能力たる実践理性ではその依拠する条件からは演繹しえないから，この可能性は我々が現実にその能力をもつことを意識することでのみ承認される[36]。

　カントはこの能力が我々に帰属することを確認しようとするが，まずカントが用いる諸概念の定義を見よう。欲求能力とは，我々が対象の諸表象をもつ際に，その能力を通じて当該対象の側に我々への感性的誘因が生ずることとなるものである。ところでここでの論証には対象から直接規定されることなく諸規則に従って随意に行為しうる欲求能力，及びそのための規則を与える能力についての概念をも必要とする。前者が恣意選択（理性の諸規則に従う能力という面から意思の概念でも表示される）であり後者が実践理性である[37]。

　カントが最初の主題とするのは，我々の理性が意思を規定する際に，それが総ての理性的存在者に妥当すること（カントはこれを普遍的立法の形式と呼ぶ）——換言すれば自己及び総ての他者の自由な存在という目的に合致すること——，それのみを規定根拠とする規則（実践的法則）を常に与えようとしているのを知りえないかである。理性はなるほど感性的誘因に触発されている意思（規則に従う欲求能力）に屈従して，その条件付けられた意思にだけ妥当する規則（格率）も与えるが，その時我々の主観では実践的法則との抗争があり，その格率は総ての理性的存在者に妥当するか（普遍的立法の形式をもつか）が問われており，また実践的法則は意思の経験的規定を受ける我々に対

し，客観的強制を表す「べし」によって示される規則と意識されていることが確認できる。このように実践的法則は，理性的存在者への普遍妥当性のみを根拠に意思を規定すべきものであるから，欲求能力の客体（実質）——それの現実性が欲せられているところの——を意思の規定根拠として前提している規則はそれになりえない。この場合の規定は経験的なものでありア・プリオリに総ての理性的存在者にあてはまるものではないからである。ところで我々の理性が，普遍的立法をなすという規定根拠のみをもつ実践的法則を与え，我々の格率を同時にそれに一致させようとしていることが分かれば，言葉の厳密な意味（先験的意味）での自由な意思規定（実践的自由）を意識していると言明しうる。そこでカントは断言する。我々は自己の理性が次の根本法則を告示して，常に自己に対し原初的に立法をなすと名乗りでているのを現実に意識しており，到底これを否定しうるものではないと。

「汝の意思の格率が，常に同時に普遍的立法の原理として妥当しうるように行為せよ」

これは，法則一般の客観的形式による意思規定の根拠となる根本法則であり，法則に従って行為すべき存在者が遵守すべき主観的形式を無条件に命ずるものであるが，カントはこれを実践理性がア・プリオリに及ぼす作用（Faktum）と呼んでいる。この法則は純粋直観（空間と時間）にも経験的直観にも基礎付けられることのないア・プリオリな命題として我々に自らを強制してくるからである。このア・プリオリな作用を通じて，我々の理性は傾向性（Neigung）が介在してなにを唱えようと自己を売り渡すことなく，自分自身に強制されてある行為に際しての意志の格率を常に自分に引き止めておこうとするのである[38]。

(2) 実践的自由の先験的原理　ここでは，実践理性が現実に実践的法則を我々に意識させることを前提に，この法則が我々の自由の能力をどのようにして実践的に現実性あるものとするかが論証される。この証明は当然にも対象認識の原理におけるそれ（前述Ⅲ・2参照）とは全く逆の過程をとる。まず実践

的法則を前提に，そこからカテゴリーへと進みそれによって欲求上の雑然たるものが法則を通じての理性の意識統一に服する仕方が論述され，更に感性としての意思（規則に従う欲求能力）に進んで法則のそれへの影響が論証される。

そこでまず実践的法則の現実性を前提としつつ，理性はこれら諸法則によって規定された対象（現象的結果）をア・プリオリな概念によって意思に対してどのように示すかの論証をみよう。理性は行為に関する意思の規定を目指す──何をなすべきか・何をなすべきでないか──のであるから，ここでありうる対象（現象的結果）は「なすべきこと」と「なすべきでないこと」の二つだけであり，それゆえに理性が意思に提示する対象はすべて善と悪の概念のどちらかによって綜合的統一がなされることになる。ここで注意すべきは，実践的法則は理性的存在者に普遍的に妥当することのみを根拠に無条件的・絶対的に意思を規定するのであるから，善と悪の概念はこれら法則に優先するもの──これらを基礎付けるもの──としてあるのではないということである。もしこう考えると，我々は善なる対象や悪なる対象に条件付けられた実践的法則をしか持たないことになるが，これは実践的自由が意味する自律ではなく他律となるからである[39]。

次に実践的法則が感性としての意思（規則に従う欲求能力）にいかなる影響を与えて，主観的にこれを規定するのかが論証される。理性は善と悪の概念によって意思を客観的に規定するのであるが，しかし意思が感性的誘因に規定されて命じられた行為を履践しただけなら，その行為に適法性はあっても道徳性はないことになる（後述Ⅱ・5参照）。そこで法則がもつ普遍妥当性という客観的規定根拠は，同時に全くそれだけである種の動機付けを介して意思の主観的根拠ともなりえなければならない。この動機付けはなるほど生現象学的に観察可能なものであるが，その起因性の積極的本体は叡知的なものである。さもなければ自由な起因性とはなりえないからである。この動機付けの作用は，実践的法則の意思規定の本質からア・プリオリに結論しうる。すなわち，実践的法則はそれと相容れない感性的誘因に基づく傾向性を抑止してそれ自体によって意思を規定しえなければならないから，それは消極的には自己愛や独善に基

づく感情を謙譲にさせてそれとの一致の範囲に抑止しえなければならず，またこの抑止の結果（作用そのものではない）は生現象学的に観察可能でなければならない。しかし実践的法則の積極的作用は叡知的・知性的なものでなければならず，それは思想（理念）自体が規定可能性をもつために唯一ア・プリオリに前提しうるところの尊敬の感情を介するものである。つまり実践的法則は意思に対する尊敬の対象となることにより——思想が尊敬の対象となることの作用は決して経験的に綜合されるものではない——無条件な（自由な）起因性をもつのである[40]。

　以上の論証によってカントは，我々が叡知的起因性を意思に及ぼして自由に（自然原因にかかわりなくあるいは抗して）行為する蓋然性を実践的実在性にまで高めたのである。

(3) 心神・霊魂の不死及び神の存在の実践的要請について　　これまでのところから，我々はすべての理性的存在者に妥当するという形式（普遍的立法の形式）だけを意思の規定根拠とするア・プリオリな実践的法則により，いかにして自己の行為に対し自由な起因性をもちうるかが論証された。続いてカントは，我々がかかる法則によって有効に意思規定をなすために必然的に前提しなければならない理性理念を論証する。これらの理念は理論理性によってはその実在性が証明されえなかったものであるが，実践理性が自ら思惟する法則によって有効な意思規定をなすために，やはり実践的に必然的なものとして導出する理念である。

　我々が実践的（道徳的）法則による意思規定によって達成しようとするのは最高善であり，そしてそのための最上の条件は我々の心意と実践的（道徳的）法則との完全な一致である。しかし有限な理性的存在者である我々にとって，この最高の課題はいつか達成されるべきものではなく，常に持ちつづけなければならない課題であるということ，換言すれば無限の進行において（低い段階から高い段階へと無限に進行してゆくこと）において達成されるべきものであることを自覚している。そして最高善の目標をこのような不断の努力の対象と

する自覚は，様々な弱さをもつ有限な存在者（人間）に最もふさわしいことも確かである。それゆえに我々は，最高善への到達が常に無限のかなたにあることを意識しながら，それと衝突するいつか実現しうる実質的幸福の要求を退けるのであるが，このことは我々の内にこの世の生のためではなくそれを超えた最高善への不断の努力（無限の進行）を決意させる道徳的心意，即ち無限の進行においてだけ評価されうる行為をしたことで自足させる意識を必要としよう。かくして，我々が実践的（道徳的）法則に基づき無限の進行において最高善に到達しようとする実践的意思規定は，我々のそのような意識即ち心神・霊魂（Seele）の不死を前提としてのみ可能となるとカントは結論する。これが我々の実践的意思規定にとって必然的な第一の要請であるが，その実在性は決して理論的に認識されうるものではない。この理念は我々が実践的（道徳的）法則によって現実に自由な行為の規律をなすことによって，初めてその実践的実在性が承認されるところのものである[41]。

　我々は自己がそこに属している感性的世界の他に，そこにおいて実践的（道徳的）法則によって実現されるべき道徳的世界と名づけうるものを理念（実現されるべき目標）としてもちうる。そしてその実現に向けて我々は低い段階から高い段階へと常に無限の進行を続けなければならないことを意識しうる。しかし我々がいつか達成しうる実質的（経験的）幸福を知りながら，それが実践的（道徳的）法則に反するならば拒否してまで実現をめざす道徳的世界にあっては，我々はどのように幸福に与りうるのだろうか。その解答は当然にもこうなろう。実践理性により与えられる実践的（道徳的）法則が，その遵守を絶対的に命ずるものである以上は，道徳的世界における幸福は道徳性（法則の遵守）と正確に結ばれていなければならない。つまりすべての理性的存在者に普遍的に妥当する原則によって行為することは，自分や他者が与る幸福の正確に対応した原因でなければならないことになろう（これは道徳的心意が幸福の分与を可能にするのであって幸福への期待が道徳的心意を可能とするのではないという意味でもある）。またこの正確な対応は，我々が絶対的に命令する実践的法則によって自己の行為を有効に規律して，次第に高い段階へと無限の進行

により道徳的世界への移り行きをめざすために，必然的に要請されよう。というのもそうでなければ，絶対的に命ずる実践的（道徳的）法則は意味のない妄想とみなさざるをえなくなろうからである。すると一方では，我々が次第に高い段階へと無限の進行によってめざす道徳的世界は，最高善（法則と心意との完全な一致）の達成を究極の目的とした道徳的統一によって達成されるべきことになるが，そのためには一切の法則を自らの内に包括する最高意思が存在しなければならない。なぜなら，相異なる意思の下では諸目的の完全な統一（一つの道徳的目的の体系）を見出しえないからである。更にもう一方では，この道徳的世界がそこで実現されるべき感性的世界もまた，それが成就されうるようにそして幸福が正確にそれに対応しうるように用意されていることが必要となるが，そのような合目的統一の可能性もやはり唯一の最高意思に帰されなければならない。こうしてカントは，実践理性がその法則により有効に意思規定をなしうるためには，唯一の最高意思である神の存在が必然的要請であることを論証した。しかし，カントはここで特に注意を喚起して，実践理性は神と神の意思の認識を決して実践的（道徳的）法則の根拠とするのではなく，ただかかる規則の遵奉が幸福を得るに値するものとなる根拠とするだけであることを強調し，その理由として我々は自己の実践理性があくまで自律の能力であることを意識しており，この自由の原理は決して神の意思を根拠とする他律を求めるものではないからであるという[42]。

5 道徳との関係での法の一般理論について[43]

(1) 法論が対象とする領域の確定（徳論との関係で）　「すべての行為は，普遍的立法が命ずるところに従ってなされるべきである」というのが自由の根本法則であった。カントは次に我々が行為の規律のためになす立法を詳細に検討する。この立法は純粋実践理性によるア・プリオリなものであれ，立法権者の恣意選択・意思を通じてのものであれ，二つの要素からなる。第一は法則提示であり，これによってその法則に包摂される行為（作為・不作為）が客観的に履行されることが必然的なものとして示される。第二にはその法則による動

機付けであり，法則はこの要素を通じて行為に向けての意思の主観的規定根拠となる。すべての立法はこれら二つの要素をもつが，なお動機との関係で次のような区別をなしうる。一方では，その立法（命法付与）が法則による動機付けを含んでいるが，しかし実際に法則が意思を動機付けたこと（それがア・プリオリな義務であるということのみを動機とすること）までは要求せず，他の動機によるのであれ——例えば傾向性に基づく思惑や強制に対する嫌悪——，ともかく法則が課す義務と行為とが一致していればよいとするものがある。反対に他方では，法則が実際に意思を規定して（ア・プリオリな義務であることのみを動機として）その義務たる行為がなされるべきことを要求するものがある。前者が法的立法であり，後者が倫理的立法である。

　ところで我々の行為には内的行為（内心的意思上の行為）と外的行為（外的なものを伴う行為）があるが，法的立法による義務は外的行為についての義務でしかありえない。なぜならこの立法では，ア・プリオリな義務の観念が内心的意思を動機付けたという一致を要求することなく，しかもおよそなんらかの動機により法則に合致する行為を要求するのであるから，かかる立法が法則に結び付けうるものは外的なものをもった義務（例えば債務は履行せよ等）となる。これに対し倫理的立法は，内的行為（例えば汝の隣人を愛せよ）をも義務としうるが外的行為を排除するわけではない。しかしこの立法にあっては，行為の動機があくまでも法則自体の内に含まれていなければならない——つまり法則に基づくア・プリオリな義務という観念が直接的・内的に行為を規定しなければならない——という正にその理由から，外的立法（立法権者による立法のごとく行為への外的規定を排除しない立法）によって自己の行為を規定するという仕方でそれが実現されうるものではない。かくしてすべての義務は倫理学に属するが，しかし義務の立法の多くは外的立法（及びそれがなされうる義務）としてそれの外に存するということになる。それゆえ，例えば契約遵守の原則とこれに対応する義務の立法は法論の内に存する。というのも，自己の諾約を守ることは徳義務ではなく，その履行へと外的立法によって強制される法義務だからである。

以上のところから，我々が法論の対象とするのは外的行為（その内でも法義務）に関するア・プリオリな諸法則及びそれに基づく実定的諸法則の総体ということになる(44)。

(2) 法が実現すべき自由の内容（道徳との関係で）　ア・プリオリな実践的法則は，なにかの相対的（即ち経験的）目的を実現するためではなく，理性的存在者の自由な存在というそれ自体絶対的な（即ち先験的な）目的を実現するために存するものであるから，我々の行為における根本法則は，「いずれの理性的存在者（汝自身および他者）との関係でも，その存在者が汝の格率において同時に目的それ自体として——他の目的の手段としてではなく——妥当するように行為せよ」とも表現しうる(45)。もし我々がこのような実践的法則を有していなければ，実践的自由のかかる積極的意義も決して知りえなかったであろう。ところでこのような法則の内で外的立法が不可能なものは徳論に属するから，法には含まれない。すると法の概念に含まれる法則が問題にするものは，次のようなものとなろう。第一にそれは，他人の恣意選択との関係でそれに影響する自主的行為について各人が負う恣意選択上の義務を問題とする。そして第二にはこのような恣意選択相互の関係にあっても，お互いの恣意選択が共に彼等の人格を経験的（相対的）目的の手段としないための，従って経験的規定から自由とみなされるための形式が問われるのであり，それゆえこの形式によって各人の自由が他人の自由と共に調和させようとするのが法に属する法則ということになる。すると法とは，「ある人の恣意選択が他人のそれと，自由の普遍的法則に従って調和させられうるところの諸条件（自然的実践法則及び実定的実践法則が課す諸条件）の総体である」と定義しうる。

これまでの論述から，法が正当とする行為はある普遍的法則に従って何人の自由とも両立しうる行為を意味し，そしてこの意味での正当な行為をなすこと自体を自らの格率とすることまでは必要ないことになる。反対に不法な行為とは，ある普遍的法則に従って何人の自由とも両立する我々の行為，あるいはより一般的にそれに基づく我々の状態を阻害するものということになる。そこで

法が依拠する普遍的命法は,「汝の恣意選択の自由な行使が,普遍的法則に従って何人の自由とも両立しうるように外的に行為せよ」と表現しうる。同時にここでいわれる両立しうる自由は,権利として各人に保障される自由をも意味しており,それゆえに各人は普遍的法則に従うものである限り,自己の行為をあるいはより一般的に自己の状態を阻害しないよう他人を義務付けうる能力を有することになる。かくして,法が問題とする外的行為での自由とは,阻害・抵抗を受けることなく行為しうる（あるいは状態を保持しうる）自由を意味し,そして法はかかる意味での自由を確保しなければならないのであるが,そのためには不法な行為を強制により阻止する以外にはないから,結局のところ厳密な意味での法とは,普遍的法則に従う各人の自由と調和して存しうる外的強制の,しかもあまねく存しうる相互的強制の原理を基礎とするものであることになる[46]。

これらがカントによってその精緻な認識論と実践哲学の上に築かれた,形而上学的（先験的）法論の概要である。

(19) 筆者は既に以下の論稿でカントの行為規範学の体系を考察している。本稿の叙述はこれらと重複する部分も多いことを予めお断りしておきたい。詳細についてはこれらの論稿をも参考にして頂きたい（但し後述3・(2)・(3)・(4)は本稿で補充ないしは大幅に拡充したものである）。坂本武憲「カントにおける道徳学と法学の構想」（以下では「構想」と略記する）(1) (2) (3) 北大法学論集39巻5・6合併号（1989年）,44巻5号（1994年）,45巻4号（1995年）。坂本武憲「意思自律の原則についての一考察」（以下では「一考察」と略記する）星野英一先生古稀祝賀『日本民法学の形成と課題』（上）所収。坂本武憲「序説・カント哲学における法と権利」（以下では「序説」と略記する）山畠正男・五十嵐清・藪重夫先生古稀記念・民法学と比較法学の諸相Ⅲ所収。
(20) Kant, Kritik der reinen Vernunft, 2. Aufl .(B), 1787, S.33 ff. （以下では reine Vernunft と略記する）。坂本・「構想(1)」204頁以下。
(21) Kant, reine Vernunft, S.224 ff. 坂本「構想(2)」336頁以下。
(22) Kant, reine Vernunft, S.232 ff. 坂本「構想(3)」340頁以下。
(23) Kant, reine Vernunft, S.256 ff. 坂本「構想(2)」347頁以下。
(24) Kant, reine Vernunft, S.262 ff. 坂本「構想(2)」351頁。
(25) Kant, reine Vernunft, S.288 ff. 坂本「構想(3)」146頁以下。
(26) 但しカントは後に次のような趣旨の指摘をしている。厳密にいえば,この第一のカテゴリーにおいては条件付けられたもの相互には系列的関係がなく並列的関係だけが

ある。なぜならあらゆる偶有性は唯一の実体（基体）に付属するものと考えられるからである。そしてこの実体とあらゆる偶有性との関係は，前者の存在が認識されうるから後者の存在が認識されうるという依存関係であるにすぎない。従って後述のごとくここで求められる「無条件的なもの」は今の唯一の実体をも対象として認識しうる「私」または「思惟する主観」であり，その際には次のような存在の依存関係が問題となる。すなわちそのような唯一の実体の存在が対象として経験的に認識されるためには，カテゴリーによりア・プリオリな統一をもたらす「私」または「思惟する主観」が先験的性質のものとして実在する必要があるのではないかという存在の依存関係である。それゆえにまた，ここでの「私」または「思惟する主観」が条件の系列を完結するために理性により導かれた先験的概念であるという言い方も，厳密には妥当しない。(Kant, reine Vernunft, S.441)。

(27) この第三のカテゴリーについても，カントは後に第一のそれと同様な趣旨の指摘（前注参照）をしている。すなわち，ここでも相互作用をなして共存している諸実体の間には，相互にその可能性の条件としての従属関係があるわけではないから，それらが系列をなすということはあてはまらないとする。従ってここでも並列的関係にある条件付けられたものに対する「無条件的なもの」が求められ，それが後述するごとく根源的存在者であることになる（Kant, reine Vernunft, S.441)

(28) Kant, reine Vernunft, S.399 ff.

(29) Kant, reine Vernunft, S.476 ff.

(30) Kant, reine Vernunft, S.493 ff.

(31) Kant, reine Vernunft, S.556 ff.坂本「一考察」482頁以下，坂本「序説」444頁以下。

(32) Kant, reine Vernunft, S.599 ff.

(33) Kant, reine Vernunft, S.609 ff.

(34) Kant, reine Vernunft, S.620 ff.

(35) この部分は以前に発表した論稿でかなり詳細に扱った（坂本「一考察」482頁以下。坂本「序説」446頁以下）ので，本稿では紙幅の関係からもこれらを圧縮して記述することとした（但し後述(4)は本稿が初めて取り上げるものである）。詳細はそちらを参照して頂きたい。

(36) Kant, Kritik der praktischen Vernunft, (A), 1788, S.29 ff.（以下では praktische Vernunft と略記する）。

(37) Kant, Die Metaphysik der Sitten, 2. Aufl. (B), 1789, S.1 ff.（以下では Metaphysik と略記する）。

(38) Kant, praktische Vernunft, S.48 ff.

(39) Kant, praktische Vernunft, S.101 ff.

(40) Kant, praktische Vernunft, S.127 ff.

(41) Kant, praktische Vernunft, S.219 ff.

(42) Kant, reine Vernunft, S.832 ff. und praktische Vernunft, S.223 ff.

(43) 筆者はこの問題についても以前に発表した論稿でかなり詳細に扱った（坂本「一考察」486頁以下，坂本「序説」454頁以下）ので，本稿ではそれらを圧縮して記述することとしたい．
(44) Kant, Metaphysik, S.14 ff.
(45) Kant, Grundlegung zur Metaphysik der Sitten, 2 Aufl. (B), 1786, S.82.
(46) Kant, Metaphysik, S.33 ff.

Ⅳ 結 語

　人はどのような目標を実現するために生きるのか，スミスの示した行為規範学の答えは自己や他者の豊かさ（実質的幸福）であった．近代と現代はこの解答の正しさを基本的に認めてきた時代であり，その帰結として自然研究も社会制度や機構もこの目標に奉仕することをめざしてきたといえよう．確かに我々が感情・感覚のレベルでの判断に依拠した経験的（実質的）行為規範学をしか持ちえないのだとすれば，おそらく自己や他者の豊かさ（実質的幸福）のための行為が我々の抱くべき第一の目標とされるのは不可避であり，それゆえに我々の存在様式がこの目標からの基本的規定を免れることは困難である．また我々のあらゆる方面での思考様式も同様の規定を基本的に受けつづけるであろう．だが先にも触れたごとく，この状況は我々の存在においてこの目標を促進する側面が有利に扱われ，それを阻止する側面が軽視されるという作用を及ぼし，そしてその作用はあらゆる制度や機構に反映されるであろうから，その行き着く結果は我々がこの目標達成の手段としてそれに最も役立つように存在させられるということに他ならない．人々が地球全体と未来世代にまでおよぶ環境問題を背負うために努力を傾けさせられてきた「豊かな社会」は，何にもましてこの非人間的結末を暴露している．我々はここに至ってスミスの行為規範学が提示した解答を基本的に批判する必要がある．というのも，行為規範学の前提となる目標を経験的（実質的）なものに求めるならば，どうしても豊かさ（実質的幸福）が第一位の座を要求して，我々は環境問題をその枠内で処理するように仕向けられてしまうからである．しかし今日の環境問題が，それを招

来した経験的（実質的）行為規範学の枠組みのなかで解決できると考えることは幻想であり，むしろそう考えさせることによりなお作用している豊かさの目標こそが最も手強い真の敵と理解して，それに代わる目標を提示する経験的（実質的）ではない行為規範学の確立が唯一の解決であることを我々は知るべきであろう。この意味で今日の環境問題は一つの特殊な法的問題なのではなく，行為規範学の全体に係わるものとして認識されるべきである。

　人は経験的（実質的）目的を実現するための手段となって生きるべきではない。カントが心血を注いで確立したア・プリオリ（先験的）な行為規範学の体系はこの確信に貫かれており，その確信の強さこそが彼の壮大にして精緻な論証を生み出した源泉であるといっても過言ではない。この確信に立脚した彼の法論はどのような一般的帰結を導くか，その方向を指摘することは容易である。この法論にあっては誰かが経験的（実質的）目的に影響されて法的権利の名のもとに他の者への恣意的支配を正当化する余地は全くない。そこではまず我々がア・プリオリな法原則に従って外的行為の自由を他者と両立させるための諸々の義務が先にあり，諸々の権利はそれに対応するものとしてだけ位置付けられるから，本質的に権利は他者の自由と両立しうる自由の実現以上のことを主張させえないのである。それゆえにまたこの法論では，経験的（実質的）目的がその原因力によって人と人との関係を決定するのを原則として容認するとか，特にある法の分野では容認するのを原則とするなどのことも全く考えられない。なぜなら，法の実現しようとする目標は人と人との関係が経験的目的の手段として経験的に規定されるままにすることではなく，逆に経験的目的により経験的に存在するに至る人的関係をして我々が自由に（各人の存在それ自体を目的として）生きるための手段となるように規律することだからである。カントがその蓋然性だけでなく，現実性をまで論証しようとした実践理性の能力とは，このような規律を含むものであるが，カントの論証は更に先へと続く。もし我々がいずれの理性的存在者との関係でもその者の存在が目的それ自体となるように行為する上述の義務を，経験的存在者として生きる必要のためだけでなく，未来世代にも引き継いでゆかなければならないおよそ人に一貫し

た義務であると意識するなら，そしてその意識によって自己の行為を規律しうるなら，実践的に我々の心神・霊魂は不死でなければならない（経験的存在に解消され尽くすものではない），また各人がこのような規律により感性的世界（経験的世界）に道徳的統一をもたらしうるのであれば，実践的には最高意思としての神が存在しなければならない。そして経験的世界だけでなく叡知的世界にも属すると十分な根拠をもって想定されうる我々にあっては，自然原因に規定されてしまうことなくこのような理念を必然的前提とした自由な行為をなすことができるというのである。これらは深刻な環境問題に直面する今，これまでのように敬遠してはいられない主題である。というのも，環境問題が我々に知らしめた以下の二つの事情は，我々の行為の規律においてこれらの理念の必要性を痛感せしめるからである。その第一は，豊かさ（実質的幸福）という経験的目的のために人の存在を手段とすることが，結局のところ未来世代の存在にまで長く不自由をもたらすという認識であり，この事情からは人の存在を究極の目標とするという義務が世代を超えて不断に履行されるものとして意識されることが要求されよう。そして第二には，およそ人間をも対象として含む自然研究一般が豊かさ（実質的幸福）の目標に規定される時には，各人の存在自体がそれによって脅かされることになるという認識であり，これに対しては自然が各人の前述した実践的目標を実現させうるように用意されているという理念のもとに，その理念が我々の実践的目標にかなう自然研究へと導かなければならないであろう。

　環境問題は「豊かさ」（実質的幸福）の目標が個人の尊厳を必ずしも尊重するものではないこと，それどころかこの目標は我々の自由を妨げる最も大きな誘因ともなる性質をもち，その帰結としてある側面での個人の存在（例えば経済活動の被害者となる存在の側面）を軽視させるものであることを痛切に知らしめてきた。従ってこの悲惨な経験は，スミスが創造主の意思をも援用してなす主張（人は自他の幸福のために外的状況における変化を促進するために存在するとの主張）の誤りを証明している。しかし，我々が経験的（実質的）行為規範学しか理解しないのであれば，この誤りは過少に見積もられ続けるであろ

うから，環境問題の根本的解決は可能な限り先送りされて未来世代の負担とされ続けるであろう。この誤りが環境問題においてもつ真の意義を考えるためには，それをもたらしたのとは別の行為規範学からの視点をも必要としよう。カントの先験的（形式的）理論はそのような行為規範学の唯一のものであるから，環境問題の根本的解決を図ろうとするなら少なくとも彼の行為規範学をも理解することが不可欠である。そしてもしカントの論証が，これまで暗黙の前提とされてきた経験的行為規範学しかありえないという呪縛を完全に切り落として，それとは正反対の行為規範学を確立していることが確認されるなら，彼の行為規範学に依拠することを躊躇すべきではない。なぜならそれは環境問題をもたらした豊かさの目標に代えて，人の存在における経済活動の被害者としての側面をも十分に保護するア・プリオリな目標を第一のものとして提示するからである（それはスミスの理論でのごとく豊かさの目標に正義を従属させるのではなく正義の目標を豊かさに優先させることを意味する）。豊かさの目標を真正面から抑制しうるものは，経験的（実質的）行為規範学からは決して見出されないであろう。それは将来の経験的（実質的）目標に抗しても，先験的・形式的（経験的・実質的なものを何も含まない）思想としての実践的法則に従うべきことを説くカントの理論にして初めて可能となる。それゆえ環境問題に真の解決をもたらすためには，我々は行為規範学をこれまでとは全く反対の性格を持つものに改めて，「豊かさ」という経験的目標の上に「人の尊厳のア・プリオリな規則による実現」を置くことが何よりも要請されるのである。もちろん，法もこれに呼応して新たな一般理論に立たなければならないが，その際にはまず人を自己や他者の幸福のために活動する主体として捉えるのではなく，ア・プリオリな規則に反した経験的（実質的）目的からの規定により，他者との調和した自由を侵害されるべきではない主体として位置付ける必要があろう。またそのことから，およそ法にあっては人と人との関係が豊かさ（実質的幸福）の実現に適合していれば正しいとされる分野はなく，すべての分野でそのような経験的（実質的）目的に抗しても各人の自由が共に調和して実現されるべきことが確認されなければならない。

第4章
有害産業廃棄物の越境移動とバーゼル条約

矢澤 昇治

I　はじめに
II　地球規模での環境保全
　1　「宇宙船地球号」(Spaceship Earth)
　2　国連人間環境会議と「国連環境計画 (UNEP)」の設立
　3　UNEPによる特別理事会の開催
　4　地球サミットの開催と「環境と開発に関するリオ宣言」
III　有害廃棄物の越境移動
IV　有害廃棄物に対応する法システムの比較
　1　OECDの回収目的の越境移動規制システム
　2　RCRAとスーパーファンド法
　3　EU環境法
V　バーゼル条約
　1　UNEPによる有害廃棄物への取り組みとバーゼル条約への歩み
　2　バーゼル条約の主たる規定の内容
VI　紛争解決制度と損害賠償責任議定書
　1　バーゼル条約第20条に定める紛争の解決
　2　法律作業部会及び諮問サブグループによる紛争解決メカニズムの分析
　3　バーゼル損害賠償責任議定書
　4　発効期限と批准状況
VII　おわりに
　　附録1：アジェンダ21行動計画
　　　　2：環境上健全な管理に関するバーゼル宣言

I　はじめに

　目の前に，日の出（谷戸沢）ゴミ処分場をめぐる膨大な資料と訴訟記録がある。このゴミ処理場は，三多摩地域26市1町（日の出町を除く）から排出される一般廃棄物の巨大な処分場として，昭和59年（1984年）に東京都西多摩郡日

の出町に開場された。この第一処分場の用地面積は，45.3ヘクタールであり，東京ドームの敷地の約5倍であり，受入のゴミの予定量は約260万立方メートルである。この処分場は，いわゆる管理型処分場であり，廃棄物からの浸出水による土壌汚染や地下水汚染を防止するために，浸出水の地下浸透を防止するための遮水工（遮水シート）が敷き詰められたものである。第一処分場が開場して間もなく，処分組合（東京三多摩地域廃棄物広域処分組合）が，平成2年（1990年）第二処分場（二ッ塚処分場）の最終候補地として予備調査を申し入れた後，平成4年3月，処分場近くの住民が第一処分場ゴムシートに補修の跡があることを発見し，民間調査団体の調査により処分場周辺の井戸等からプラスチック添加剤が多量に検出された。これに対して，日の出町は安全宣言をしたが，平成5年8月，住民は公害調停の申立てをした。

この後，アセスメント手続が開始され，環境影響評価書案が公示される。こうして，谷戸沢処分場を巡っては，平成6年11月29日にこの処分場に関する水質データの閲覧・謄写を組合と日の出町に請求する仮処分の申立てがなされた。平成7年第二処分場建設差止等を求める訴訟（正式には，一般廃棄物処分場建設差止等請求事件）が提起された。さらに，保全取消申立事件，請求異議事件（第1次から第5次まで），そして，間接強制金の違法支出の差止を求める住民訴訟，樹木伐採禁止仮処分命令申立事件，事業認定処分取消請求事件（強制収用），工事妨害禁止差止等仮処分命令申立事件，行政代執行費用納付命令取消訴訟と続くのである[1]。

わが国内の廃棄物処理場である「日の出一般廃棄物処分場」のこの著名な事件にみられるような住民と地方自治体との紛争は，外国においても共通にみられた事態である。都市の発達に応じて，廃棄物やゴミはその発生源の近くで処分されることが不可能となった。無論，その理由は多様である。例えば，都市人口の増大，都市機能の集約による環境基準や規制の強化そして処分費用の高騰である。加えて，家の近くに廃棄物処理施設が建設されることを拒否する，いわゆる人々のNIMBY症候群（"Not In My Back-Yard"の風潮）などが挙げられる。この上なく危険な施設である原子力発電所の安全神話とは別に，現

実には，原子炉は過疎地に建設されるのと同様である。その結果，ゴミ，廃棄物そしてその処分場は，人のいない所，人の目に見えない所，また，人がいても不満の声が少ない所，自分の生活区域内から他の市町村へ，そして隣の県（州）へ，さらには他の国へと，より処分の容易な，また，規制のルーズな地域や国家を求めて移動するのである。これが廃棄物の越境移動である[2]。

1980年代後半に入ると，有害廃棄物の越境移動問題は，公害をもたらす企業そのものの移動と同時にますますクロスボーダーに展開されることとなる。先進国からアフリカや中南米諸国への有害廃棄物の越境移動事件が発覚し，その幾つもの実例が世界的に報道された。また，バーゼル条約発効後，わが国の業者が医療廃棄物をフィリピンに輸出した醜聞もその一例にすぎない。そして，この問題は，開発途上国を含む地球規模で対応することが必要であるという認識が高まってきたのである。

私は，悪夢にうなされることがある。その悪夢とは，ある県境や国境を越えて大型のダンプがアリ軍団のように列をなして廃棄物を運送することであり，バッタのような大型船舶が公海を越えある国の河川を遡り，現地に陸揚げすることである。妄想にすぎないのであればよいが。

[1]　「日の出一般廃棄物処分場事件」については，1998年1月17日に開催された研究会において，樋渡俊一弁護士から法律問題と廃棄物処理制度についてご報告を得た。
[2]　大川真郎『豊島産業廃棄物不法投棄事件』（日本評論社，2001）。

II　地球規模での環境保全

第二次大戦後，先進国は空前の繁栄を迎え，工業化を遂げ，消費社会となる。しかし，その歪みである公害も顕在化してきた。わが国では，1953年に新日本窒素の有機水銀化合物による水俣病が発生した。ヨーロッパや国際社会に目を移すと，1954年に「油による海洋汚染を防止するための国際協定（海洋油濁防止条約）」が採択され，また，1958年に，「欧州経済共同体（EEC）」と「欧州原子力共同体（EURATOM）」が発足した。物質文明・工業社会の本格化と

ともに，今日でも環境先進国であるドイツにおいては，1960年代に至り，人間自体の危機という意識が出始めてきた。ゴミ，排出物が緊急の環境問題となったのである。ドイツ政府はインミッシオン保護法を包括的な計画法・経済指導法という方向へと展開しようとする。ところが，わが国では，四大公害病である，水俣病，新潟水俣病，イタイイタイ病，四日市喘息について，工場や事業所から排出された有害物質による周辺の健康被害に対する損害賠償を原因企業に求める訴訟が本格的に提起されるのが1960年代である。

1962年，アメリカ合衆国では，レイチェル・カーソン（Rachel Carson）の『沈黙の春（Silent Spring）』が刊行され，工業社会のもたらす生態への致命的な結果が露わにされた。以後，1970年代には，ドイツ連邦共和国では，環境政策の第一段階として，経済の停滞，市民運動，体制批判，複数主義的価値観が呈示され，「きれいな空気」に関する環境論議が積極的になされるようになるのである。

こうして我々の地球である「宇宙船地球号」をとりまく環境については，1972年，ローマクラブが『成長の限界（The Limits to Growth）』を発表し，人口の増加や環境の悪化などの現在の傾向が続けば100年以内に地球上の成長が限界に達すると警鐘を鳴らし，地球の破局を避けるために成長から均衡へ移行する必要性を唱える。また，同年に開催された国連人間環境会議において「人間環境宣言」が採択されると共に，国連環境計画（UNEP）の設立をはじめ多くの決議・条約が採択され，締結されてきた。その後，1986年4月には，悲劇的なチェルノブイリ原発事故，同年11月にはスイスのサンドス社化学工場大火災に伴うライン川汚染事故も発生し，環境汚染問題に対処することが一国では到底不可能であること，「汚染に国境なし（Pollution knows no boundary）」であることを人々に知らしめたのである。こうして，国連人間環境会議から20年を経た1992年には，「地球サミット」が開催され，今や，ますます，地球環境を保全する必要性が認識され，あらゆる分野の英知を集めてその実現が求められている状況にある。国際環境法の成熟もその例外ではない。

以下では，有害産業廃棄物の処置，環境汚染の問題そして有害廃棄物に関す

第4章 有害産業廃棄物の越境移動とバーゼル条約　203

るバーゼル条約に関連する問題について言及する前に，国際環境に係る動向を時系列に追って，地球環境への取り組み全体をみることにする。

1　「宇宙船地球号」(Spaceship Earth)

朝日新聞社発行『高校生のための現代社会』は，記す。

「「宇宙船地球号」(Spaceship Earth) という考え方を最初に提出したのは，アメリカの経済学者ケネス・E・ボールディング博士である。1966年「未来のための資源協会」での講演で，博士はたとえ話で経済の2つの型を説明した。1つは「カウボーイ経済」で，アメリカ西部開拓時代のように資源の枯渇など全く心配する必要のなかった経済，もう1つは「宇宙飛行士経済」だ。宇宙船の中の物はすべて有限で，水も空気も食料も，特別な工夫をしない限り，いつかなくなる。人間が出す炭酸ガスや排泄物は宇宙船内部を汚染する。これからは廃棄物を生産過程に還元するようなシステムを開発し，生態系を破壊しないことが大切になってくる宇宙飛行士経済の時代だ，というのである。

近年，この宇宙船に多くの欠陥が指摘されるようになった。酸素供給装置に入り込む様々な有毒ガス，エネルギーの限界，食料不足，飲料水の汚染，ファーストクラスとエコノミークラスの格差，船室間のいざこざ，定員の問題等，様々な問題が噴出している。さらに愚かしいことにこの宇宙船には自爆装置がやたらたくさんついている。「宇宙船地球号」の未来は，現在の乗客，とりわけ若い乗客の手にゆだねられている」[3]。

この地球号とは，まさしく我々と次世代の人々が生息する，また，生息し続けてほしいと願う地球そのものの状況である。環境破壊を含むこうした危機に瀕した宇宙船を救うために，"Only One Earth" をスローガンに，立ち上がる人々が現れた。

2　国連人間環境会議と「国連環境計画 (UNEP)」の設立

「国連人間環境会議 (United Nations Conference on the Human Environment）」は，"ストックホルム会議"とも呼ばれ，「宇宙船地球号」という考え方の普及などを背景に，環境問題全般についての初めての大規模な世界会議として，1972年6月5日から，「かけがえのない地球」をキャッチフレーズとしてスウェーデンのストックホルムで114ヵ国が参加して開催された。この会議の背後には，ヨーロッパ，北アメリカ，日本などの先進工業国では，1950～60年代の経済発展に伴い，第二次世界大戦後のテクノロジーや経済の急激な発展，生産規模の拡大などにより，排ガス，汚廃水，廃棄物などが飛躍的に増大し公害と環境破壊が進行していること，開発途上国では貧困と環境衛生の悪化が大きな社会問題となっていたとの切実な事情がある。国連人間環境会議は，環境問題全般についての大規模な国際会議として初めてのものであり，この会議において，先進工業国における環境問題については，経済成長から環境保護への転換が，また，開発途上国における環境問題については，開発推進と援助の増強，そして，貧困と環境衛生の問題が重要であることが明らかにされた。さらに，この会議により「人間環境宣言」の採択や「国連環境計画（UNEP）」の設立などがなされた。これらの実績により，この会議は，その後の地球規模での環境保全活動の嚆矢となる画期的な意義を有すると評価されているのである。

　では，この会議で採択された「人間環境宣言」とはどのようなものであるか。

　「人間環境宣言（Declaration of the United Nations Conference on the Human Environment）」は，1972年6月の国連人間環境会議において，その最終日に採択された宣言である。ストックホルム宣言とも呼ばれる。この宣言は，人間環境の保全と向上に関し，「人は，環境の創造物であると同時に，環境の形成者であり，自然的及び人為的環境は，人間の生存権そのものの享受のために基本的に不可欠であるが，それらは人間の力の誤用や人口の自然増加により深刻な影響を受けている。現在及び将来の世代のために人間環境を擁護し向上させることは，平和と世界的な経済発展という人類にとっての至上の目標と並び，かつそれらと調和を保って追求されるべき目標であり，そのためには市民

及び社会，企業及び団体が，全てのレベルで責任を引き受け共通な努力を公平に分担することが必要」という趣旨の共通見解を示した上で，①人種差別・植民地主義等の排除，②天然資源及び野生生物を含む自然の適切な保護，③再生不能な資源の枯渇防止と公平な分配・利用，④環境汚染の防止措置，⑤経済的及び社会的開発，⑥国の環境政策の在り方，⑦基本的人権を侵害しない人口政策，⑧国際協力など26項目の原則を掲げている。

1972年6月の国連人間環境会議で採択された「人間環境宣言」及び「国連国際行動計画」を実施に移すための国連機関として，同年の第27回国連総会において設立されたのが，「国連環境計画（United Nations Environment Programme：UNEP）」である。既存の国連諸機関が実施している環境に関する活動を総合的に調整・管理するとともに，国連諸機関が着手していない環境問題に関して，国際協力を推進していくことを目的とするものである。「国連環境計画」の主要な事項は，①オゾン層保護，②気候変動，③廃棄物，④海洋環境保護（海洋生物資源保護を含む），⑤水質保全，⑥土壌劣化防止（砂漠化防止を含む），⑦熱帯林保全等森林問題，⑧生物多様性保全，⑨産業活動と環境の調和，⑩省エネルギー・省資源であり，環境問題全体をカバーする。UNEPは，国連機関，国際機関，地域的機関並びに各国と協力して活動することになるのである[4]。

3　UNEPによる特別理事会の開催

1982年，「環境と開発に関する世界委員会（World Commission on Environment and Development：WCED）」が設置された。この委員会は，委員長である当時のノルウェー首相の名をとって，ブルントラント委員会とも呼ばれ，環境問題のキーワードである「持続可能な開発（sustainable development：SD）」の術語が創出された会議である。

本委員会は，国連人間環境会議10周年を記念して，1982年に開催された国連環境計画（UNEP）管理理事会特別会合におけるわが国の提案をきっかけとして，1984年から活動を開始した賢人会議であるが，国連の決議に基づき，①

2000年までに持続可能な開発を達成し，永続させるための長期戦略を提示し，②人間，自然，環境及び開発の相互関係に配慮した社会的・経済的発展段階の異なる国々の間に共通的かつ相互補強的目標を達成するための方策を勧告し，③国際社会が環境問題により効果的に取り組むための方策を検討し，④環境問題に対する国際社会の取組みに関する長期計画や目標に関する共通認識を形成することを使命として，3年間の活動を行った。

その成果が，1987年に国連総会に提出された「"われら共有の未来"（Our Common Future）」と題する報告書であり，本報告書は，世界に向けて公表された。この報告書に底流するのは，「持続可能な開発」という「環境と開発に関する国連会議（UNCED）」に引き継がれた概念であった。

4　地球サミットの開催と「環境と開発に関するリオ宣言」

1972年6月にストックホルムで開催された国連人間環境会議の20年後の1992年6月，ブラジルのリオデジャネイロで地球環境に関する国連人間環境会議20周年を記念する国連会議が開催された。21世紀に向けて人類がどのように環境と開発に関する戦略を持つべきかを議論する場所として，1989年の第44回国連総会で開催が決定されていたものである。「国連環境開発会議（United Nations Conference on Environment and Development：UNCED）」がこれであり，地球サミット，リオ会議などとも略称される。

この会議には約180ヵ国が参加し，100ヵ国余の元首，首脳と国連機関が自ら出席するなど，史上かつてないほどハイレベルかつ大規模な会議となった。さらに，8,000の非政府組織（NGO）が集まり，全参加者は4万人を超える空前の規模となったといわれる。この会議では，気候変動枠組み条約と生物多様性条約の署名が開始されるとともに，環境と開発に関するリオ宣言，アジェンダ21及び森林原則声明などの文書も合意された。

地球サミットでの会議の結果，人類共通の未来のために地球を良好な状態に維持することを目指した「環境と開発に関するリオ宣言（Rio Declaration on Environment and Development）」が採択された。この宣言は，各国が国連憲

章などの原則に則り，環境及び開発政策により自らの資源を開発する主権的権利を有し，自国の活動が他国の環境汚染をもたらさないよう確保する責任を負うことなどを内容とする前文及び27項目にわたる原則によって構成されている。先進国に温室効果ガス排出抑制等を求める気候変動枠組み条約の署名（会期中，わが国を含め155ヵ国が署名），生物多様性の保全，遺伝子資源の利用から生じる利益の公正かつ衡平な分配等を目的とする生物多様性条約の署名（会期中，わが国を含め157ヵ国が署名），森林の多様な機能の維持，利用の在り方などについて規定した「森林に関する原則」の採択及びリオ宣言の諸原則を実施するための行動プログラムとして「アジェンダ21」を採択した。

　十分なフォローアップができなかった1972年の国連人間環境会議の経験から，1993年2月に国連経済社会理事会の下に，「持続可能な開発委員会（CSD）」が設置され，フォローアップに当たっている。この地球サミットにおいてわが国は，1992年度から5年間で環境ODA（政府開発援助）を約1兆円程度とすることなど，資金的には他の先進諸国を圧倒するコミットメントを示したものの首相が出席せず，内容に見合うだけの存在感を示すことができなかったといわれる。

　「環境と開発に関するリオ宣言」は，1972年の人間環境宣言を再確認し，公平な地球規模の協力関係の確立を目標としている。条約のような法律上の強制力はないが，各国の政府や国民が，地球環境を守るためにとるべき行動の基本的方向を示している。より具体的な行動計画については，「アジェンダ21」に書き込まれており，この2つは対となって21世紀の地球環境の行方に大きな影響を与えるものである。その内容を具体的にみると，人間環境宣言を再確認するとともに，人間環境宣言には掲げられていなかった，「市民は公共機関のもつ環境関連の情報を適切に入手し，政策決定に参加できる機会を得なければならない」（第10原則），「各国は効果的な環境法を制定しなければならない」（第11原則），並びに，「環境影響評価を権威ある国家機関の決定の対象にすべきである」（第17原則）という原則を新たにした。

　アジェンダ21行動計画は，その第20章「有害廃棄物の不法な取引の防止を含

む，有害廃棄物の環境上適正な管理」でも明示しているように，リオ宣言の理念を具体化した持続可能な開発のための実際的な行動計画を定めたものであり，合計40にわたる項目が盛り込まれている。アジェンダ21全体の主たる内容と項目の概要は，以下のようである（第20章については⇒章末の附録：1参照）。

Ⅰ．社会・経済的側面：開発途上国の持続可能な開発を促進するための貿易の自由化，貿易と環境の相互支援化，開発途上国への適切な資金供与と国際債務の処理など国際協力と関連国内政策など8項目。
Ⅱ．開発資源の保護と管理：モントリオール議定書で採択されたオゾン層破壊物質の排出規制の遵守による成層圏オゾン層の破壊防止など14項目。
Ⅲ．主たるグループの役割の強化：行動計画の効果的な実施に果たす女性の積極的な経済的政治的意思決定の役割における重要性など10項目。
Ⅳ．実施手段：アジェンダ21の実施のための資金メカニズムの活用と継続的な質的改善など8項目。

(3) 『高校生のための現代社会』（朝日新聞社，1983），http://www.asahi-net.or.jp/~if7s-tkmt/shoukai/shoukai.html
(4) 以下，『環境法辞典』（有斐閣，2002）によるところが大きい。この宣言の全文の翻訳については，『地球環境条約集』［第3版］（中央法規，1999）を参照・引用した。

Ⅲ　有害廃棄物の越境移動

以下では，まず，わが国で発生した日の出処分場や豊島への不当投棄に勝るとも劣らない有害廃棄物の越境移動の悪名高い具体例を新聞の記事からみることにする。

①セベソ事件　1976年7月，イタリアのセベソで起きた農薬工場の爆発事故の顛末である。この工場は，スイスの製薬企業ホフマン・ラ・ロッシュ社の子会社のためにTCP（トリクロロフェノール）を生産していたが，このプラン

トが爆発し，反応器に含まれていたダイオキシンを含む有害物質が周辺の土壌を汚染した。汚染土は一旦ドラム缶詰めにして工場内に保管されていたが，1982年9月に搬出された後行方不明となり，8ヵ月後の1983年5月に北フランスの小村で発見された。フランス政府はイタリア政府に対し，引き取りを要求したがイタリア政府がこれを拒否し，事態が紛糾した。最終的には農薬工場の親会社があるスイス政府がその道義的責任から回収した。この事件が契機となり，有害廃棄物の越境移動が，ヨーロッパ域内における政治問題として展開されることとなる。

②1988年4月；ノルウェーの会社が米国の有害廃棄物1万5,000トンをギニアの無人島に投棄し，樹木が枯れた。政府は廃棄物の引き取りを要求するとともに，ノルウェーのギニア総領事を共謀の疑いで逮捕，ギニア政府関係者も逮捕された。

③1988年5月；100万トンの有害廃棄物を受け入れる目的で米国大使館と連絡をとり幽霊会社を創っていたとして，コンゴ政府職員5人を逮捕（輸入は未遂）。同職員らは，オランダ，ベルギー，ルクセンブルク，西ドイツからも有害廃棄物の輸入を計画していた。

④1988年5月；ギニアビサウ政府は対外債務の2倍の金額で英国と米国の廃棄物処理会社リンダコ社の2社と西側廃棄物の処分の契約をしていたが，人民議会などの反対によりこの契約を破棄したと発表（未遂）。

⑤ココ事件＝カリンB号事件　1988年6月から翌年にかけて，イタリアの業者がポリ塩化ビフェニール（PCB）を含む廃トランスなどの有害廃棄物をナイジェリアのココ（Coco）港付近に投棄した事件である。これにより搬入者など数十名が逮捕され，ナイジェリア大使がイタリアから引き揚げるという外交問題に発展した。ナイジェリア政府の要請を受けて，イタリア政府は，西ドイツ船籍のカリンB号で投棄された有害廃棄物を回収してヨーロッパに向かうが，住民の反対でイタリアに戻れず，欧州諸国にも入国を拒否されて，長期間，フランス沖の公海に停泊した。この種の事件に対して，アフリカ統一機構（OAU）は，1988年5月，アフリカにおいて核及び産業廃棄物を処分するこ

とがアフリカ人に対する犯罪であるとし、アフリカ大陸での有害物投棄を全面禁止するなどの閣僚理事会決議を採択した。さらに、OAU は、1991年にバマコ条約を採択することとなった。

⑥1988年6月；シンガポールに有害廃棄物が輸入され、クロントイ港に投棄された。本件だけでなく、この港には10年以上前から廃棄物が輸入されており、コンテナ自体は米国、日本などからのものも含まれている。

⑦1988年9月；イタリアの実業家が放射性廃棄物2,000トン余をイタリアの海岸に投棄。契約はレバノンの搬入者の偽造書類で、イタリア政府は注意事項を指示するも遵守されなかった。付近の海水浴場は客が減り、軍の出動騒ぎもあった。

⑧1988年9月；イタリアの化学会社の内容不明の廃棄物（含放射性）ドラム缶1万2,000個を積んだイタリアの貨物船ザノービア号が陸揚げできずに世界一周した（ジブチ、ベネズエラで拒否）。イタリア政府は、1988年5月末にジェノバ入港に同意、同年6月陸揚げした。

⑨キアン・シー号事件　1986年、米国フィラデルフィアの請負業者が有害な一般廃棄物の焼却灰約1万4,000トンを積んだキアン・シー号がバハマに向かうが、政府に拒否され、カリブ海に向かい、ハイチで一部陸揚げし、化学肥料として散布したが、ハイチ政府がその有害性を理由に同船の出港を命じた。その後、キアン・シー号は、残りの灰の荷下ろし地を求めて、バハマ、バミューダ、ホンジュラス、ドミニカ共和国、ギニアビサウ、フィリピン、東欧などに向かい、途中、船の名前をペリカン号と変えつつ1年半航海し、最後にはインド洋に海洋投棄したのではないかとの疑いがもたれている[5]。

続いて、近年わが国に関連して取り上げられた有害廃棄物の越境移動問題に関する新聞記事を紹介する。これらのケースは、バーゼル条約にわが国が批准し、この条約に対応する国内立法が制定された前または後の出来事でもあるが、有害廃棄物の越境処理という事態を示す氷山の一角であるともいわれる。わが国の有害廃棄物の越境移動や処理に対する業者や政府の態度がよく見て取れる。

⑩1998年3月15日の朝日新聞によれば,「産廃,違法輸出の疑い」とのタイトルの下で, 北朝鮮にアルミ残灰が計5万トン輸出されていたとの記事が掲載された。このアルミ残灰は, 水と反応すると発熱し有害ガスが発生するものである。名古屋市にある第二次精練会社は, 残灰を金属アルミの回収, セメントの原料に再利用するという口実の下で, 無害化せずに輸出していた。輸出者は, この国に輸出しなければ日本での不法投棄が増えることになるからとし, 輸出したことは緊急避難であると主張した。北朝鮮では, この残灰を使用する電気炉は稼動しておらず放置の可能性があるとも伝えている。また, 同紙によれば, この会社の社長が廃棄物処理法違反の疑いで逮捕される方針であるが, この残灰は, フィリピンにも輸出されていたという。その後, この残灰が静岡県西部の田んぼに袋詰めのまま野ざらし状態で不法投棄されていたことも判明した。

この北朝鮮向けの産廃の輸出は, 中国の輸入規制で急増したことが背景となっているようである。1995年には, わが国から中国へは, 約32万トン余が輸出されていたが, 中国側の輸入規制強化により, 古タイヤや残灰の輸出先が北朝鮮に変更になったものである。

⑪1998年4月26日の朝日新聞は, 中国における「日本の廃電線, 中国農村部で野焼き目撃」のタイトルで, ダイオキシン発生の恐れの高い廃電線の一部がマスクもせず手作業で燃やされていることを報道する。およそ, 年間輸出量7万2,000トンの廃電線の半分以上が中国向けに「再生用原料」として輸出される。ポリ塩化ビニールやポリエチレンで被覆された廃材は低温で燃やせば, ダイオキシン汚染が発生することはわが国ではよく知られているところである。

⑫医療廃棄物の輸出事件　1999年12月4日, 朝日新聞は, マニラ支局からの情報として, フィリピンの税関当局と環境資源省が, 日本から医療廃棄物など約2,700トンが違法に船で送られてきたとして, コンテナの中身を公開し, 日本政府に外交的な抗議をするとともに, 刑事的に日本の業者を訴えると伝えた。また, 12月25日毎日新聞によれば, 環境, 厚生, 通産の各省庁が輸入元の「ニッソー」に対して, 特定有害廃棄物輸出入規制法に基づき初の回収命令を

出した。しかし，同社が同命令に従わない可能性が強いので，国は行政代執行で廃棄物を回収し，船で日本に輸送し，処分され，2000年1月10日廃棄物は東京港に陸揚げされた。その後，環境庁，厚生省並びに外務省は，輸出業者に適正処理を命じたが，業者がこれに応じないために，国は，国費でこれらの廃棄物を焼却したという事件である。

この事件は，まさしく，「有害廃棄物の越境移動及びその処分の規制に関するバーゼル条約」に顕著に違反する醜悪なケースとなった（バーゼル条約については，本章Ⅴ節参照）。まさしく，これらの医療廃棄物は，「バーゼル条約附属書Ⅰ　規制する廃棄物の分類」における「廃棄の経路，Y1　病院，医療センター及び診療所における医療行為から生ずる医療廃棄物」に該当する。バーゼル条約の規制対象とされる有害廃棄物の越境移動による環境破壊に対処するわが国の条約実施体制の不備，消極的態度があまりにも示される事件であった[6]。

1970年代に至り，わが国内における公害規制が厳しくなるにつれて，その隘路を東南アジアに求めたことは周知の事実である。多国籍企業の形態をとりながら，低賃金や資源確保を求め，さらには，ビジネスとして有害廃棄物のみならず公害を輸出し，諸国の環境を破壊し続けてきたのである[7]。これらの有害廃棄物の越境移動は，その延長上に今でも続いている由々しき出来事である。

[5]　ビル・モイヤーズ編（粥川準二，山口剛共訳）『有害ゴミの国際ビジネス』（技術と人間，1995）。
[6]　フィリピンの「有害物質・核廃棄物管理法」（共和国法RA6969）については，http://www.mars.dti.ne.jp/frhikaru/philippine/harardwaste.html　臼杵知史（石野＝磯崎＝岩間＝臼杵）『国際環境事件案内』（信山社，2001）196頁。
[7]　日本弁護士連合会公害対策・環境保全委員会編『日本の公害輸出と環境破壊』（日本評論社，1991）。

Ⅳ 有害廃棄物に対応する法システムの比較

ここでは，有害廃棄物の環境リスクに対応するシステムを検討することにする。その具体的なシステムとして，OECDの1992年決議，アメリカ合衆国のRCRA（資源保護回復法）とスーパーファンド法，EU（EC）環境法を比較し，有害廃棄物の定義，「環境上適切かつ効率的な方法」での処理，リサイクル目的の越境移動，「マニフェスト・システム」，有害性の程度に応じた管理のリストなどにポイントをおいて見てゆくことにする。

1 OECDの回収目的の越境移動規制システム

有害廃棄物の国境を越える移動は，1970年代から欧米諸国を中心にしばしば行われ，1980年代に入ると，先進国から開発途上国に廃棄物が放置されて環境汚染が起きるなどの問題が頻繁に発生した。無論今でも終焉していない。すなわち，OECDのデータによれば，1980年代後半には，OECD諸国では毎年約3億トンの有害廃棄物が発生し，そのうち2億7,000万トンがアメリカ合衆国から，EUから2,000万トン，東欧から1,900万トンを超える量が排出されている。そして，そのうちの10％が越境移動されており，欧州では毎年220万トンが，北米ではアメリカ合衆国を中心として毎年6,000万トンから9,000万トンがその対象とされ，メキシコ，ブラジルそして台湾をはじめとする非OECD諸国に移動していたのである。そして，何らの事前の連絡や協議なしに有害廃棄物が国境を越えて移動し，かつ最終的な処分の責任者の所在も不明確であるという問題の存在が明らかとなった。

「OECD（Organization of Economic Cooperation and Development：経済協力開発機構）」は先進国だけをメンバーとする組織であるが，1974年「環境政策に関する宣言」を採択し，その後における環境政策の先進諸国間の調整を行うことになる。OECDでは，ようやく環境政策の一環として有害廃棄物問題の検討が開始され，1984年OECD理事会は，有害廃棄物の越境移動を規制す

るために，有害廃棄物の移動に関する適切，かつ時宜を得た情報を各国が関係国に提供する義務を有するとの決定を採択し，この決定を実施するための「有害廃棄物の越境移動に関する原則」の適用を勧告した。その勧告に基づき，各国が人と環境を保護するような方法により，自国領域内の有害廃棄物を管理し，また，適切な処理施設の設置を推進すべきであるとの一般原則が定められた。これは，後のバーゼル条約の基本的骨格となるものである。この後，有害廃棄物の越境移動は，発展途上国と先進工業国間の南北問題としての文脈も持つようになる。しかし，この理事会の決定・勧告は強制力・拘束力を有するわけではない。

　1985年，有害廃棄物の越境移動に関する国際協力決議が採択され，OECDとして，従前よりもさらに適当な措置および法的拘束力のある国際協定を含む，有害廃棄物の越境移動の効果的な規制のための国際システムを発展させることが決定された。

　1986年，OECD地域からの有害廃棄物の輸出に関して規制を強化する決定・勧告が採択される。すなわち，非OECD加盟国への有害廃棄物の輸出に関しては，当該国の同意および通過国への事前通告がないときには禁止されること，適切な廃棄物処理施設がない非OECD加盟国に対しては有害廃棄物の輸出が禁止されることなどという内容である。同時に，OECD地域外への有害廃棄物の輸出に関しては，輸出者は輸入国の当局に対し，少なくとも輸入国がOECD加盟国である場合と同様の情報を提供し，当該輸出国において法的に必要とされる，または禁止されている当該廃棄物の処理方法を通知しなければならないとされた。

　1988年，理事会は有害廃棄物の定義を決定した。この決定によれば，「有害廃棄物」とは，本決定附属書に掲げる廃棄物の「コア・リスト」（「Y」表とよばれる）および輸出国・輸入国いずれかにおいて有害廃棄物と考えられている，あるいは，法律上定義されているすべての廃棄物であるとされた。バーゼル条約の母体をなすものである。

　1991年には，廃棄物の越境移動を最小化することを求めつつも，回収目的の

廃棄物の移動は異なる規制レヴェルとなすべきことが決議される。バーゼル条約採択後の1992年，回収作業が行われる有害廃棄物の国境を越える移動の規制に関する決定が採択された。UNEP の採用する有害廃棄物の全面輸出禁止の原則とは異なり，有害廃棄物であってもリサイクル目的であれば越境移動も一定のルールの下で認めるべきであるというその後の指針となる基本的な考え方がここに定立されたのである。こうして，環境への悪影響が軽微と考えられる OECD 加盟国間の再利用目的の有害廃棄物の輸出入についてはより簡略な手続が定められた。この決定では，有害廃棄物を有害性の程度に応じて，緑（Green List），黄（Amber List）および赤（Red List）の3つのリストに分類され，この分類にしたがい，それぞれの有害廃棄物の国境を越える移動を規制することとした。

　OECD 決定における黄および赤リストの手続をバーゼル条約のそれと比較した場合，OECD の決定は，①リサイクル目的以外の有害廃棄物の移動を何ら規定していないこと，②輸出入の許可に関する要件について定めがないこと，③不法取引の処罰規定がないこと，④決定に参加しない国との間の移動を禁止していないこと，⑤取引，代替的な処理などの義務の所在は関係者の契約によって決定されることとされており，国の関与が間接的な手続となっていることなどの相違点がある[8]。

2　RCRA とスーパーファンド法

(1) 1984年資源保護回復法（RCRA）　　廃棄物（waste）の処理のあり方は，国際環境問題の中核をなす。なかでも有害廃棄物（hazardous waste）は，水，土壌，大気を含む環境全体の汚染に導くものであり，特に対応が難しい代物である。米国においても，他国と同様，1970年代まで有害廃棄物が埋立地（land-fill）などで処分されてきた。しかし，過去の処分が最悪のあり方であったとの反省の上で，米国は，現在まで，有害廃棄物の管理に関して，意欲的なプログラムを実施してきたといわれる。すなわち，連邦議会は，国民の健康と環境へ悪影響をもたらす要因を将来にわたってできるかぎり取り除くことを主たる

目的として，1976年に「資源保護回復法（Resource Conservation and Recovery Act of 1976：RCRA）」を制定した。本法には，その後数回にわたって修正が加えられ，1984年の最も大幅な修正法が「1984年有害固形廃棄物修正法（Hazardous and Solid Waste Amendments of 1984：HSWA）(1984年RCRA修正法)」である。

　RCRAは，有害廃棄物の発生者（generator），輸送者（transporter），ならびに，それらの有害廃棄物の処理，貯蔵及び処分施設（Treatment, Storage and Disposal Facilities：TSD施設）の所有者及び管理者に，有害廃棄物の取扱いおよび管理上一定の要件を課し，それにより有害廃棄物が発生してから最終処分されるまでの文字通り「揺りかごから墓場まで」を規制することを目的する。この目的の背景には，RCRAで謳われている基本的理念がある。すなわち，国家の政策として有害廃棄物は，可能なかぎり迅速に削減するか，あるいはなくすべきであること，埋立処分は最も望ましくない廃棄物処分方法であること，および廃棄物は現在および将来の国民の健康と環境への悪影響を最小限にとどめるよう取り扱われるべきであること，の3点である（サブタイトルA）。ただし，後述するスーパーファンド法とは異なり，RCRAの対象となるのは主として現在操業中のTSD施設の所有者や管理者といった廃棄物管理の現在の関係者である。

　RCRAは，AからJまでのサブタイトルに分かれているが，特に重要なのはサブタイトルCであり，これは全米の有害廃棄物の管理プログラムを規定している。このタイトルの基本的な枠組を構成するのが第3001条から第3020条である。その要点は，別表のとおりである。本法と並んで，1984年RCRA修正法の重要な条項は，有害廃棄物の汚染除去責任を規定する条項と地下貯蔵タンクを規定する条項である。これらの法は，有害廃棄物の輸送，処理，貯蔵並びに処分やそのための施設に関するプログラム規定であるが，有害廃棄物のリサイクルの促進については実効性を持つに至っていないといわれる。

　RCRA法の内容をみるに，まず，有害廃棄物が輸出される場合は適用されない。これは，バーゼル条約を批准しないアメリカ合衆国が他国との関係で問

題とされうる最大のポイントである。次に，RCRA は有害廃棄物の管理方法を定めたにすぎない。過去の管理についての責任をとり，汚染発生の責任が問われるようになったのは，1984年 RCRA 法によってである。しかし，後述するスーパーファンド法が自ら是正措置を行うのとは異なり，RCRA は「是正措置」を講ずるための固有の基金を有しない。したがって，RCRA は，過去の有害廃棄物の現在における汚染につき責任を有する者に対して措置を講ずることを命ずるだけである。ただ，その命令に従わない者に対して，市民は，身体及び財産に被害を被った者の損害賠償のみならず，切迫した重大な危険をもたらしてきた排出業者，運送業者，処分施設の所有者または操業者に，差止請求の権利を有するとされる。

  サブタイトル C の主要条項の要点
第3001条　個々の有害廃棄物を特定する規制の公布義務を EPA（環境保護庁）に課している。
第3002条　有害廃棄物の発生者が遵守すべき要件を規定している（廃棄物を追跡・管理できるように，統一されたマニフェスト（積荷目録）を使用することや廃棄物の適切な取扱い義務が含まれる）。
第3003条　有害廃棄物の輸送者にマニフェスト，ラベル表示，および TSD 施設への有害廃棄物の輸送に関する規制の遵守を要求している。
第3004条　有害廃棄物の処理・処分に関する条項で，最低限取り入れるべき技術や地下水の監視，未処理の有害廃棄物の陸上処分の段階的禁止などを含む操業要件を遵守することを TSD 施設に要求している。
第3005条　TSD 施設の操業許可に関する条項で，TSD 施設の所有者および管理者に，操業許可の取得を要求している。
第3005条　既存の TSD 施設が許可を取得するまでの操業を認めるという「(e)項　暫定許可状態」（interim status）について規定している（1984年 RCRA 修正法では，EPA と州が RCRA の下での最終的な許可を発行するまでのスケジュールを規定している）。

第3006条　RCRAのプログラムを実施する際の州の責任を規定している。

第3007・3008条　検査（inspection）および遵守命令，ならびに，違反者に対する行政訴訟に関するEPAの権限を規定している。刑事罰についての規定もある。

第3009条　州法と連邦法の関係について規定しており，州法が連邦法より穏やかな規制を設けた場合，それが有効とはならないことを定めている。

[出典：『環境リスクと環境法』][9]

(2) スーパーファンド法　スーパーファンド法とは，「包括的環境対処・補償・責任に関する1980年総合法」(Comprehensive Environmental Response, Compensation and Liability Act：CERCLA) と「スーパーファンド修正及び再授権法」(Superfund Amendments and Reauthorization：SARA) の2つをあわせた通称である。

　スーパーファンド法成立の契機になったのは，1978年に起こったラブ・キャナル事件である。この事件は，フッカー化学という企業が2万トン余の化学廃棄物を1942年から1952年までラブ・キャナルと呼ばれる運河に廃棄していたことに起因する。当時の法律によれば，それは合法的な行為であった。その後，その運河は埋め立てられ宅地にされたが，その30年後，そこに建てられた住宅や小学校に悪臭や有毒ガスが発生し，PCBやDDTなどの有毒物質による地下水や高濃度のダイオキシンによる土壌汚染の問題が表面化し，地域住民の健康調査でも流産や死産の発生が高いことが確認され，社会問題となったのである。最終的には，住民は疎開し，建物は撤去されたが，被害住民からの損害賠償請求が現在も続けられている。この事件を契機としてアメリカ環境保護庁（EPA）が全米で調査を行った結果，環境汚染を及ぼす恐れのある廃棄物処分地が3万から5万ヵ所もあることが確認された。

　この事件を契機として，米国環境保護庁は，スーパーファンド法を成立させ，土質汚染や地下水汚染に対して浄化プログラムための強力な行政権を持つこととなった。1976年制定の「資源保護回復法（RCRA）」では過去に投棄さ

れた廃棄物による汚染には無力であったことから，ラブ・キャナル事件の翌年1979年に，「包括的環境対処補償責任法」を制定し，過去の汚染の修復をまかなうための基金を設けることとしたのである。この基金をスーパーファンドと呼び，この法律も同様にして「スーパーファンド法」と呼ばれる。

1980年にその浄化費用に充てるためにスーパーファンドとして16億ドルの信託基金が設立されたが，当初の信託基金だけでは間に合わず，1986年に5年の時限立法として SARA を制定し，基金の額を85億ドルに増加した。1991年にはスーパーファンド法がさらに延長されている。スーパーファンド法は，有害物質によって汚染されている施設（サイト）を発見した場合，汚染者負担の原則に基づき，汚染場所の浄化費用を有害物質に関与した全ての PRP（Potential Responsible Parties：潜在的責任当事者）に負担させ，さらに PRP が特定できない場合や特定できても浄化費用を負担する賠償能力がない場合に，この基金を使って汚染サイトの浄化作業や改善措置を進めることにしたのである。この基金の運営には，1970年に設置された EPA があたり，浄化作業に着手し，その費用を PRP に請求できる権限を持っている。

アメリカ合衆国のほとんどの環境法が将来における汚染の進行防止を目的としているのに対して，スーパーファンド法は，過去になされた汚染の浄化を義務づけることを目的とする。本法は，PRP の範囲をかなり広範囲に及ぼす。これは本法が因果関係に基づいて汚染者負担の法的責任を追及するためではなく，浄化費用の負担者を決めることを目的とすることに起因する。PRP は，以下の4種類の者，すなわち，①現在の施設の所有者，管理者，②有害物質が処分された当時の施設の所有者，管理者，③有害物質発生者，④有害物質を廃棄場へ運んだ輸送業者，を対象とする。つまり，PRP は，直接有害物質を廃棄，処理した者に限らず，その後の施設の所有者や運搬関係者にまでその範囲が及ぶことになる。既に汚染されている土地や施設を取得したことにより，「所有者」または「管理者」とみなされ，加害者の過失の有無を問わず，責任を追及される。単に PRP に該当するだけで自動的に浄化責任者にされてしまうのである。

1986年に制定されたSARAは,「善意の購入者の抗弁」の条項を追加して,不動産の取得者や銀行などの金融機関が環境汚染賠償リスクに対して善意の購入者又は所有者の抗弁を主張できることを明確にした。しかしながら,この抗弁方法の最良の手段が環境監査であり,単に汚染の事実を知らなかったというだけでは責任を回避できないのである。

アメリカでは,土地取得や企業のM&Aに際し,事前監査としての環境監査が不可欠となってきている。この場合,事前に環境関連の法律に違反していないかどうかの監査よりも,ビジネスリスク,特に賠償責任リスクの把握に重点が置かれている。スーパーファンド法の下での環境監査は,防御的で対症療法的な環境監査であり,法的な責任を負わされる事態を避けることを目的としたリスク対応の手段としての環境監査である。この企業戦略としての環境に対応する監査によって,環境への影響をモニターし制御するシステムが存在し,順調に機能していると保証することで経営者は安心できるのである。

スーパーファンド法の下での環境監査は,現代における企業活動の環境に与える深刻かつ大規模な影響を最小限に抑えるために,人類が地球全体の環境を考えて行動し始めた「持続可能な発展」に向けた経済と環境との調和を目指す挑戦の一例であるといわれる。

しかし,このレベルの環境監査だけでは環境的公正を実現することはまだまだ困難である。市民の視点が入っていない[10]。とはいえ,企業が取り扱っている有害化学物質に関する情報の報告義務を怠った場合,地域住民には,その情報を知る権利が保障されているとともに,企業またはEPAにその義務を履行させるための訴訟を提起することが認められる。こうして,市民に原告適格が肯定され,市民訴訟が可能である。

3　EU環境法

(1) EU環境法　　EU加盟国の環境法制は,EUの環境法と加盟国の環境法の二重構造をなしている。ここでは,EUの環境法について述べるにとどめる[11]。

1957年に設立された欧州共同体（EC）の設立条約であるローマ条約には，環境の保全及び法制度の発展に関する必要性は言及されていなかった。EC環境法の基本法は，1987年に制定された。その間，二次的な環境法制の採択が行われてきた。たとえば，1970年代の初頭には，最初の環境行動計画（Environmental Action Program）が承認されている。この行動計画は，いくつかの法律の制定の一般的なガイドラインとされてきた。環境問題を取り扱う最初の法律は1975年に制定され，土壌から発生する海洋汚染の問題を取り扱っている。本法は，EC条約235条（現308条）に基づいたものであるが，これにより，欧州共同体は，EC条約により特定の権限が付与されていない事項については，全員一致による決定を行うことが可能となったわけである。

1975年から1987年の間には，第2および第3の環境行動計画が承認された。この期間，200を超す法的措置が採択されている。当初，これらの措置は，水質および廃棄物問題に集中していた。

その後，1986年の単一の欧州市場の確立を目指す単一欧州議定書の採択（1987年7月施行）によりEC条約が修正され，1985年以降この条約の修正過程で環境保護に関する重要な規定が挿入されることとなる。すなわち，EC条約の中に，「環境」と題する個別の条文が挿入されることになった。具体的には，欧州共同体の政策の中に，以下の4つの目標を盛り込んだ2つの条文（130r条，130s条および130t条）が挿入された。4つの目標とは，①環境の良質の保全，保護および改善，②人間の健康の保護，③資源の慎重かつ合理的な利用，④国際的レヴェルでの地域的または世界的環境問題を処理する手段の促進である。さらに，新たな条文は，高レヴェルの環境保護が重要な目的であるとし，予防原則（Precautionary Principle），汚染者負担の原則（The Polluter Pays Principle）の重要な原則も導入した。

しかしながら，これらの目標や原則を二次的法制に変えようとする提案の実現は，「全員一致」の意思決定スシテムを必要とする欧州共同体において，単一欧州議定書が発効した1987年には加盟国が6ヵ国から12ヵ国の組織に拡大した結果，新規加盟の南欧諸国によるこれらの提案への消極的な態度によります

ます困難となっていた。これら国々は，経済的発展が遅れていたので，環境の保護施策が自国の経済の成長を妨げることになると考えたからである。しかし，環境法の調和なくしては，経済統合の結果としての域内の自由貿易はあり得ないのである。

EC条約は，1991年に，欧州連合条約（マーストリヒト条約）により，再度修正され，爾後，加盟国の過半数により，一般行動計画（General Action Programs）が承認されることとなった。1997年には，アムステルダム条約が採択され，1999年に発効した。この条約は，とりわけ，共同決定手続（Co-decision Procedure）を，環境法の採択に使用することを要求した。こうして，共同決定手続は，意思決定の過程において，閣僚理事会（Council of Ministers）と欧州議会（European Parliament）を同一レヴェルの立法者に位置づけることとなった。従来，各加盟国の閣僚で構成された唯一の立法機関である閣僚理事会は，環境保護についての各加盟国の異なる対応姿勢の結果，欧州の環境法制の発展と採択を阻害してきたのである。

このアムステルダム条約は，直接選挙で選ばれた欧州議会がより「環境に配慮する（green-minded）」組織であり，よりクリーンでかつ良好に保護される環境へと人々の関心を導く，より直接的な道であると考え，欧州議会を，多くのEU環境法を生み出す権限を有する十分な意思決定機関へと変貌させた。さらに，2000年末に締結されたニース条約は，アムステルダム条約を改定し，単純多数決で採択できる範囲を拡大した。90年代の終わりの時点で，環境問題に関連する500以上の法的措置が承認されている。これらの法的措置は，大気汚染（気候変動，空気の質），騒音，廃棄物（その輸送と輸出），水質（飲料水，地下水，河川への排出），生物・自然の保護（生息環境，危機に瀕している生物の保護），特定物質関連（燃料の質，化学物質，製品ラベル）など幅広い問題を包含していたのである。

(2) EU環境法の基本原則　EUの環境保護に関する主たる目的は，1987年以降EC条約に規定され，EU環境法の基本法を構成するものである。EC条

約第2条は，欧州共同体のすべての主要原則を謳っているが，環境の保護についての原則も含んでいる。すなわち，

第2条［目的］
　共同体全体を通じて，経済活動の調和的，均衡的及び持続可能な発展，高水準の雇用及び社会的保護，男女間の平等，持続可能でかつインフレーションを伴わない成長，経済達成の高度の競争性及び集中化，生活水準及び生活の質の向上，環境の質の高水準の保護及び改善，並びに構成国間の経済的及び社会的な緊密化と連帯を促進することをその使命とする。

第6条［環境保護］　環境保護の要請は，第3条に定める共同体の政策及び活動の定義と実施の中に，特に持続可能な発展の促進のために取り入れられなければならない。

第174条［環境政策の目的］
1　共同体の政策は，次の目的の追求に寄与する。
　　環境の質を維持し，保護し，及び改善すること
　　人間の健康を保護すること
　　天然資源の慎重かつ合理的な利用
　　地域的又は世界的な環境問題を扱う国際的段階での措置を促進すること。
2　共同体の環境政策は，共同体の各地域における事情の多様性を考慮しながら高度の保護水準を目指す。それは，事前予防の原則，並びに予防措置が講じられるべきこと，環境損害は先ず原因において是正されるべきこと，及び汚染者が負担を負うべきことという原則に基礎を置く。
　　これに関連して，環境保護の要請に応えるための調整措置は，必要があるときは，構成国が，共同体の監督に従うことを条件として，非経済的な環境上の理由のために暫定的措置を執ることを許可する保障条項を含む。
3　共同体は，その環境政策を準備するに当たって，次のことを考慮に入れる。

利用可能な科学的及び技術的情報
　　　共同体の多様な地域における環境的条件
　　　行動をとった場合ととらない場合の潜在的な利益及び負担
　　　全体としての共同体の経済的及び社会的発展並びに共同体の諸地域の均衡のとれた発展

　以下では，上に引用した，EC条約第174条において，環境政策が4つの特定の原則に基づかなければならないとしているので，それらの原則を検討する。
　①予防原則　環境政策における最も重要なこの原則は，十分な科学的根拠がない場合であっても，特定の状況，製品および物質が環境および人間の健康に重大な損害を与えているという兆候がある場合には，立法措置をとることが適切であるとするものである。例えば，プラスチックを軟化させる化学物質である Phthalates の包括的なリスク評価がなされていない状況で，使用禁止の措置を肯定するものである(12)。②事前防止措置原則　この原則は，発生した被害を事後に除去するよりも，汚染の発生を未然に防止する手段をあらかじめとっておく方が，通常は費用がかからないという考え方に基づくものである。この原則は予防原則と不可分に結びついているが，EU裁判所は，これらの原則は，ほとんど交互に使用されるべきとの判断を示し，BSE（狂牛病）への取組みにあたっても，「事前防止措置の原則」に基づき，とるべき対策は，決定的な証拠なくしても可能であると判断したといわれる。③汚染者負担原則　汚染者が被害の費用を支払うべきとの原則は，今や自明となり，立法において採用されてきた。すなわち，特定の廃棄物処理を取り扱う法律では，製品製造業者に（被害の）コストの全部または大部分の負担を負わせる根拠をこの原則においている。しかし，この原則には，批判がないわけではない。汚染（発生した被害）の除去のコスト負担につき汚染源である製品の使用者がどの程度寄与すべきかにつき明確でないというのである。拡散型の汚染についても，汚染者の限定につとめ，この原則を徹底すべきであろう。④発生源での対応原則　欧州裁判所により採用された原則である。すなわち，ある地域当局が他地域から

の廃棄物の輸入を禁止したケースにおいて，廃棄物は，それが発生した場所にできるだけ近い所で処理されるべきであるというものである。

(3) 有害廃棄物の越境運送に関する EC 指令　廃棄物問題が世界的に注目をあびている中で，廃棄物処理およびその一環としてのリサイクルの問題がある。廃棄物に関する EC の基本方針は，まず廃棄物そのものの発生を減らし，それでも出てくる廃棄物は再利用またはリサイクルし，それが不可能なものは最適処分を行う，そして廃棄物による汚染には浄化措置を実施するというもので，いわばパイプの入口から規制しようという思想である。このほか，有害廃棄物の輸送についての規制も行ってきた。そこで，EC レベルでなされてきた廃棄物関連の各種指令の提案，改正案について素描する。

(a) 廃棄物指令（1975年制定，1991年改正）　廃棄物に関する枠組指令である（一部の産業廃棄物や放射性廃棄物は対象としない）本指令は，廃棄物処理によって健康や環境に悪影響を与えないようにするために必要な手段をとることを求め，そのために，①廃棄物に責任を負う当局の指定，②当局による廃棄物処理（回収，輸送を含む）計画の立案，③廃棄物取扱施設や企業の操業の許可を定めた。これに加えて，加盟国はリサイクルの推進を要請され，また，リサイクル促進のためのいかなる法案も EC 委員会に報告することが義務づけられた。

この指令は1991年3月18日に改正された。改正の主たる内容は，「廃棄物（waste）」の定義の明確化と廃棄物のリサイクルと再利用の一層の奨励，および許可を受けるための要件の変更である。

(b) 有害・危険廃棄物指令（1978年制定，1991年改正）は，有害・危険廃棄物（放射性廃棄物等特別なものは除く）を貯蔵，処理，処分する企業に当局による許可を受けることを義務付ける。各加盟国は本指令により，有害・危険廃棄物を他の廃棄物と区分して回収，輸送，保管，処分し，その梱包には当該廃棄物の特性，組成，重量を明示したラベルが貼付されるよう監督する義務を負う。

1988年に本指令の改正案が EC 委員会により提案され，1991年12月12日に採

択された。それによれば,「有害・危険廃棄物（toxic and dangerous waste）」を「有害廃棄物（hazardous waste）」という,より包括的な表現に変えるとともに,定義を明確化することにより各国での解釈の相違の余地をなくし,廃棄物の発生の抑制とリサイクルすることに一層の重点をおく。

(c) 有害廃棄物の越境輸送に関する指令（1984年制定）は,自国での有害廃棄物処理設備の不足が原因で,あるいは安い処理施設を求めて有害廃棄物が越境移動するのを監視,規制することを目的とする。

(d) 危険物質を含有するバッテリーに関する指令（1991年3月18日に採択）は,水銀,カドミウムなど危険物質を含有するバッテリーと蓄電池を対象とするリサイクル法案の一つである。この指令は,加盟国に対し当該バッテリーにつき,別途の処分の必要性,リサイクルの可能性,家庭廃棄物との同時処分の可否の識別表示などを義務づけるものである。

(e) 廃棄物に関する民事責任指令案　ECの環境法のうちで最も論議のある問題に関するものである。1989年10月に原案が提案され,1991年6月に修正案が出された。有害廃棄物の越境移動に関する指令の中で,1988年9月末までに有害廃棄物の発生者の民事責任規定とそれをカバーする保険に関する規定をEC委員会の民事責任指令案として提案したものである。欧州議会が修正提案後,EC委員会でも相当程度その内容を取り入れて再提案したものである。その内容の主たるポイントは,汚染者負担の原則にしたがい発生者に民事上の責任原理としての無過失責任,連帯責任を負わせたこと,および,その責任を強制保険を含む支払手段の確保の義務づけでカバーしようとしたことである[13]。

(4) 「環境と貿易」とマラシュケ合意

(a) 貿易の自由化と環境の保護　国際社会が現在抱えている問題は,環境保護を理由とした貿易措置が一方的に課されるというユニラテラリズムが横行する危険と,環境保護を配慮した貿易の自由化が持続可能な経済成長を実現する必要性であるといわれている。現在,WTOが抱えている難問題である。要

するに，環境NGOが，"Greeting the GATT（ガットを緑に）"というスローガンで示したように，貿易自由化と環境保全が両立可能であるかということである。この貿易と環境の問題に対する考え方は二分される。第一の立場は，環境最重視の立場で，WTO体制下で進行する貿易の自由化により世界的レベルでの環境破壊が加速されることを懸念する立場である。第二の立場は，自由貿易擁護派であり，環境保護を目的とした各国の環境基準や環境規制が実際には輸入制限的な措置として機能し，結果的には国内の保護主義的勢力の「道具」になるのではないかと懸念する人々である。環境負荷を可能な限り抑制する形で産業政策や通商政策を各国が策定し，環境保全の措置が持ちうる貿易歪曲効果をできるだけ少なくすることが求められているのである。

しかし，現実の国際貿易においては発展段階の異なるさまざまな国民経済が繁栄と経済的安定を求めて互いに競争しており，このことが「貿易と環境」をめぐる国際的交渉を一層複雑にしている。また，現実には，先進国，またある国が身勝手に行動したりして，2002年ヨハネスブルクで開かれた「持続可能な開発に関する世界首脳会議」では，開発途上国から，「WTOがサミットを乗っ取った」という批判が繰り返され，先進国主導のWTOは，開発途上国や環境保護派から敵視されつつあると報ぜられている[14]。

(b) GATT/WTOにおける環境への取り組み　貿易と環境の問題が初めてGATTで議論されたのは1971年であり，そこで「環境措置と国際貿易に関する作業グループ」が設置されたが休眠状態にあった。1990年11月，「欧州自由貿易連合（EFTA）」諸国は，1992年6月にブラジルで開催される国連環境開発会議（UNCED）に向けてGATTとしても貿易政策と環境政策の関連について，このグループに検討作業に入るよう提案した。これを受けて各国間で非公式の意見交換が行われた結果，1991年10月のGATT理事会で同グループによる検討作業の開始が正式に決定した。作業グループは，その後1992年と1993年の締約国会議に報告書を提出し，その審議を終了した。その間GATT事務局にも貿易と環境の問題を専門的に担当するスタッフが置かれ，こうして，1994年4月ウルグアイ・ラウンドを締めくくるマラシュケ閣僚会議におい

てWTOのなかに「貿易と環境に関する委員会（CTE）」が設置されることが正式に決定され，同委員会はシンガポール閣僚会議に報告書を提出すべく精力的に活動を行ってきた。

(c)　「ツナ・パネル」の裁定と「北米自由貿易協定」　米国内では格別の関心が貿易と環境の問題に向けられていた。その理由の一つは，1991年8月に出たGATTのいわゆる「ツナ・パネル」の裁定である。今一つの背景は，「北米自由貿易協定」（NAFTA）であった[15]。NAFTA交渉は，米国民に貿易と環境の問題が不可分にリンクしており，環境に害を与えることなく経済成長の達成と貿易障壁の軽減を保証することがきわめて困難であることを印象づけた。また「ツナ・パネル」の方はイルカを保護するための措置であったために，米国の輸入規制がGATT違反とされたことに米国の世論は大いに反発し，GATTで貿易と環境の問題が同一に議論がされることに対する疑念がわき起こったといわれる。この二つの出来事は単に米国内にとどまらず，世界的にも貿易と環境の関連の重要性を認識させる契機となり，各国はGATTやOECDの場での議論に本腰を入れるようになるのである。

(d)　GATT条文と環境　WTO協定の附属書ⅠAにはウルグアイ・ラウンドにおける修正を加えたGATTが「1994年GATT」として含まれているが，その中の環境に関連する条文といえば，GATT第20条(b)項と(g)項である。第20条は「一般的例外」を定めたものであるが，次のような規定になっている。

　　　この協定（GATT）の規定は，締約国が次のいずれかの措置を採用すること又は実施することを妨げるものと解してはならない。（中略）(b)人，動物又は植物の生命または健康の保護のために必要な措置，（中略）(g)有限天然資源の保存に関する措置。ただし，この措置が国内の生産又は消費に対する制限と関連して実施される場合に限る。

この適用除外には，一定の条件が付けられている。すなわち，GATTの無差別主義を踏襲する，それらの措置が同様の条件のもとにある国々の間で不当

に差別的な待遇を与える手段となってはならないということと，いわば自由貿易主義の原則を再確認する，例外対象となる措置を「国際貿易の偽装された制限となるような方法で」適用してはならないということである。

　GATT（一般協定）本体とは別に，東京ラウンド（1973～1979年）の際に合意された非関税障壁に関する協定の内，いわゆる「補助金・相殺措置に関する協定」（補助金コード）と「技術的貿易障壁に関する協定」（スタンダード・コード）が環境について定めている。補助金コード第11条1項は，輸出補助金以外の補助金について過密化問題および環境問題に対処する目的のために各国が補助金を交付することを容認している。これにより環境対策のために交付される補助金については，基本的にはGATT違反は問われないこととなる。次に，スタンダード・コードは，環境措置も含めて技術規格や基準を各国政府が決定する際にそれらが「国際貿易に不必要な障害」をもたらすことがないように求めているが，人の健康の保護や環境の保全などについては，例外を認めている。

　(e) WTOと「多国間環境条約（MEA）」との関係　　1994年4月のマラシュケ閣僚会議で採択された「閣僚決定事項」には，「貿易と環境に関する委員会」への付託事項ならびに10の検討課題が列挙されている。その中で最も議論が集中したのが，WTO協定とMEAとの関係である。既存のMEAの中には貿易措置を含むものとして，有害廃棄物の国境を越える移動およびその処分の規制に関するバーゼル条約がある。これらのMEAの中には非締約国に対し貿易措置を制裁手段としてとることを認める規定を有するものもあり，貿易措置の対象となった当該MEAの非締約国がWTOの協定加盟国である場合には，この措置が加盟国間での差別的待遇を禁止しているWTO協定に違反することにならないかという問題が存在する。

　WTOとMEAとの関係については，一定の条件が整っていればMEAの非締約国に対し貿易制限的措置をとることを容認しようという方向で議論は収斂しつつあるといわれる。しかし，「一定の条件」をどうするかについては，議論は分かれている。何らかのガイドラインを作成すべしとするグループと20条

の改正で対応すべしとするグループ＝現状維持でも何とかなるとするグループである。WTOとMEAとの整合性確保を図るアプローチとしては，「ガイドライン」や「20条改正」などあらかじめ，MEAがWTOに抵触しないための条件を規定しておこうとする「事前的アプローチ」とGATT第25条のウェーバー条項を援用してケース・バイ・ケースで対応しようとする「事後的アプローチ」の二つがある。MEAの法的安定性やWTOにとっては，「環境」という大義名分の下に抜け穴ができてしまうという危険性などが指摘されており，考慮のポイントであると指摘されている[16]。

(8) 進藤雄介『地球環境問題とは何か』（時事通信社，2000）114頁以下。OECD（環境庁地球環境部監訳）『OECD：貿易と環境』（中央法規，1995），高月紘＝酒井伸一『有害廃棄物』（中央法規，1993）。

(9) 東京海上火災保険株式会社『環境リスクと環境法』（有斐閣，1992）110頁より引用した。http://es.epa.gov/oeca/oere/851121.html 山本浩美『アメリカ環境訴訟法』（弘文堂，2002）32頁以下，また環境法に基づく市民訴訟については，115頁以下参照。

(10) http://www.gepc.or.jp/doc.pub/book—NoO 20/USA—072.html (2002/08/28), http://www.rrrgrjp/iso/ogawa/papercp 42.html 山本『アメリカ環境訴訟法』前掲注 (9) 45頁以下。

(11) 『環境リスクと環境法（欧州・国際編）』（有斐閣，1996），河内俊秀『環境先進国と日本』（自治体研究所，1998），関東弁護士会連合会　公害対策・環境保全委員会編『弁護士がみた北欧の環境戦略と日本』（自治体研究所，2001）。

(12) 原則の起源・展開及び基本的な考え方については，水上千之（水上＝西野＝臼杵編著）『国際環境法』214頁以下。

(13) 『環境リスクと環境法』前掲注 (11) 40頁以下，EC指令については，クリス・ポット（川村＝三浦監訳）「EU環境法の新展開」国際商事法務30巻4号（2002）436頁以下による。

(14) 「祝えるものではないが」朝日新聞，2002年9月6日社説，渡邊頼純（佐々波楊子＝中北徹編著）『WTOで何が変わるか』（日本評論社，1997）161頁以下。

(15) 川瀬剛志「地域経済統合における自由貿易と地球環境保護の法的調整」貿易と関税第48巻12号，49巻1号（2000-2001年）参照。

(16) 渡邊頼純「貿易と環境の政治経済学」前掲注 (14) 161頁以下参照。

V　バーゼル条約

1　UNEPによる有害廃棄物への取り組みとバーゼル条約への歩み

　1981年，ウルグアイのモンテビデオで開催された環境法に関する上級政府専門家会合において，有害廃棄物の輸送，取り扱い，処分の問題が陸上起因の海洋汚染及び成層圏オゾン層の保護と並び最優先課題とされた。1982年，UNEPは，管理理事会で，有害廃棄物の環境上適正な輸送，管理，処分に関する指針又は原則を発展させるための専門家作業グループの開催を決定する。1985年，OECDで「有害廃棄物管理のためのガイドライン」及び原則（カイロ・ガイドライン）で問題となったポイントとは，①有害廃棄物の定義，②発展途上国のアセスメント能力，③環境上好ましからざる投棄に関する責任，④非合法な移動，である。

　1986年には，UNEPの手によって，「有害廃棄物の環境上適正な処理のためのカイロ・ガイドラインおよび原則」がとりまとめられた。これは，各国政府が有害廃棄物の環境上適正な管理にかかる政策を発展させることに資するため策定されたものである。その内容は，①廃棄物の発生量を最少限にとどめるべきこと，②廃棄物発生削減技術の開発に必要な措置をとるべきこと，③廃棄物処理全般の政策指針を示すこと，④有害廃棄物の国境を越える移動については，事前通告・同意の手続をとるべきであること，である。この「ガイドラインおよび原則」は法的な拘束力はないものの，バーゼル条約策定以前の有害廃棄物の移動に関する国際的な合意として重要である。

　検討の場は，国連環境計画（UNEP）へと移り，1987年，UNEPはOECDが先に決定した「原則」を含む「カイロ・ガイドライン」を採択する。この直後の1988年，南北問題としての性格を決定的にする二つの事件，ココ事件とキアン・シー号事件が露見した。この年には，スイスとハンガリーの共同提案に基づき，UNEP管理理事会は，UNEPの有害廃棄物越境移動管理の条約作成

のためのワーキング・グループを設置し，同グループは作業を開始した。1989年3月22日には，スイスのバーゼルにおいて開催されたバーゼル条約（正式には「有害廃棄物の国境を越える移動およびその処分の規制に関するバーゼル条約（Convention on the Control of Transboundary Movements of Hazardous Wastes and Their Disposal）」）採択のための外交会議において同条約が採択された（1992年5月5日発効）。

折しも工業先進国からの発展途上国への有害廃棄物の越境移動が現実に暴露されたのである。その結果，「アフリカ統一機構（OAU）」の加盟国がアフリカにおける廃棄物の処分を非難するとともに（OAU決議），開発途上国は，有害廃棄物のすべての越境移動の禁止を主張した（越境移動禁止論）。また，1991年には，アフリカへの有害廃棄物の輸入を禁止する「バマコ条約（Bamako Convention on the Ban of the Import into Africa and the Control of Transboundary Movement and Management of Hazardous Wastes within Africa）」も採択された。これに対して，工業先進国は，廃棄物であっても経済的価値のある，リサイクル可能な物の取引と越境移動についてあまり制限を設けないことを主張した（越境移動規制論）。こうして，途上国と先進国の間の主張の溝は深く，採択された本条約に対する両サイドの不満も多く，バーゼル条約への署名は進捗しなかったのである。バーゼル条約の採択後3年余を経た1992年5月に至り，ようやく条約発効に必要な20ヵ国の批准を得た。そうして，1997年7月段階では，「有害廃棄物の越境移動及びその処分の規制に関するバーゼル条約」に112ヵ国プラス1国際機関（EC）が，2002年6月19日現在150ヵ国及びヨーロッパ評議会が批准している。わが国は，1993年9月17日加入したが，アメリカ合衆国は未だ批准していない[17][18]。

2　バーゼル条約の主たる規定の内容

(1) 条約の対象とされる廃棄物と適用範囲　　バーゼル条約は，「有害廃棄物」と「他の廃棄物」として，その規制の対象となる廃棄物を，以下の3つに大別する。

① まず，廃棄の経路，成分の2つの要因で規制される廃棄物に分類される廃棄物で，かつ，有害特性（すなわち，爆発性，引火性，可燃性，毒性，腐食性など14の有害・危険性特性）を有する（附属書Ⅲ・表3参照）ものである。ここで，廃棄の経路，成分による有害廃棄物は45に分類（附属書Ⅰ・表1参照）され，そのうちの18については，廃棄経路により分類される（Y1からY18）。例えば，病院などの医療行為などから生ずる医療廃棄物（Y1），医薬品の製造などから生ずる廃棄物（Y2），有機溶剤の製造などから生ずる廃棄物（Y6），PCBなどを含む又はPCBにより汚染された廃棄物質及び廃棄物品（Y10）などである。他の27の廃棄物は，含有成分により分類された有害物品である（Y19からY45）。たとえば，六価クロム化合物（Y21），銅化合物（Y22），亜鉛化合物（Y23），砒素，砒素化合物（Y24），カドミウム，カドミウム化合物（Y26），水銀，水銀化合物（Y29），鉛，鉛化合物（Y31）などである。

② それ以外の廃棄物で締約国がその国内で有害であると定義し，また，認める廃棄物（第1条1項）

③「他の廃棄物」として，家庭から収集されるゴミ（Y46）と家庭の廃棄物の焼却から生ずる残滓（Y47）（附属書Ⅱ・表2参照）である。

ただし，放射性廃棄物は，別の国際的な規制（「放射性物質安全輸送規則及び放射性廃棄物の国境を越える移動に関するIAEA行動綱領」）の対象とされており，また，船舶の通常の運行から生ずる廃棄物であって他の条約「1973年の船舶による汚染の防止のための国際条約に関する1978年議定書（マルポール条約）」が適用されるものは，本条約の適用範囲から除外される（第1条3，4項）。

次に，何をもって「廃棄物」と定義するかについては問題がある。すなわち，リサイクル可能な物質を条約の規制対象とすることの是非については，アフリカ諸国をはじめとする開発途上国と先進国の間で，OECD諸国（附属書Ⅶの諸国）から非OECD諸国（開発途上国）への輸出を禁止する1995年改正に関連して議論があったところである。最終処分が行われるものだけを「廃棄物」

とし，リサイクルされうるものを「廃棄物」の定義から除外すると，リサイクルに名を借りて最終処分目的の輸出が行われる恐れがあるので，リサイクルが行われるものについても条約の対象とすることが必要とされたのである。

　本条約によれば，「廃棄物」とは，「処分され，処分が意図され又は国内法に規定により処分が義務付けられている物質又は物体である」（第2条1項）。そして，条約は，「廃棄物」の決定基準となる「処分」概念を附属書Ⅳ表に掲げる作業であるとした。附属書Ⅳによれば，A表は，資源回収，再生利用，直接再利用又は代替的利用の可能性に結びつかない，リサイクル不可能な15の処分作業リスト（例えば，地上・地中廃棄，海洋以外の水中投棄など）（D1からD15）と，B表は，処分される物質または物体であり（処分予定を含む），リサイクル可能な13の処分作業リスト（例えば，資源回収，回収利用，再生利用など）（R1からR13）である。この改正は未発効であるが，1998年には条約で禁止される物質と禁止されない物質を区別するA，Bの2種類のリストが，それぞれ附属書Ⅷ，Ⅸとして採択された[19]。

表1　バーゼル条約附属書Ⅰ：規制する廃棄物の分類

　　　廃棄の経路
- Y 1　病院，医療センター及び診療所における医療行為から生ずる医療廃棄物
- Y 2　医薬品の製造及び調剤から生ずる廃棄物
- Y 3　廃医薬品
- Y 4　駆除剤及び植物用薬剤の製造，調合及び使用から生ずる廃棄物
- Y 5　木材保存用薬剤の製造，調合及び使用から生ずる廃棄物
- Y 6　有機溶剤の製造，調合及び使用から生ずる廃棄物
- Y 7　熱処理及び焼戻し作業から生ずるシアン化合物を含む廃棄物
- Y 8　当初に意図した使用に適さない廃鉱油
- Y 9　油と水または炭化水素と水の混合物又は乳濁物である廃棄物
- Y 10　ポリ塩化ビフェニール（PCB），ポリ塩化トリフェニール（PCT）もしくはポリ臭化ビフェニール（PBB）を含みまたはこれにより汚染された廃棄物質及び廃棄物品

- Y11　精製，蒸留及びあらゆる熱分解処理から生ずるタール状の残滓
- Y12　インキ，染料，顔料，塗料，ラッカー及びワニスの製造，調合及び使用から生ずる廃棄物
- Y13　樹脂，ラテックス，可塑剤及び接着剤の製造，調合及び使用から生ずる廃棄物
- Y14　研究開発又は教育上の活動から生ずる同定されていない又は新規の廃化学物質であって，人又は環境に及ぼす影響が未知のもの
- Y15　この条約以外の法的な規制の対象とされていない爆発性の廃棄物
- Y16　写真用化学薬品及び現像剤の製造，調合及び使用から生ずる廃棄物
- Y17　金属及びプラスチックの表面処理から生ずる廃棄物
- Y18　産業廃棄物の処分作業から生ずる残滓成分
- Y19　金属カルボニル
- Y20　ベリリウム，ベリリウム化合物
- Y21　六価クロム化合物
- Y22　銅化合物
- Y23　亜鉛化合物
- Y24　砒素，砒素化合物
- Y25　セレン，セレン化合物
- Y26　カドミウム，カドミウム化合物
- Y27　アンチモン，アンチモン化合物
- Y28　テルル，テルル化合物
- Y29　水銀，水銀化合物
- Y30　タリウム，タリウム化合物
- Y31　鉛，鉛化合物
- Y32　ふっ化カルシウムを除く無機ふっ素化合物
- Y33　無機シアン化合物
- Y34　酸性溶液又は固体状の酸
- Y35　塩基性溶液又は固体状の塩基
- Y36　石綿（粉じん又は繊維状のもの）

Y37　有機リン化合物
Y38　有機シアン化合物
Y39　フェノール，フェノール化合物
Y40　エーテル
Y41　ハロゲン化された有機溶剤
Y42　ハロゲン化された溶剤を除く有機溶剤
Y43　ポリ塩化ジベンゾフラン類
Y44　ポリ塩化ジベンゾ-パラ-ジオキシン類
Y45　この付属書に掲げる物質以外の有機ハロゲン化合物

表2　バーゼル条約付属書Ⅱ　特別の考慮を必要とする廃棄物の分類

Y46　家庭から収集される廃棄物
Y47　家庭の廃棄物の焼却から生ずる残渣

表3　バーゼル条約付属書Ⅲ　有害特性リスト

国連番号	コード	
1	H1	爆発性
3	H3	引火性の液体
41	H4.1	可燃性の固体
42	H4.2	自然発火しやすい物質又は廃棄物
43	H4.3	水と作用して引火性のガスを発生する物質又は廃棄物
51	H5.1	酸化性
52	H5.2	有機過酸化物
61	H6.1	毒性（急性）
62	H6.2	病毒をうつしやすい物質
8	H8	腐食性
9	H10	空気又は水と作用することによる毒性ガスの発生
9	H11	毒性（遅発性又は慢性）

| 9 | H12 | 生態毒性 |
| 9 | H13 | 処分の後，何らかの方法によりこの表に掲げる特性を有する他の物（例えば，浸出液）を生成することが可能の物 |

　では，バーゼル条約が対象とする有害廃棄物の「越境移動」とはいかなる事態を意味するものであるか。条約は，「国境を越える移動の対象となるもの」をその適用対象とする。ここで，「国境を越える移動」とは，「その移動に少なくとも二つ以上の国が関係する場合において，一の国の管轄の下にある地域から，他の国の管轄の下にある地域へ若しくは他の国の管轄の下にある地域を通過して，又はいずれの国の管轄の下にない地域へ若しくはいずれの国の管轄の下にもない地域を通過して，移動することをいう」（第2条3項）。

　(2) 有害廃棄物の越境移動と処分の規制　　本条約は，その前文において，「この条約の締約国は，有害廃棄物及び他の廃棄物並びにこれらの廃棄物の国境を越える移動によって引き起こされる人の健康及び環境に対する損害の危険を認識し」とのべ，その第4条において，有害廃棄物の管理に関する基本目的を設定し，その達成方法を定め，それが締約国の一般的な義務であるとする[20]。

　有害廃棄物の輸入を禁止することが，国家の主権的権利であると定め，この権利を行使する締約国は，事務局を通じて，その旨を他の締約国に通報する（第4条1項(a)，第13条2項(c)）。また，条約は，締約国と非締約国間の有害廃棄物の取引を禁止する（第4条5項）。ただし，単に通過することは禁止していない。締約国は，締約国又は非締約国との間で有害廃棄物又は他の廃棄物の国境を越える移動に関する二国間の，多国間の，地域的協定又は取決めを締結することができる。無論そのような協定や取決めが環境上適正な管理という条件に合致することが条件となっており，また，協定や取決めも特に開発途上国の利益を考慮して，本条約の環境上適正な管理という条件以上の内容を規定をするものとされる（第11条）[21]。

本条約は，有害廃棄物が南極（南緯60度以南の地域）における処分のために輸出されることを絶対的に禁止する（第4条6項）。また，OECD諸国から非OECD諸国への廃棄物取引も禁止される。この点について付記すると，1994年3月の第2回締約国会議（ジュネーブ）において，(i) OECD諸国から非OECD諸国への最終処分目的での有害廃棄物の越境移動を直ちに禁止する，(ii) OECD諸国から非OECD諸国への再生利用及び回収目的での有害廃棄物の越境移動を1997年12月31日までに段階的に削減し，同日付で禁止する，旨の締約国決定が採択された。しかしながら，1995年9月の第3回締約国会議（ジュネーブ）で，1994年会議における決定の法的拘束力について先進国から疑念が示された。そこで，先進国と途上国の間の有害廃棄物の越境移動の禁止について，条約第17条により，概ねこの決定を条約化する趣旨で条約改正が行われた。本改正が発効するためには，本改正の採択時の締約国62ヵ国の4分の3により批准されなければならない。2002年6月19日現在，改正条約を批准・加入している国は39ヵ国，1国際機関（EC）にとどまっている（日本は未加入）。

　次に，本条約の有害廃棄物の管理に関する基本目的は，「有害廃棄物の越境移動の減少及び移動に対する有効な規制」である。締約国がこの目的達成のためにとるべき適切な措置は，国内における廃棄物発生の最小化であり（第4条2項(a)），また，廃棄物発生地国における処分原則である（第4条2項(b)(d)）。締約国は，国内における廃棄物管理上の義務として，廃棄物の減量を図り，適切な処分場が利用することができるならば自国で処理することにより，越境移動を減少する責任を有することになる。次に，締約国の国際的な義務は，有害廃棄物の「環境上適正な管理」義務である。その具体的な内容は，まず，締約国から輸出されることになる有害廃棄物が輸入国又は他の場所において環境上適正な方法で処理されること（第4条8項），有害廃棄物を環境上適正な方法で処理できない場合に，管理を確保する発生地国の義務を輸入国又は通過国に移転してはならないこと（第4条10項），環境上適正な処理がなされえない場合には，他国への輸出又は他国からの輸入を認めてはならない（第4条2項(c)）ということである[21][22]。

(17) 臼杵知史「有害廃棄物の越境移動とその処分の規制に関する条約（1989年バーゼル条約）について」国際法外交雑誌第91巻3号（1992）44頁以下，井上秀典「有害廃棄物の国境を越える移動に関する国際的・国内的法的枠組み」片岡寛光編『現代行政国家と政策過程』（1994）219頁以下，井上秀典「バーゼル条約と国内法」『環境法研究20号』（人間環境問題研究会，1992），高村ゆかり「有害廃棄物に関するバーゼル条約」『国際環境法』（水上＝西井＝臼杵編著）（有信堂，2001）75頁以下，臼杵知史「廃棄物の国際管理」『開発と環境』（三省堂，2001）187頁以下など。

(18) http://www.basel.int/about.html　http://www.unep.ch/basel/

(19) http://kjs.nagaokaut.ac.jp/mikami/STS/PRTR/note.htm (2002/08/29).

(20) http://www.unep.ch/basel/htm『バーゼル条約国内法令集』（財団法人日本環境衛生センター，1994）。なお，バーゼル条約は，地球環境法研究会編『地球環境条約集』（中央法規，1999）に所収されている。輸入状況については，http://www.pc-room.co.jp/sankan/000619/v 009.htm

(21) 他国との協定や取決めによる規制の強化もあるし，場合による投資協定による緩和も見逃しえないところである。この点について，臼杵「廃棄物の国際管理」前掲注 (17) 201頁以下。

(21) 日本は，OECD諸国間で取決めを締結している。その結果として，平成13年度における特定有害廃棄物等の輸出入の状況をみると，相手国からの通告総量7,088トン，輸出承認の重量2,029トンである（平成9年度の通告総量1万2,466トン，輸出承認9,559トン），輸入相手国は，マレーシア，シンガポール，フィリピンが中心で，その他フランスやオランダである。対象物：ブラウン管のくず，有銀残滓，使用済み触媒などである。これに対して，相手国への通告総量946トン，輸出承認1,446トン（平成9年度のそれらは，4,120トン，6,390トン），輸出相手国は，韓国，米国，ベルギー，カナダの4ヵ国にとどまる。対象物：レンズ付きのフィルムや鉛のスクラップ，ハンダのくずなどであり，処分目的は，再利用，リサイクル，コバルト，鉛，錫の回収である。

(22) http://www.mofa.go.jp/mofaj/gaiko/kankyo/jyoyaku/basel.html (2002/09/05)

VI　紛争解決制度と損害賠償責任議定書

1　バーゼル条約第20条に定める紛争の解決

環境関係条約の一典型としてのバーゼル条約は幾つかの特徴を有するものであるが，とくに「継続的合意形成条項」が盛り込まれていることに特色があ

る。この条項には，損害賠償責任レジームの確立をとおして，「環境保護に関する実効的な損害賠償レジームを構築するためには，損害賠償に関する特定の国家の責任を実証してゆく必要」があり，この必要性に対処する現実的な手法がこのような条項，いわゆる「枠組条約」システムの採用であった。

環境関係条約としてのバーゼル条約は，領域概念の強調という主権国家の並存を前提とする国際社会の枠組の下で，地球規模の環境保護の問題を処理せざるを得ないのである。したがって，バーゼル条約が地球的な規模の協力関係の中で環境破壊を防止するという目的を実現するためには条約の実効性を確保しなければならないのであり，民事賠償責任レジームと主権国家間の権利と義務の調整のための紛争解決システムの確立が必要不可欠となる。

バーゼル条約第20条は，「紛争の解決」について，以下のように定める。

1 この条約又は議定書の解釈，適用又は遵守に関して締約国間で紛争が生じた場合には，当該締約国は，交渉又はその選択する他の平和的な手段により紛争の解決に努める。

2 関係締約国が1に規定する手段により紛争を解決することができないときは，紛争は，国際司法裁判所に付託し又は仲裁に関する附属書Ⅵに規定する条件に従い仲裁に付する。もっとも，紛争を国際司法裁判所へ付託し又は仲裁に付することについて合意に達しなかった場合においても，当該締約国は，1に規定する手段のいずれかにより紛争を解決するため引き続き努力する責任を免れない。

3 国及び政治統合又は経済統合のための機関は，この条約の批准，受諾，承認若しくは正式確認若しくはこれへの加入の際に又はその後いつでも，同一の義務を受諾する締約国との関係において紛争の解決のための次のいずれかの手段を当然にかつ特別の合意なしに義務的であると認めることを宣言することができる。

　(a) 国際司法裁判所への紛争の付託
　(b) 附属書Ⅵに規定する手続に従う仲裁

その宣言は，事務局に対し書面によって通告するものとし，事務局

は，これを締約国に送付する。

　この規定からも読みとれるように，バーゼル条約における現行の紛争解決メカニズムは，2段階の手続からなる。すなわち，(1) 交渉又はその選択する他の平和的・友誼的な手段であり，この手段により解決を得ないときには，(2) 締約国間で合意が存するときには，国際司法裁判所への紛争の付託，または，附属書Ⅵに規定する手続に従う仲裁である。また，国際司法裁判所または仲裁への付託について合意をえられないときでも，締約国は平和的な手段または国際司法裁判所と仲裁への付託による紛争解決の努力義務を有する。さらに，同一の義務を受諾する締約国との関係において，紛争解決のために特別の合意なしに国際司法裁判所と仲裁への付託による紛争解決を義務的であると宣言することができるとしている。

　このように，バーゼル条約による紛争解決システムは，伝統的な国際法上の紛争解決手続としての，非拘束的また非強制的な手続にとどまり，WTOの紛争解決メカニズムのような強制的管轄権を有しない。それゆえ，条約の遵守と履行により実効性を確保し，条約の理念を実現することを希求する締約国にとっては，条約の履行の監視を求め，条約の強い紛争解決のメカニズムを要請することとなる。

　また，バーゼル条約の現行の紛争解決のメカニズムは，強制的な履行確保の手段を持ち合わせていない。枠組条約の利を得て，「環境保護に関する実効的な民事損害賠償のレジーム」を構築してゆくために，締約国会議により求められる，法律作業部会による締約国に向けられるバーゼル条約の紛争解決レジームのあり方に対する意見聴取も含めて，バーゼル条約の履行と遵守のメカニズムの確立及び条約第20条に定める紛争解決方法の再検討と将来の構築に向けての作業が開始されたのである[23]。

2　法律作業部会及び諮問サブグループによる紛争解決メカニズムの分析

　ジュネーブで2000年10月12日より13日まで開催されたバーゼル条約法律作業

部会第2回会合において，事務局は，すべての締約国に回付される文書を準備した。暫定的な議事日程第6項で，バーゼル条約第20条に定められた紛争解決方法の分析が検討対象とされたが，結局，法律作業部会では，条約の履行と遵守のメカニズムに関する議論にかかわる問題であるだけに，紛争解決のメカニズムの争点に関する最終的な決定をすることを延期した。

　第5回締約国会議は，その決定により，法律作業部会に対して，条約第20条の下での紛争解決を分析する問題についてさらに考慮をなし，この問題に関する将来の作業についてアドバイスするよう求めた。また，その決定は，紛争解決に関連する一連の諸問題に未だ回答しなかった当事者に対して，この問題の進捗を容易にすることを促している。

　バーゼル条約事務局は，締約国に対して，2回（2000年2月8日及び同年4月27日）紛争解決に関連して一連の質問書を回付した。これには6ヵ国だけが回答した。これらの当事国とは，オーストラリア，デンマーク，ヨーロッパ評議会，アイスランド，イスラエル及びイギリスである。

　回答した6ヵ国のうちオーストラリアをはじめとする4締約国は，バーゼル条約第20条に規定される紛争解決メカニズムが締約国の現実の必要に十分応えるものであり，また，それゆえ改正される必要がないとの見解を表明し，バーゼル条約第20条に含まれる紛争解決メカニズムに満足する。この4ヵ国のうちの2ヵ国は，それを締約国に強制的に履行確保となる第20条の下での紛争解決手続のあらゆる改正に異議を述べる。

　これらの締約国は，バーゼル条約にかかる見解や意見の相違と不一致を友誼裡に解決することを優先すると強調した（イスラエル）。また，最終的に，これら4ヵ国のうちの1ヵ国は，それらの事項が同意に基づき，かつ，非対立的な仕方で解決されるべきことに賛意を表明した。この理由で，——この締約国の見解では——，潜在的な紛争の解決を可能にする最良の手段は，忠告的また便宜的遵守と履行メカニズムである。結論として，この締約国は，法律作業部会の現在の作業としてバーゼル条約の遵守メカニズムを発展させることを強く支持した（イギリス）。

第 4 章　有害産業廃棄物の越境移動とバーゼル条約　243

　これに対して，デンマーク及びヨーロッパ評議会の 2 ヵ国だけがすべての締約国に強制的であり，その結果において拘束的であろう，より強力なメカニズムの導入に賛成する。強制的なメカニズムに賛同するこれら 2 ヵ国のうち一国の締約国であるデンマークは，バーゼル条約に関する紛争に関する実務上の何らの経験も有していなかったことを認めながらも，遵守メカニズム及び実効的な紛争解決メカニズムが「全体的な遵守と履行の包み」の補充的な構成要素であると考える。この締約国は述べた。──ひとたび遵守メカニズムが展開されると，履行問題が紛争に変化する前に，遵守メカニズムが履行問題を処理するであろうことを期待するのが合理的である。しかしながら，紛争が関連する締約当事国間で，遵守メカニズムの下で回避されまたは対応しえないならば，もしくは，別段の形で，同意を求める (consensus-seeking) また非対立的な (non-confrontational) 方途で解決されえないならば，強制的なまた拘束的な紛争解決メカニズムが紛争状態にある争点の最終的な決定を提供するであろう。強い紛争解決と遵守のメカニズムは──この締約当事国の見解においては──，このようにして相互に支持されるものである。

　これらの締約当事国は，強制的なメカニズムの賛成のための第二の論拠を提出する。すなわち，有害廃棄物に関連して現れうるすべての紛争がバーゼル条約の中で解決されるために，少なくとも，バーゼル条約が世界貿易機関 (WTO) のそれと同様の強力なメカニズムを有することが必要であると。

3　バーゼル損害賠償責任議定書

　バーゼル条約第12条では，「締約国は，有害廃棄物及び他の廃棄物の国境を越える移動及び処分から生ずる損害に対する責任及び賠償の分野において適当な規則及び手続を定める議定書をできる限り速やかに採択するため，協力する」旨の規定が定められている。1992年 5 月 5 日におけるバーゼル条約の発効後，1993年に至り，バーゼル条約を実効性あらしめ，迅速な救済を確保する必要からバーゼル損害賠償責任議定書の協議は，具体的には，発展途上国が行ってきた，有害廃棄物の不法な投棄もしくは偶然に生ずる流失に対処するための

資金と技術の欠如の懸念に応えて開始されたものである。

　1990年からの外交交渉と検討の結果，損害賠償に関する議定書については，加害者側に厳しすぎる責任を課すことになることを避けたい先進国側と，できるだけ厳しい損害賠償責任を定めることを求める途上国側との間で対立があった。1999年12月10日に開催された第5回締約国会議（COP5）（バーゼル）において，有害廃棄物の越境移動及びその処分に伴って生じた損害についての賠償責任と補償の枠組を定めた『有害廃棄物の国境を越える移動及びその処分から生ずる損害に関する責任及び賠償に関するバーゼル議定書』（以下，「バーゼル損害賠償責任議定書」という）が採択された。まず，その目的は，有害廃棄物及びその他の廃棄物の越境移動とその処分から生ずる損害に対する責任と適切かつ迅速な賠償に関する包括的制度を提供することである。

　そして，バーゼル損害賠償責任議定書の主な内容は，以下のとおりである[24]。

　(1) 損害の定義　　本議定書の対象となる損害とは，①人身損害，②財産損害，③環境の損傷の結果生じた，何らかの形での環境の利用によって得べかりし経済的利益の損失，④損傷した環境の回復措置費用，⑤未然予防措置費用であり，かつ，バーゼル条約にしたがった有害廃棄物等の国境を越えた移動並びに処分の対象になる廃棄物の有害性に起因するものをいう（第2条）。

　(2) 時間的適用の範囲　　本議定書は，有害廃棄物が輸出国の領域内で輸送手段に積載される地点から適用が開始され，原則としてバーゼル条約第6条9項に基づく処分の完了の通報がなされたときまで，または，そのような通報がなされなかったときには，処分の完了時まで適用される（第3条2項）。但し，締約国は寄託者への通報により輸出国領域内を適用から除外でき，また，有害廃棄物の一時保管等一部の処分に関しては，その後の処分が完了するまで適用される（第12条1項）。

　(3) 場所的適用の範囲　　本議定書には，適用範囲について画期的な規定が存在する。すなわち，まず，本議定書は，締約国の国家主権（排他的経済水域含む）の下にある地域で発生した損害に適用される。但し，その例外として，

損害の発生が公海上であっても，人身損害，財産損害及び回復措置費用に関しては本議定書が適用される。さらに，附属書Ａに掲げられた小島嶼国（AOSIS）に関しては，通過国であるこれらの国の領域内で損害が発生した場合，仮に本議定書の非締約国であっても，議定書が損害に適用される（第3条2項）。この点に関し，このようなことは国際法の一般原則に反すると先進国側から批判があったが，先進国側と途上国側の妥協の産物として挿入されたものである。

(4) 条約第1条1項(b) 廃棄物の扱い　　バーゼル条約第1条1項(b)は，各締約国において国内法令により有害廃棄物と定義したものに関しても同条約の適用があるとする。本議定書においては，これらの廃棄物から起因する損害についても議定書の対象とするものの，適用範囲を，廃棄物であると指定した国の領域内で損害が生じた場合のみに限定し，かつ，指定した国側の業者のみが適用対象となるように定め（第3条5項(b)），被害者側の損害補償の必要性と加害者側の利益保護のバランスを図った。

(5) 議定書の適用除外　　この除外規定は，EU等先進諸国と途上国諸国との間で最後まで意見が対立した論点の一つである。条約第11条により締結された，有害廃棄物等の越境移動に関して二国間，多数国間又は地域的な協定又は取決めに従った越境移動間に発生した損害に関しては，損害がそれらの協定等を締結している議定書締約国の領域内で発生し，かつ，右損害に関して被害者にハイレベルな補償を提供することにより本議定書の目的と完全に適合するか，または，本議定書を超える損害賠償制度を有している場合は，本議定書の適用を除外する（第3条6項）というものである。

(6) 厳格責任の原則　　処分者が廃棄物を占有するまでは，条約第6条に基づいて通報を行った者（通報者）が責任を負う。輸出国が通報者の場合又は通報がなかった場合は，輸出者が責任を負う。一方，処分者が廃棄物を占有した時点以後は，処分者が責任を負う。本議定書が通報者，処分者等に課す責任は，無過失責任であって，責任者は自己に過失がないことを証明しても責任を免れることはできない（第4条）。

(7) 責任限度額，強制保険制度並びに財政メカニズム　　各締約国は，本議定書の下での厳格責任である賠償責任について，国内法により上限額を定める必要がある。議定書は，各国が法令により定めることのできる最高上限額を規定する。通報者及び輸出者に関しては，取り扱う当該廃棄物の量に比例して，1万ユニット（ユニットとは，IMFの定める「特別引出権」）から最高30万ユニットまで定められており，処分者に関しては一律2万ユニットと定められている（第12条附属書B）。そして，第4条により責任を負う者は，右上限額までは，保険契約の締結等確実に支払が確保できる財政措置を講じる義務を有する（第14条1項）。しかし，過失責任については，上限はない（第12条）。

　また，財政メカニズムは，先進国と途上国との間で最後まで対立した論点の一つであったといわれる。途上国側は，本議定書において新しく基金を設立し，損害補償が十分になされなかった場合は，その基金から補塡すべきであると主張し，他方，わが国を含む先進国側は，新しい基金を設立するだけの必要性が不明であると反対した。結局，双方が妥協した結果，基金の新規創設はなくなったが，本議定書に基づく損害がカバーされない場合は，既存のメカニズム（条約のCOP1決定で設けられた技術協力支援のための技術協力基金）を使用した追加的・補完的な措置が講ぜられる旨が規定された（第15条）。

(8) 裁判管轄と外国判決の承認・執行　　本議定書で認める賠償請求については，被害者救済の観点から，損害発生地国，事故発生地国又は被告住所地国のいずれかの国の国内裁判所に申し立てることができるという偏在理論を採用した。また，各締約国にこの請求を受理する必要な裁判管轄権を設ける義務を定めた（第17条）。複数の締約国で関連する訴訟が提起される場合には，最初に事件を係属した裁判所を除く他の訴訟を停止すると定める（第18条）。また，請求に関する実体または手続のすべての事項については，法の抵触に関する規定を含め法廷地法が適用される（第19条）。本議定書により管轄権を有する外国裁判所により下された判決は，その判決が詐欺によって取得された場合等を除き，各締約国はその効力を承認し，執行力を有する（第21条）。

(9) 発効日　　本議定書は，20番目の批准書等を寄託者が受領した後90日目

に発効することとなっている（第29条）。

4 発効期限と批准状況

　バーゼル損害賠償責任議定書の目的は，これらの廃棄物の不法な輸送が原因で生じた事件を含め，国境を越える有害廃棄物また他の廃棄物の移動から生ずる損害の適正かつ迅速な賠償と責任に関する包括的なレジームを提供することである。本議定書は，ある事件が生じた場合に財政的に責任を有する者に対して向けられている。国境を越える移動の各局面，すなわち廃棄物が輸送手段に積み込まれた点から，その輸出，国際的な通過，輸入及び最終的な処分までが考慮されたものである。

　第5回締約国会議は，また，本バーゼル損害賠償責任議定書が発効するまでの緊急の必要性ある事態に対処するための暫定的合意に関する決定をも採択した。

　そして，本議定書は，2000年12月10日までニューヨークにその本部を有する国際連合本部にその署名のために開かれてきた。バーゼル損害賠償責任議定書は，有害廃棄物の国境を越える移動及びその処分から生ずる損害賠償のみならず，回復措置費用と防止措置費用の支弁について無過失責任を認めるのであり（議定書第4条），こうした責任を問うあり方がこの領域における国際的な潮流となるべきであると考えられる。しかしながら，バーゼル損害賠償責任議定書の署名状況を見ると，すこぶるかんばしくない。

　しかしながら，本議定書については，2000年12月10日のタイムリミットまでに署名した国は，西ヨーロッパ及び他の諸地域では，デンマーク，フィンランド，フランス，ルクセンブルク，モナコ，スウェーデン，スイス，大ブリテン連邦王国（英国）であり，中央及び東ヨーロッパでは，ハンガリー及びマケドニア前ユーゴスラビア共和国，ラテンアメリカ及びカリブ海諸国では，チリ，コロンビア，コスタリカの13ヵ国にとどまった。本議定書が発効しないことは，バーゼル条約の実効性が不十分であることを意味する。バーゼル損害賠償責任議定書のみならず環境保全を目的とする条約全般において，実効性を確保

する前途は相当に厳しい[25]。

(23) 拙稿「バーゼル条約の紛争解決メカニズム」『民事法の諸問題Ⅹ』（専修大学法学研究所所報，2001）。
(24) 坂井博「バーゼル条約損害賠償責任議定書の成立過程と概要」ジュリ1174号（2000）82頁，高村ゆかり「有害廃棄物に関するバーゼル条約」（水上『国際環境法』ほか編著）85頁以下。
(25) http://www.unep.ch/basel/ratif/ratif.html
　　 http://www.basel.int/Protocol/prptodes.html

Ⅶ　おわりに

　バーゼル条約は誕生して間もない。地球環境の保護という最も切実な課題を実現するために，既に，地球環境関連条約である多国・地域・二国間条約，国際連合の決定及び宣言，その他の数多くの国際機構また国家の勧告，決定及び宣言が存在し，また，国際海事機関（IMO）条約，国連海洋法条約，UNEP・陸上起因ガイドライン，そしてアジェンダ21などの一般的な，さらに，船舶起因汚染，ロンドン海洋汚染条約などの投棄起因汚染，海洋汚染事故の事項に関連する海洋環境に関連する条約，また，ライン川汚染防止国際委員会協定，ライン川化学汚染防止条約，ヘルシンキ条約などの国際河川・湖沼に関連する条約，またわが国で開催されたことからも注目を集めた気候変動枠組み条約，京都議定書などの大気汚染の事項に係る条約，また本稿の主たる検討対象であるバーゼル条約，EC・特定産業活動に関するセベソ指令をはじめとする有害廃棄物に関連する条約，また，ラムサール条約，ワシントン条約，世界遺産条約，生物多様性条約，砂漠化対処条約などの自然保護関連条約などが存在する[26]。
　しかしながら，これらの条約の存在にもかかわらず，近年の国際社会のキーワードが地球環境保護であるように，オゾン層は一層破壊され，地球の温暖化は加速し，海面は上昇し，南極をはじめとする地域の氷河は氷解し，有害化学物質により広範囲に汚染され，大気も酸性雨にとどまらず，工場及び自動車か

第4章　有害産業廃棄物の越境移動とバーゼル条約　249

ら排出されるガスにより汚染・汚濁され続けている。希少種の絶滅にとどまらず，植物を含む生物の生存の危機的状況がさらに悪化しつつある。条約の実効性が確保されていないのである。

　人類に明日はあるのか。危機が目の前にある。差し迫っている地球環境破壊に対応すべく，その法的解決のために多種多様の条約，決定，宣言が存在する。しかしながら，環境破壊に歯止めがかかっているとは思われない。とするならば，条約等のルールの実体的・手続的領域を合わせて，それらの実効性を確保するために最大の考慮を払うことが不可欠であると考える。主権国家の並存と主権の不可侵を前提とする伝統的な国際法は，国家の権利と義務の調整のためのルールとそれに伴う紛争解決方法の提供にとどまっていた。有害廃棄物の国境を越える移動及びその処分の規制に関するバーゼル条約は，「地球環境保護」に関する実効的な損害賠償レジームを構築するだけにとどまらず，枠組条約であることの意味を生かして，さらに，「地球環境保護」の実質的な目的を達成するための拘束的・強行的レジームを希求すべきであるように思われる。

　2001年9月11日，ニューヨークの貿易センタービルがテロにより破壊されるという惨事が生じてから1周年となる。アメリカ合衆国や国民のこの事件に対する怒りや憎悪は消えることは決してないであろう。しかし，もっと，空の高いところを見つめる必要がある。酸性雨，気象異常，オゾン層の崩壊がそこにはある。そして，足下にも目を向けなければならない。有害産業廃棄物や放射性物質のみならずその物質で汚染された水や土壌があふれている。見えない地中にも，自らの作り出した悪魔たちは忍び込んでいるのである。

　2002年9月2日，「持続可能な開発に関する世界首脳会議（環境開発サミット）」において，「世界実施文書」（ヨハネスブルク実施計画）が合意をみた。その過程において，再生可能エネルギーの供給量の比率を増加させることなどに積極的な欧州連合の提案は，その数値に合理性がないというアメリカ合衆国による激しい反論を受けたといわれる。この首脳会議に欠席したアメリカ合衆国のブッシュ大統領とは違い，ドイツのゲアハルト・シュレーダー首相による

「子供たちが感謝する地球に」と題する演説には心を打たれるものがある。そのすべてを紹介できないのが残念であるが，その一部を紹介する。

　　欧州や中国の洪水は，人命を奪い，一夜にして町を破壊した。それは恐るべき暴力だっただけではなく，自然が人間に発した警告でもあった。地球は一つしかないのだということを肝に銘じなければならない。
　　我々と子どもや孫たちが生き残れるかどうかは，この限りある資源をいかに大切に使うかにかかっている。人々が発展と繁栄を獲得する権利と，地球を守る義務をどう調和させるかだ。……
　　米同時多発テロの衝撃は，テロに立ち向かう国々や社会をお互いに近づけた。同時に，平和と安全が軍事力と警察力だけでは得られないこともはっきりした。経済のグローバル化と国際テロの間に直接的な関係がないとしても，世界規模の安全保障を実現するためには，世界の公平さを議論しなければならない。
　　経済的，環境的，社会的な観点を包含する，新たな安全保障の概念が必要だ。ヨハネスブルクではその方向性を示す必要がある。
　　グローバル経済は，我々が影響力を行使できない自然現象ではなく，政治的な意思を持って構築すべき経済と貿易，通信のネットワークである。できるだけ多くの人がグローバル化の果実を手にするようルールを整えなければならない[27]。

新たな安全保障の概念がどのように表現されようと，われわれには，愛すべき自然の中で，他の生物と共生する倫理感をまず喪失しないことが求められている。

　(26)　地球環境問題に関する世界各地の情報へのリンク集として，http://erc.pref.fukui.jp/topic/earth.html
　(27)　朝日新聞2002年9月2日12版。

第4章 有害産業廃棄物の越境移動とバーゼル条約 251

附録1：アジェンダ21行動計画

第20章 有害廃棄物の不法な国際的移動の防止を含む，有害廃棄物の環境上適正な管理[28]

A．有害廃棄物の防止及び削減の促進

　1991年10月にわが国の廃棄物処理の一般法である「廃棄物の処理及び清掃に関する法律」について，適正処理の確保，減量化の推進，処理施設の確保等を柱として大幅な改正を行い，1992年7月に施行した。

　この改正により，有害廃棄物を含めた廃棄物の排出事業者の責務規定を改正し，廃棄物の減量化や，適正処理の確保のための国や地方公共団体の施策に協力すべき義務を果たすとともに，多量に廃棄物を排出する事業者に対して，都道府県知事・市町村長が減量化計画等の作成を指示できることとした。

　一方，発生した有害廃棄物を環境上適正に処理するためには廃棄物処理施設の確保が重要であることから，1992年5月に「産業廃棄物の処理に係る特定施設の整備の促進に関する法律」を制定し，有害廃棄物を減量化，無害化するための施設等の設置を促進することとした。

　以上を踏まえ，以下に示す取組を重点的に実施していく。

［1］排出事業者の責任による有害廃棄物処理を徹底する。
［2］今後，上記の法に基づく施策を積極的に推進することにより，有害廃棄物の減量化，無害化を推進する。
［3］有害廃棄物の発生の防止及び削減を一層促進するため，環境上適正な廃棄物低減技術，再生技術等の研究開発及びその導入普及を図る。

B．有害廃棄物管理のための組織・制度的能力の促進と強化

　廃棄物処理法では，毒性，感染性その他の人の健康又は生活環境に係る被害を生ずるおそれがある性状を有する廃棄物を特別管理廃棄物として指定し，その排出から最終処分に至るまで厳しく管理している。

　わが国としては，以下に示す取組を重点的に実施していく。

［1］有害廃棄物の管理を今後一層推進していくため，順次特別管理廃棄物の指定品目の拡大を図るとともに，こうした動きと合わせて処理基準及び廃棄物処理施設の構造・維持管理基準等について所要の見直しを行う。

［2］廃棄物処理法の実施主体である都道府県等に対しては，引き続き技術的及び財政的な支援を行うことにより，有害廃棄物の管理のための組織・制度的能力の促進と強化を図る。

［3］特別管理産業廃棄物を生ずる事業場に対する管理責任者の設置，事業者が他人に特別管理産業廃棄物の処理を委託する場合のマニフェストの交付，特別管理産業廃棄物を取り扱うことができる業者の許可等の廃棄物処理法の諸規定の施行により，有害廃棄物管理のため組織・制度的な能力の向上を図る。併せて，国と地方公共団体はマニフェストをコンピュータ等で管理し，適正な指導を強化できるよう検討を行っていく。

［4］1991年10月の廃棄物処理法の改正により特別の管理を要する廃棄物等の処理を実施するために都道府県ごとに廃棄物処理センターを指定できることになっている。当該制度を活用し有害産業廃棄物についても，地方公共団体の参画を得つつ，その処理能力向上を推進する。

［5］廃棄物の処理のための設備等の普及促進を図るため，引き続き税制及び財政上の措置を講じる。

C. 有害廃棄物の国境を越える移動の管理に関する国際協力の促進及び強化

わが国は，「有害廃棄物の国境を越える移動及びその処分の規制に関するバーゼル条約（バーゼル条約）」に1993年に加入した。わが国は，同条約を実施するための国内法である「特定有害廃棄物等の輸出入等の規制に開する法律」及び関係法令等の的確な実施により，バーゼル条約の規定に基づき，適正処理能力に欠ける国及び有害廃棄物の輸入禁止国に対する有害廃棄物の輸出を禁止するなどの措置を講ずるとともに，リサイクル目的の有害廃棄物の輸出入に当たっては，バーゼル条約で規定する手続きを厳格に適用している。

現在，わが国は，米国，東南アジア諸国等との間で，リサイクル可能な廃棄物を資源として輸出入している。リサイクル目的の有害廃棄物の貿易は，環境

上適正な方法で行われるものであれば，資源の有効利用にも貢献し，途上国の持続可能な開発にも資するものであり，これはバーゼル条約の趣旨に合致したものであると考える。

以上を踏まえ，以下に示す取組を重点的に実施していく。

［１］リサイクル目的の有害廃棄物の貿易が環境上適正な方法で行われることが重要であり，その観点からも環境上適正な処理のための技術ガイドラインの策定作業を，十分慎重に行っていく。

［２］将来起こり得る廃棄物汚染に適切に対処できるよう，バーゼル条約の下で行われている責任及び補償に関する議定書の作成作業の重要性を認識し，積極的に取り組んでいく。

［３］廃棄物の分類，その有害特性の判定のための試験方法及び基準等に関して諸外国と情報交換を積極的に行っていく。

［４］開発途上国がバーゼル条約により求められている廃棄物管理能力を得られるよう，多国間・二国間の協力に努力していく。

D．有害廃棄物の不法な国際移動の防止

以下に記す取組を重点的に実施していく。

［１］有害廃棄物の違法な越境移動の防止を図るため，バーゼル条約の的確な実施とともに，同条約の国内担保法である「特定有害廃棄物等の輸出入等の規制に関する法律」及び廃棄物についての輸出入の規制が改正によって新たに加えられた「廃棄物の処理及び清掃に開する法律」の的確かつ円滑な実施等により，有害廃棄物の移動が同条約の規定に従って行われることを確保し，不法取引に対してはこれを適切に処罰するための罰則を定めており，また，人の健康又は生活環境に係る被害を防止するため特に必要がある場合には有害廃棄物の回収，または適正な処分のための措置命令等を発動する。

［２］バーゼル条約を実効あるものとするため，有害廃棄物の越境移動に関するデータベースの整備，人材の育成等有害廃棄物の越境移動に関する情報管理体制の整備を行い，関係国家，バーゼル条約事務局，国連環境計画

(UNEP)，地域経済委員会等との緊密な連携を図る。

附録2：環境上健全な管理に関するバーゼル宣言

※1999年12月6日より10日まで開催されたバーゼル条約第5回締約国会議において宣言された「環境上健全な管理に関するバーゼル宣言（Basel Declaration on Environmentally Sound Management）」の翻訳である。

我々，各国の閣僚及び他の代表団の長は，

スイスのバーゼルにおいて，1999年12月6日より10日まで，バーゼル条約の第5回締約国会議及びバーゼル条約採択10周年記念日の機会に会合した，

有害廃棄物の環境上の不健全な管理により惹き起こされた環境への損害及び人間の健康への有害な結果の継続する危険について関心を有しており，

バーゼル条約の最初の10年間になされた関係する努力にもかかわらず，有害廃棄物の発生は，グローバルなレヴェルで成長し続け，また，有害廃棄物の越境移動が依然として関心事項であることを認識し，

私的な部門および非政府組織との連携の重要性を，さらに認識して，

バーゼル条約の最初の10年間の成果に基づき，

1．有害廃棄物及び他の廃棄物の環境上健全な管理が，そのような有害廃棄物の最少化及び能力形成の強化を強調するすべての締約国に利用可能となりうるとの見解を明言して，

2．最初の10年間のバーゼル条約の履行状況における進捗及びさらなる発展を顧みて，例えば，越境移動のための管理体制の発展と採用，有害廃棄物の一覧表及びモデル立法，改正条約並びに訓練と技術移転のための地域的及び小地域的センターの確立などの重要な事項の成就がなされてきたこと，また，バーゼル条約の発効以来，締約国の数が非常に増大してきたと結論し，

3．バーゼル条約の基本的な目的，換言すれば，バーゼル条約に服する有害

廃棄物及び他の廃棄物の越境移動の減少，それらの廃棄物の予防と最少化，そのような廃棄物の環境上健全な管理並びによりクリーンな技術の運送と使用の積極的な促進を再確認し，
4．持続可能な開発への我々の言明とリオ宣言，アジェンダ21及び国連総会の1997年第19回特別会期により採択された綱領のそのさらなる履行のための十分な支持を繰り返して，
5．バーゼル条約及びその改正の批准または加入を促進することにより，また，その義務の実効的な履行また遵守を確保することにより，バーゼル条約の普遍性を確保するためのあらゆる努力をなすことを引き受けること，
6．次の10年間のうちに，我々の活動をあらゆるレベルで，バーゼル条約及びその改正の履行を促進するための特別な諸活動に焦点を置く必要を認識し，また，この目的で，以下に掲げる分野で環境上健全な管理を成就するための我々の努力と協働を高揚し，強化することに合意する。
 (a) 社会的，技術的また経済的関心事を考慮に入れて，バーゼル条約に服する有害廃棄物及び他の廃棄物の防止，最少化，リサイクル，回収並びに処分
 (b) バーゼル条約に服する有害廃棄物及び他の廃棄物の防止及び最少化の目的で，よりクリーンな技術と生産の積極的な促進と使用
 (c) 実効性のある管理の必要，自給自足と接近性の諸原則並びに回復とリサイクルの優先性の必要を考慮に入れて，バーゼル条約に服する有害廃棄物及び他の廃棄物の越境移動のさらなる減少
 (d) 不法な運送の防止と監視
 (e) 環境上健全な技術の発展と移転と同様に，特に発展途上国及び経済の変動する諸国への制度的及び技術的な能力形成の改良と促進
 (f) 訓練と技術移転のための地域的及び小地域的センターのさらなる発展
 (g) あらゆる社会的部門において情報交換，教育，知識把握を高揚すること
 (h) あらゆるレヴェルで，諸国家，公的機関，国際組織，産業部門，非政

府組織，及び，学術研究所間の協働及び連携
- (i) バーゼル条約及びその改正の遵守，並びに監視と実効的な履行のメカニズムの発展
7．小規模及び中規模の企業の必要性を考慮に入れて，選択された国々と諸地域において，公的または私的な連携により財政上裏づけられたものを含め，有害廃棄物の環境上健全な管理及びそれらの最少化を論証するための現在の科学技術水準に関するパイロット事業と最良の利用可能な技術の発展を援助すること，また，これらのパイロット事業が有害廃棄物の備蓄の環境上健全な処分に関する問題を考慮することに合意する。
8．これらの実効的な履行のための，また，国際的な財政上の諸制度を含む資金を得るためのあらゆる淵源にアクセスするために増大する努力の必要を認める。また，加えて，有害廃棄物の最少化と環境上健全な管理を促進し，この分野における投資のための機会を提供する市場の諸力を利用するであろう策略を発展する必要性を認める。
9．締約国会議の決定（V/33）は，環境上健全な管理に関する今後10年間の我々の議事日程を構成する。

環境上健全な管理

管理と同所に言及される諸目的を再肯定すること
1．バーゼル条約の以後の10年間，以下に掲げる諸領域において，以下の諸行動が環境上健全な管理を実現するためになされるべきものと決定する。
- (a) 社会的，技術的かつ経済的関心事を配慮して，バーゼル条約に服する有害廃棄物及び他の廃棄物の防止，最少化，リサイクル，回収並びに処分

    廃棄物の防止と最少化を強調して，異なる地域及び地区の能力と特殊性を配慮して，有害廃棄物及び他の廃棄物の環境上健全な管理のためのコンセプトと計画の作成。すべての国々における，また，あらゆるレヴェルでの，能力形成，知識把握並びに教育を含む，あらゆるレヴェル

の政府組織と利害関係人と連携して，環境上健全な廃棄物の管理を鼓舞するための意欲の促進

　バーゼル条約に服する有害廃棄物及び他の廃棄物の最少化及び環境上健全かつ実効的な管理のために持続可能かつ自給自足的な解決方法を認識する目的に鑑み，そのような手段が経済的に生育しうると同様に，余力があり，かつ，社会的に受け容れられるかを念頭において，財政上及び他の経済的な手段とコンセプトの促進，並びに，そのような手段とその適用についての情報の交換

(b) バーゼル条約に服する有害廃棄物及び他の廃棄物の防止と最少化の目的でのよりクリーンな技術の積極的な促進と使用

　バーゼル条約に服する有害廃棄物及び他の廃棄物の最少化及び管理に関する分野における，情報と知識を享有し，諸活動を能率化するために，地域的及び小地域的なセンターの経験と専門を有するよりクリーンな生産のセンター及び同類の施設の訓練と技術移転のための協働

(c) 実効性のある管理の必要，自給自足と接近性の諸原則並びに回復とリサイクルの優先性の必要を考慮に入れて，バーゼル条約に服する有害廃棄物及び他の廃棄物の越境移動のさらなる減少

　有害廃棄物の環境上健全な管理，人間の健康の保護，自給自足と接近性の諸原則並びに回復とリサイクルの優先性の必要を考慮に入れて，越境移動を最小限に減少させることを目的とする発意の促進及び締約国の技術的な必要性と一致して

(d) 不法な運送の防止と監視

　バーゼル条約に服する有害廃棄物及び他の廃棄物の不法な運送を認識し，監視し，また，防止するために，特に税関及び執行官吏の訓練において，国際刑事警察組織及び世界関税組織との不断の協働

　不法な運送と申し立てられた事件に対応し，また，締約国が不法な運送を防止し，認識し，監視し，並びに，解決することに助力する諸手続きの採択

締約国が不法な運送を防止し，監視することが可能となるように，訓練と技術移転のための地域的かつ小地域的なセンターを制度的に強化すること

(e) 環境上健全な技術の発展と移転と同様に，特に発展途上国及び経済の変動する諸国への制度的及び技術的な能力形成の改良と促進

　　　法律的及び制度的な事項における能力形成と援助に関して，法律的な手段の発展と実効的な履行，バーゼル条約に服する有害廃棄物及び他の廃棄物の環境上健全な管理のための制度的なインフラを形成し，強化すること，並びに，それらの越境移動の最少化と管理

　　　技術的な事項における能力形成と援助に関して，バーゼル条約に服する有害廃棄物及び他の廃棄物の取扱い及びノウハウと技術の移転のための手段を形成し，改良することに助力すること。また，小規模及び中規模の企業の必要性を考慮して，特に発展途上国及び経済の変動する諸国による使用のための適切な道具，措置並びに啓発を含む越境移動に服するいずれも国家的に生み出された有害廃棄物及び他の廃棄物の最少化と環境上健全な管理の実務上の履行のための戦略の前進と改良

(f) 訓練と技術移転のための地域的及び小地域的センターのさらなる発展
　　情報交換における異なる地域のセンターの役割と諸活動が強化され，また，すべての利害関係人に利用可能となるべきこと，並びに，地域的センターが徐々に，廃棄物の最少化及び環境上健全な技術と専門知識に関する訓練，公衆の知育及び情報の交換に関する諸活動に関与するようになるべきことを念頭において，バーゼル条約の履行及び最少化の方法における，また，財政上の自給自足性を目指して，バーゼル条約に服する有害廃棄物及び他の廃棄物の環境上健全な管理におけるそれらの重要な役割を確保する目的で，訓練及び技術移転のための地域的また小地域的センター及び技術的センターの諸活動の強化を確立すること

　　　廃棄物管理において最良の実務の，特に発展途上国及び経済の変動する諸国における現存する諸例についての情報の収集と伝播

廃棄物の最少化の方法と環境上健全な管理と解決方法の発展のための，産業との提携を含む，必要とされる場合の異なる提携の容易化
(g) あらゆる社会的部門において情報交換，教育，知識把握を高揚すること

バーゼル条約の履行において得られた知識と経験を伝播するために，改良されたアクセスを含む，事務局により展開された現存する情報するシステムの高揚

廃棄物に関連する諸問題に利用可能な専門知識と解決方法に関する情報を提供し，また，このために地域的なセンターの役割を強化するために世界的な広がりを持った情報システムの発展と展開

必要がある場合には，特に越境移動に対する管理，有害廃棄物及び他の廃棄物の不法な運送の監視と防止を含む，有害廃棄物の環境上健全な管理を履行するために訓練が必要とされること，また，なかんずく，その訓練には，実務志向のセミナーと作業場と同様，政府官庁と産業界の間の提携における内部的訓練を含みうる，また，訓練のための地域的なセンターの能力と経験並びに技術移転が十分に使用され，高揚されることを念頭におきながら，権限を有する官庁の職員，執行官吏並びに他の重要な行為者（例えば，排出者，輸送者，処分者，再利用者）を訓練すること

そのような努力が有害廃棄物の最少化及びバーゼル条約に服する有害廃棄物及び他の廃棄物の環境上健全な管理に関連する企業の情報を含みうることを念頭におきながら，教育的な諸制度と同様，あらゆる利害関係人を含む，特に地域的な，小地域的なまた地方的なレヴェルでの，廃棄物に関連する諸問題に関する公的な教育と知識と情報の促進
(h) あらゆるレヴェルで，諸国家，公的機関，国際組織，産業部門，非政府組織，及び，学術研究所間の協働及び連携

バーゼル条約の履行のための異なる地域及び部局の多様な経験，必要性並びに利害関係を含めるための，すべての利害関係人との連帯の高揚。他の利害関係人と協働するために，また，よりクリーンな技術の応

用を含む，バーゼル条約に服する有害廃棄物及び他の廃棄物の管理における経験と専門知識に貢献するために，私的また公的部門への刺激の鼓舞と規定

　バーゼル条約とその改正の履行に関連する活動的な国際連合の諸組織と事務局間の協働の高揚。これには，持続可能な発展の分野において活動的な国連の諸機関との協働を含み，締約国の国家的な環境上の管理及び持続可能な発展計画における有害廃棄物の環境上健全な管理への政策の合体，並びに，国連環境計画と国連産業発展組織によるクリーンな生産についての共同計画などの，よりクリーンな生産についての関連する計画の協働を前進することであることを念頭において，特に永続的な組織的汚染者，廃棄された殺虫剤及びその他の化学的物質に関する共通の利益を有する分野における，国際環境計画及び国連食糧農業機関などの組織と協働する共同の諸活動と諸計画に着手すること

(i) バーゼル条約及びその改正の遵守，並びに監視と実効的な履行のメカニズムの発展

　条約及びその改正並びに要請される締約国への援助に関する規程上の諸義務の実効的な履行と遵守の促進。第6回締約国会議により考慮されるための，条約の遵守と履行を容易にし，また，監視するために企図されたメカニズムの作業の完遂，これには遵守の完遂をするメカニズム，紛争解決の手続き及び不法な運送の事例を予防し，認識し，また，解決するために諸国を援助するためのガイドラインを含むことを念頭において

2．偶発的な緊急事態計画の発展を含む，有害廃棄物またその他の有害廃棄物の環境上健全な管理，及び，よりクリーンな生産の分野における最新の技術に基づく，パイロット計画を発展する目的で，諸国または諸地域での廃棄物の流れの選択についての作業を行うよう技術作業部会に要請する。

3．これらの諸活動を履行するために，財政的な淵源及びメカニズムへのアクセスが不可欠であること，また，それゆえ，以下に掲げる諸活動がなさ

れるべきであると，さらに決定する。
 (a) グローバルな環境施設などの国際的な諸団体により基金の提供を受けるための国連環境計画との共同の諸計画の発展，並びに，他の国際的な財政上のメカニズムへのアクセスを容易にすること
 (b) 環境上健全な管理と廃棄物の最少化を促進し，この分野における投資の機会を提供するために市場の力を利用することとなる財政上の戦略の発展を刺激すること
 (c) 基金調達の刷新した方法を含む，バーゼル条約の諸取引及び諸活動のための財政上の戦略の発展
4．拡大事務局の指導の下で，締約国会議の下部諸組織に，さらに本決定の附属書に列挙された2000年から2002年までの間の諸活動を作成し，また，優先順位をつけること，並びに，作業計画の作成及び採択の間，できる限り実行可能な上記の諸目的を履行する方向に作業を開始することを要請する。
5．また，第6回締約国会議による考慮及び採択のために，すべての下部組織に2010年までの期間，明示的な作業計画を含む，戦略的計画を準備すること，本決定に言及される諸目的に対応すること，並びに，2003年から2004年までの間本決定に基づく作業の領域により作業の計画を発展することを要請する。
6．環境上健全な管理に関して次の10年間議事の履行の進行について締約国会議に定期的な情報を提供することを要請する。
7．事務局に，上述された作業のために必要とされる情報を収集し，伝播すること，並びに，関係する当事者との接触を調整することを要請する。
8．2000年2月末までに付加された附属書に関する事務局にコメントを提供するよう促す。

(28) http://www.un.org/esa/sustdeu/agenda21.htm　http://www.k-t-r.co.jp/agenda20.html　拙稿「バーゼル条約の紛争解決メカニズムについて」『民事法の諸問題　Ⅹ』（専修大学法学研究所紀要26）。

第5章
国際環境汚染に関する国際私法上の対応
―― 損害塡補による被害者救済から環境破壊の事前差止に向けて ――

矢澤 昇治

Ⅰ　まえがき
Ⅱ　国際環境破壊と隔地的不法行為
　1　隔地的不法行為
　2　国際環境法
　3　貿易と環境
Ⅲ　具体的な事件にみる伝統的な対応策
　　――国際法，条約法，国際私法そして国内法
Ⅳ　わが国の主権免除と国際裁判管轄権
　　――絶対主権免除主義の後進性
　1　主権免除と人権の救済
　2　強制執行の免除
　3　国際不法行為事件に関する国際裁判管轄権
Ⅴ　わが国の国際私法における不法行為規定のいわゆる折衷主義
　　――その時代錯誤性
　1　不法行為の準拠法としての累積的適用主義
　2　類型説の登場
　3　国際私法立法研究会の試案
　4　解釈論の限界を強調する学説とその評価
Ⅵ　国際環境破壊に対処するための倫理観の再構築
Ⅶ　むすび
　　附表　国際環境汚染に関する協定・条約

Ⅰ　まえがき

　今，地球を観ると，それはひどく傷つけられ，まさしく瀕死の状態にある。そのうめく声さえ聞こえそうな気がする。地球の環境は著しく損なわれ続けているのである。

地球の温暖化，オゾン層の破壊，酸性雨，有害廃棄物の越境移動，海洋汚染，生物多様性の減少，森林の減少，水資源の枯渇と砂漠化など，これらのどの一つを取り上げてみても地球全体にかかわる環境問題なのであり，その問題を放置することは，人間を含む生物のみならず，自然そのものの崩壊に至るのである[1]。

21世紀を迎えんとする，1997年12月1日より地球温暖化防止京都会議（気候変動枠組み条約第3回締約国会議，COP3）が開催され，二酸化炭素などの温室効果ガス削減に向けた政策や措置を盛り込んだ議定書が採択された[2]。この会議では，具体的な削減の数値目標が示され，また，その目標を達成するための新たなる制度と方法論が決められた。ついで，1998年11月ブエノスアイレスで開催されたCOP4では，京都メカニズムなどの6つの検討項目をCOP6までにまとめ，一日も早く京都議定書を発効させ，地球温暖化を防止する端緒となることが期待された。しかしながら，2000年11月オランダのハーグで開催されたCOP6ではその決着を見ることができず，2001年7月からドイツのボンで開催されるCOP6パート2,第14回補助機関会合（SB14）による成果が期待されていた。

京都会議[3]の開催国であるわが国は，2002年6月4日，「気候変動に関する国際連合枠組み条約の京都議定書」の受諾書を国連事務総長宛に寄託し，その締約国となった。地球温暖化防止のための合意形成と温室効果ガスの削減に向けた実効性に富む対策の実施が期待されたのである[4]。

この議定書に対しては，アメリカ合衆国の上院及びブッシュ大統領が，先進国に重い温室ガスの排出削減を課すことが不平等であるとして，反対と不支持を表明し，同議定書から脱退した。こうしたアメリカ合衆国の後ろ向きの対応には，フランスのベドリヌ外相や太平洋島嶼国の首脳からは，現代のホロコーストであるとしてブッシュ大統領との会談を求めているとも報ぜられているのである[5]。地球温暖化の防止が，アメリカ合衆国の国益である南北問題やミサイル防衛構想の犠牲となってはならないと，筆者は考えるものである。

地球環境の保護の要請は，温暖化防止にもみられるのであるが，その防止も

ほんの一例にすぎない。人間のすべての意識または無意識の所作は，それがたとえ一つの砂粒のように小さなものであったとしても，ひいては地球環境を瓦解することに導く要因となりうるであろう。そこで，本章においては，地球環境破壊の防止を目標に据えて，そのための法律論を展開する。検討の対象となるのは，以下の行為である。

すなわち，(一) 他の国家または他国の企業または私人のある行為がその国の領土，領海内で行われたとしても，また，それが無意識で，無過失であったとしても，わが国や第三国の領土，領海・水また領空内の人間の生命や身体または財物に侵害を与え，損害をもたらすことがある（こうした行為や結果は，「渉外的不法行為」と呼ばれる）。また，人間への侵害にとどまらず，他の国家及び地球全体の環境破壊の結果をもたらすことがあり得る。そこで，地球環境の保護という観点から，一国の内でなされた行為であるとしても，国際環境破壊の結果をもたらすこのような渉外的不法行為について，国際社会やそれぞれの国家がどのような形で対処してきたかを素描する。次に，(二) 伝統的な国際法，国際私法（抵触法），並びに国際民事訴訟法などの複数の国家の私人を含む者の間で生じた法律問題を解決することを任務とする法の世界では，これらの環境破壊の問題にどのように解決策を呈示し，国際社会がどのような条約の締結などで取り組んできたかの軌跡を振り返る。さらに，(三) 私人間で生ずる渉外的不法行為に属する法律問題に関連して，国際裁判管轄の問題が生ずる。いかなる国家の裁判所が事件を審理する管轄を有するかという問題であり，ここでは，国際裁判管轄権の決定に関する基本的な考え方と具体的な管轄権のあり方について述べる。また，(四) 国際私法と呼ばれる法分野における渉外的不法行為の準拠法の決定について検討する。この事項の法状況や学説が対象となるが，わが国の法例が採用してきた，不法行為の成立と効力を制限する累積的適用主義を批判的に検討した後で，この考え方を克服する提言をしたい。最後に，(五) 国際環境破壊に対応して，我々が不法行為という領域でそれらの問題に取り組むとすれば，どのような基本的な姿勢を貫くべきかを考慮する。ここでは，渉外的不法行為，また，環境破壊をもたらす作為や不作為に

対して，過去における基本的な対応のあり方としての損害填補や原状回復ではなく，むしろ，環境破壊防止や予防を前提とし，事前差止を柱とする不法行為法システムへの展望を試みる。

　本章の記述にあたっては，新聞記事やインターネットによる情報も取り入れることにした。これが読者の参考になり，自分で即座に関連する事実を再確認することができることとなり，具体的な事例を通して国際環境に関連する法律問題をよりよく理解していただくためである。

(1) 易しい事例入門書として，石野・磯崎・岩間・臼杵『国際環境事件案内』（信山社，2001），地球温暖化については，S. シュナイダー著（田中正之訳）「地球温暖化で何が起こるか」（サイエンス・マスターズ，1998）。
(2) 1992年の「環境と開発に関するリオ宣言」を受け，21世紀に向けて，持続可能な開発を実現するために実行すべき行動計画を具体的に規定した。わが国は，環境基本法をふまえて，1993年12月「アジェンダ21行動計画」を決定し，さらに自治体に対しても，「ローカル・アジェンダ21」の策定が求められている。
(3) 京都会議に関する公式サイトとして，http://www2.cop3.or.jp/　また，高村かおり・亀山康子編『京都議定書の国際制度』（信山社，2002）参照。
(4) これに先行して，5月31日には，気候変動に関する国際連合枠組条約の京都議定書の締結及び地球温暖化対策の推進に関する法律の一部を改正する法律案が国会で可決・成立した。
(5) 2002年8月15日の共同通信の伝えるところでは，キリバスなどの太平洋の小嶼国会議（PIF）の首脳会議では，地球温暖化による海面上昇に強い懸念を表明し，議定書離脱を決めたアメリカ合衆国を名指しで批判した。この点に関連して，小柏葉子「南太平洋フォーラムと気候変動に関する国際レジーム」『太平洋嶼国と環境・資源』（国際書院，1999）参照。

II　国際環境破壊と隔地的不法行為

1　隔地的不法行為

　国際環境破壊に関わる事項は，地球の温暖化，オゾン層の破壊，酸性雨と大気汚染，海洋・河川汚染，有害廃棄物の越境移動，生物多様性の減少，森林の減少と砂漠化，原子力損害，化学・細菌兵器などと多種多様である。また，環

境ホルモン化学物質の問題は，人類や動物が子孫を作ることができなくなる意味では同様に深刻である(6)。これらの事項は，地球規模の環境破壊が顕著であるのみならず，諸国家やそれを構成する人々に対して，生命や身体に対する直接的または間接的な侵害をもたらし，また，財産的また精神的な損害を与えていることを暗示するものである。これらの侵害行為は一国の領土，領海・領水また領空にとどまらず，渉外的な隔地的不法行為と呼ばれる事態を引き起こす。そして，地球環境全体の崩壊に通じるのである。

では，この種の不法行為に対応するための伝統的な法的な枠組とはどのようであるか。国際環境損害としては，環境に与える有害性が問題となる。その行為により引き起こされた人的・物的な損害に対する事後救済としての「環境損害」もあるが，それと並んで，蓋然性や予見可能性に基づく事前防止の対象となる「環境危険」もある(7)。

2 国際環境法

こうした国際環境損害に対する法的な対応の手段と方法としては，まず，国家間の合意に基づくルールとして，「慣習国際法」が存在する。しかしながら，この慣習国際法が依拠できる原則は，領域利用，国際公域に関するものと国家責任原則にとどまる。慣習国際法は，地球環境保全を前提とする価値観の上に構築されてきたわけでないので，酸性雨や砂漠化などの地球規模の問題に対しては到底その処理のためのルールを提供し得ないのである。したがって，「地球環境保護」の観点からは，「地球環境保全」を目的とする「国際環境法」への移行が不可欠となる。新たに誕生した国際環境法は，生態系の一体性と有害・危険性の許容限度を基準として，その事前防止についての連帯と協力の原則が前提に置かれ，「グローバル・コモンズ（地球公共財）」の衡平な使用と利用並びに開発に関する諸国家の主権的な権利について実体と手続法の規定を設けて，国内また国際的な履行確保を実現するための一連の法制度の体系化を目指すものであるといわれる。このためには，諸国家の合意を前提とした条約法を中心とした枠組の構築が必要不可欠となる。近年に至るまで，様々な事項に

ついて個別的な条約が採択され、発効してきた。条約法の具体例については、章末の附表をご覧いただきたい。

　その結果、国際環境法[8]では、これらの2種類の有害性に対する国際環境法益として、すべての世界を一つの単位にまとめる「環境安全確保（global environmental security）」という一般概念が強調されている。この概念は、気候、生物、化学上のまたは生活上の安全の確保など、いずれにせよ、人類共通の生存を脅かす危険を排除し防止するために、国際的に共同して法的措置を講ずる必要があるものとされている。そして、環境損害に対するのみならず、環境危険に対応する必要から、伝統的な慣習国際法を修正しそれに代替する条約法としての「枠組条約」が重要視されている[9]。すなわち、1980年代に至り、国家領域を超えた地球環境は、海洋、大気、オゾン層、南極、宇宙空間などのグローバル・コモンズと呼ばれる資源や環境に関連して多数国間の条約が締結され、それらの条約に基づく防止義務は一国の他国に対する単なる義務ではなく、国際社会全体に対する普遍的な義務の性格を有するようになる。例えば、フロンガス等によるオゾン層の破壊がその結果として地球の気候や生態系に及ぼす影響などの科学的な事項について科学的な知見がたとえ確立していない場合であっても、環境保護に必要な基本的な制限としての予防措置を採ることを義務づけることに意見の一致がみられたのである。こうして、科学的な不確実性の下での合意形成を促進するために採択されたのが、1979年ヨーロッパ経済委員会長距離越境大気汚染条約、1982年海洋法条約、1985年オゾン層保護のウィーン条約、1992年気候変動に関する国際連合枠組条約などである。

　これらの枠組条約に加えて、他の条約の形態を見ると、1974年2月19日採択の「環境保護に関する北欧条約」のように国際統一法の性格を有する地域的な、一般的な条約の稀な例もある。これに対して、多くの条約は、いわゆる伝統的な二国間・多数国間条約である。海洋汚染、大気汚染の分野でもこれらの条約は存在しており、また、原子力責任条約も然りである[10]。

3 貿易と環境

　伝統的な立法形式と手続を有する条約法を制定する潮流と並行して，さらに，国際経済法領域における条約法の台頭にも注目すべきである。人間の国際的な経済活動の結果として，貿易や開発が行われるが，そこでも環境に対する配慮が求められなければならない。第二次大戦後における自由主義経済秩序と体制を支える IMF や GATT，国際復興銀行に加えて，情報やサービスの分野にまで自由競争を促進せんとする WTO 体制がある。1974年の国連経済問題特別総会において提唱された，南北間の経済格差と経済的社会正義の実現のための人間的な経済秩序である「新国際経済秩序」は益々その実現とはほど遠いものとなっており，これが地球環境保全に向けた経済協力システムの構築に暗い影を投げかけている。GATT/WTO 法上，各国が環境保護の目的を実現するための有効かつ必要な手段として貿易制限措置を講ずる場合でも，それは自国領域内の環境保護のための場合と自国領域外の環境保護のための場合がある。こうして環境保護のために各国が環境基準を設定する結果として，その相違が不公正貿易慣行に該当すると判断されるという由々しい問題も生じている。さらに，WTO 諸規定を採択した1994年のマラシュケ閣僚会合で，「貿易と環境に関する委員会」（CTE）が設立された。今後この委員会では，WTO の諸協定と多数国間環境条約，国内環境保護措置，環境関連技術の途上国への技術移転や貿易関連知的財産権協定などの関係という問題が取り上げられることとなろう[11]。環境問題を WTO の場で取り上げることに対する開発途上国による反発の去就を見守りながら，開発国が環境保護のために途上国に対して積極的に援助する必要があることは言うまでもない。また，国家間の投資保護協定にも目を配ることが必要である。

(6)　中原英臣＝二木昇平『環境ホルモン汚染』（かんき出版，1998）。
(7)　山本草二「国際環境協力の法的枠組の特質」ジュリ1015号（1993）145頁。
(8)　国際環境法については，磯崎博司『国際環境法』（信山社，2000）。
(9)　山本・前掲注 (7) 146頁。
(10)　原子力損害賠償については，魏栢良「越境汚染損害賠償制度」『転換期国際法の構造

と機能』(国際書院, 2000), 道垣内正人「国境を越える原子力損害に関する賠償責任」ジュリ1015号 (1993) 157頁以下。
(11) 中川淳司「GATT/WTOと環境保護」水上＝西井＝臼杵編著『国際環境法』(有信堂, 2001)。

Ⅲ 具体的な事件にみる伝統的な対応策
——国際法，条約法，国際私法そして国内法

　1997年1月2日，島根県隠岐島沖の公海上で，重油1万9,000klを積載したロシア船籍のタンカー，ナホトカ号の船体が2つに折れ，船長が死亡すると共に，破損した船体と漂流する船主部分，並びに，沈没した船体から積荷の重油が流出し，その一部が日本海側の1府8県の沿岸に漂着する事件が発生した。いわゆるナホトカ号による重油流出事故である。流出した重油は，真冬という気候条件の悪さもあり，その回収に困難を極めた。その結果，この事件は，わが国の関係者に350億円を超える損害と計り知れない海洋汚染をもたらす，わが国では最大のタンカーによる油濁事故となった。

　想い起こせば，1967年3月18日，アメリカ合衆国の会社ユニオン・オイル社が傭船していたトリー・キャニオン号が，イギリスのミルフォード・セブンに向けて航行中，シリー諸島沖の公海上で座礁した。満載していた重油のうち，8万トンが流失し，イギリスとフランスの海岸をこの上なく汚染した。その後，この事件は，公海上における沿岸国の介入権と船主等の責任がどのようであるかという問題を提起した。この事件が契機となり，1969年油濁公海措置条約と油濁民事責任条約，1971年の油濁補償基金条約が採択されたのである。1992年にいたり，発効要件の緩和，対象海域に排他的経済水域を追加，賠償費用の合理的措置への限定，防止費用の認容を骨子とする油濁民事責任条約の改正がなされ，また，これと軌を一にして発効条件の緩和と補償の増額を内容とする油濁補償基金条約が採択され，わが国も1995年に批准した。しかしながら，ロシアは，1969/71条約の当事国であり，さらに，1992条約も経過期間であった。

本件のように広範な水域と地域に多大な被害をもたらす海洋汚染事故が生じた場合にいかなる法的な対応と処置がなされうるであろうか。まず，事故発生後の事後的な救済・賠償について油濁民事責任条約や油濁補償基金条約が存在し，当事国がこれらの条約に批准している場合には，条約法の適用と解釈がなされる。また，条約が存在するとはいえども，条約が改正された場合には，当事国が採択する条約に相違が見られることもある。しかしながら，条約法が存在しない場合や条約の当事国でない場合には，国際法によらざるを得ないであろう。慣習国際法によれば，主体としての国家は自国領域の使用から他国領域に重大な環境侵害をもたらしてはならないとされている。本件のように，私人が所有したり，傭船したりするタンカーの運行により，領域外で損害が生ずる場合には，この環境損害防止義務は適用されえない。他の国際法上の条約法としては，1982年の国連海洋法条約がある。この条約は，旗国の自国船舶に対する環境汚染に対して回避措置を講ずる義務を定めているが，ロシアは本条約に加盟していない。

　このように，被害者が条約法および国際公法により救済をえられない場合に，加害者に対して私法上民事責任を問う手段がある。すなわち渉外的不法行為についていわゆる国際私法に基づき損害賠償を請求する方法である。わが国の国際私法の成文法である法例によれば，不法行為の準拠法は，累積的適用主義と呼ばれる，2つの法が認める場合に，不法行為が成立するという立場を採用している。すなわち，まず不法行為地法により（法例11条1項），ついで，法廷地であるわが国の法によるとされている（法例11条2項）。しかし，その不法行為地の決定については，わが国の学説上も争いがある（本章Ⅴ1,2参照）。被害者の事後的な救済，緊急の対応，事前の防止措置などを考慮すると，事故が発生した地と損害が発生した地のいずれも不法行為地と認めるべきであり，また，被害者はそのいずれかの法を選択して準拠法となしうるとすべきであろう。たとえ，このような準拠法の選択方法を採用したとしても本件のような場合にはさらなる困難が生ずる。すなわち，タンカーによる海洋汚染の場合には，事故が公海で発生し，被害が複数の国で発生したりするからである。こ

うした隔地的不法行為について，わが国の法例は，さらに不法行為地法に加えて法廷地法であるわが国の不法行為法を累積的に適用し，不法行為の成立と効力を制限する。したがって，わが国の現行の国際私法の規定と解釈によれば，どうしても事後的な民事救済すら不十分とならざるをえないのである。その意味では，海洋汚染にとどまらず，わが国の裁判所で審理される渉外・隔地的不法行為の場合には，国際私法による対応では被害者の救済の道は極めて厳しいので，積極的な救済を認める条約法の存在が，わが国の法例の適用による民事救済の不十分さの穴埋めをするために多大な意義を有するのである[12]。ここでは言及できないが，原子力発電所の事故や放射性廃棄物の投棄事件は，なお一層の重要性を有することは言うまでもない[13]。

[12] 臼杵知史『国際環境事件案内』前掲注(1) 196頁以下。
[13] 原子力は，ある意味では両刃の剣であり，電力を供給する源ともなり，船舶や潜水艦を作動させるエネルギーを提供する。しかし，その病理現象も見逃し得ない。スリーマイル島やチェルノブイリの電子力発電所の事故，ロシアの原子力潜水艦の沈没事故などが記憶に新しい。放射性廃棄物（プルトニウム）の輸送や再処理についてもその科学的な安全性の保証は何ら与えられていない。ましてや，核兵器，生物・化学兵器，地雷，そして，それらを保管し使用する基地は，たとえ武力紛争時に使用されるにとどまるとしても，地球環境にとっては有害無益であることは言うまでもない。

IV　わが国の主権免除と国際裁判管轄権
　　──絶対主権免除主義の後進性

1　主権免除と人権の救済

(1) 米軍によるわが国の産廃施設への仮処分申請と政府のおもいやり予算

　2000年3月24日付の朝日新聞は伝える。

「米海軍厚木基地の米軍人，軍属らが隣接する産業廃棄物処理業者『エンバイロテック』の焼却炉の煙害を訴えてきた問題で，米政府は同社の操業禁止を求める仮処分を横浜地裁に申し立てた。この産廃処理場をめぐる問題については，米政府が8年前から日本政府に改善を求めてきた問題である。この仮処分

申請の直前には，関係省庁が改善に取り組むことで一致をみ，日米合同のモニタリングを行うこと，また，産廃施設の買い取り検討も示唆されていた。ついに，コーエン国防長官が産廃施設にデモを行い，その閉鎖を求める。また，柳井駐米大使は，この産廃施設について米側が操業停止を求める訴訟を起こす考えを変えていないことについて，慎重な対応を求めていたものである」。

また，4月25日の同紙によれば，米政府は，日本政府が51億6,000万円保証金を支払い，焼却炉を撤去する契約をエンバイロテック社と締結し，争点の施設がなくなることから訴えの取り下げを検討しているとも伝えた。

本件に見られるような日本の私人による米軍軍属またその施設に対する煙害の問題に対する日本政府の姿勢と較べて，米軍基地からのPCB廃棄物をはじめとする有害廃棄物についての事情はどのようであるかを，次に検討する。

(2) 米軍基地からの有害廃棄物　2000年4月18日付朝日新聞によれば，「神奈川県相模原市にある米陸軍相模原総合補給廠で保管されていたポリ塩化ビフェニール（PCB）を含む，在日米軍の廃棄物100トンが本牧埠頭に接岸された後，『横浜ノースゴッグ』の中に保管された。この廃棄物は，相模原の金子豊貴男氏がPCB廃棄物の存在を公表した後，補給廠から貨物船でカナダのバンクーバーに向けて就航したものの同地で陸揚げを阻まれ，米国シアトルに向かい，そこでも陸揚げ拒否され，再度バンクーバーでも陸揚げ拒否され，横浜の米軍関連施設に戻り関連施設に一時保管されたというものである。この問題につき，外務省は，厚生省からの法適用に関する判断を求めたところ，口頭で『（日米地位協定が優先されるため）国内法の廃棄物処理法は適用されない』と回答したという」。

同年5月6日，これらのPCB廃棄物は，ウェーク島に暫定措置として移送されたと伝えられている。その後，アメリカ合衆国は外国からの自国への有害廃棄物の持ち込みを禁止するので，2002年8月中旬現在それらの廃棄物は，再び日本に保管されているとのことであるが，真相は藪の中である。

(3) 在韓米軍と地位協定　　同じように，米軍と地位協定を締結する韓国にも，シリアスな状況がある。朝日新聞（2001年8月24日）は，【有害物の垂れ流し：韓国の起訴，米軍が拒否】のタイトルで伝える。

「在韓米軍の軍属による有害物質の垂れ流し事件で，韓国ソウル地裁が出した起訴状の受け取りを，米軍が拒否した。米軍が韓米地位協定により，勤務中の犯罪の一次裁判権は米軍にあるとし，また，協定自体の改定や運用改善に否定的なため」であるというのがその理由である。

(4) わが国の地位協定と軍事高権　　わが国は，第二次世界大戦の敗北後，1952年4月28日にアメリカ合衆国とサンフランシスコ講和条約を締結した。同時に，発効した地位協定第2項には，「合衆国の軍事裁判所及び当局は，合衆国軍隊の構成員及び軍属並びにそれらの家族が日本国内で犯したすべての犯罪について，専属的な裁判管轄権を日本国内で行使する権利を有する」と定められていた。したがって，日本の領土上における米軍らの犯罪については，合衆国が裁判権を行使しない場合にのみ日本に裁判権が認められるに過ぎなかった。

日本社会における批判の高まりから，1953年現在の地位協定の骨子が作成された。その内容とは，1) アメリカ法でのみ処罰できる犯罪は米軍に，2) 日本法でのみ処罰できる犯罪は日本側に，3) そのほかは双方に裁判権があり，実施にあたっては事件の性質などの内容などにより区分を決め，相互に調整するとされた。一見すると，わが国にもそれなりの裁判権を保証する体裁を呈するように思われるのであるが，わが国の政府と米軍との間に秘密了解があり，その内容が暴露された。それによれば，「日本側は大筋として裁判権の放棄に同意している」とされ，「秘密覚書で，日本は，日本にとり実質的に重大な意味を有するものでない限り，第一次裁判権を放棄することに同意する」とされていた。在日米軍，特に沖縄などに駐留する米軍属の蛮行[14]を野放しにしてきた要因の一つは，政府，官僚などの関係者が，国民を欺き，主権国家として自国民の権利を保護するために存在すべき刑罰権，また，第一次裁判権を有す

る事件の被疑者の身柄拘束をなすことを放棄したことによると言わざるをえないのである[15][16]。

ここにわが国の米軍軍属らに対する，本来であれば刑罰権に限定される主権の免除が外交上肯定されたのである。しかも，この免除の範囲は，刑罰権に限定されないことが明確となった。先に新聞記事にも，基地から排出される有害廃棄物について，外務省は厚生省からの法適用に関する判断の求めに対して，口頭で「（日米地位協定が優先されるため）国内法の廃棄物処理法は適用されない」と回答したという[17]。これでは，全面的な主権免除，治外法権を認めることに他ならない。どうして，地位協定によれば，有害廃棄物の処理に関係する法律問題について，わが国の主権を放棄したという理解が出てくるのであろうか。

2001年9月6日の朝日新聞「地位協定に占領の影」『同盟半世紀（下）』と題する記事の中で，沖縄市の新垣勉弁護士は，基地の問題として，「環境について，米軍は米法の適用を受けず，日本の国内法の支配も受けない。これでは無法地帯だ」と憤りをあらわにする。当然の怒りである。同記事によれば，沖縄県基地対策室は，ここ数年，基地別のカルテを作成してきたが，復帰後に確認された米軍の環境汚染は340件であり，その内，県が立ち入り調査できたのは，130件に止まるという。米軍との関係で，地位協定を有するドイツの場合には，環境については国内法適用をうたい，韓国も地位協定の合意議事録に環境規定を盛り込んだと本間浩教授はいう。わが国の政府は，何ゆえ環境についてまで米軍にこのような特権を認めるのであろうか。

実を言えば，在日米軍基地における有害廃棄物の問題は，ほんの一部が露見したに止まる。先の相模原補給廠のPCB問題，佐世保基地の湾内における陸揚艇（LCU）などからの廃油垂れ流し問題は真新しい。しかし，軍事活動に含められるとはいえども，鳥島射撃場での劣化ウラン弾の発射（誤爆の名を借りた処分？）は環境破壊そのものの問題であり，そもそも，核の持込みすら公然の事項となれば由々しき出来事といわざるを得ないであろう[18]。また，ジュゴンの生息地は，普天間基地の代替地として消え失せてしまうのであろう

か[19]。アメリカ合衆国がイルカを保護するために行った輸入規制がGATT違反とされたことにする、いわゆる「ツナ・パネル」に対する米国民の世論とは一体何なのであろうか[20]。

わが国の市民を脅かす米軍によるこのような生活侵害や環境破壊に対して、われわれはどのようにすれば、それに対峙するための法律論を構築できるであろうか。

(5) 基地と環境問題　日本のあらゆる基地の問題の一つとしての、座間基地のタッチ・アンドゴー、厚木基地騒音問題、PCB問題、佐世保基地の廃油垂れ流し問題など、わが国の基地のいずこでも問題とされる米軍とその軍属とその施設による生活侵害に対して、日本国民がどのような対処をなしうるかを、最高裁平成5年2月25日小法廷判決を素材として検討しよう。

まず、米軍航空機の基地における離発着等の差止についてである。最高裁の判断は、「国が日本国とアメリカ合衆国との間の相互協力及び安全保障条約に基づきアメリカ合衆国に対し同国軍隊の使用する施設及び区域として飛行場を提供した場合において、国に対し右軍隊の使用する航空機の離着陸等の差止めを請求することができない」という[21]。怖ろしいほどに、わが国とアメリカ合衆国間の地位協定と安保条約に基づき、国民の生活侵害を顧みようとしない判決である。

基地住民からの米軍機の差止請求についてさらに検討してみる。まず、日本国民であり基地から侵害を被る住民が、わが国の裁判所において、アメリカ軍に対して差止の請求をすることはできるのであろうか。裁判所は、これを否定して答える。米軍による基地の使用と航空機の離着陸時における騒音の発生は日米安保条約に基づくものであり、そのような米軍機の発着の差止訴訟について、わが国に裁判権がそもそもないという。

では、米軍機の飛行の差止請求をわが国に対して求めることはどのようであるか。裁判所は、「国に対してその支配の及ばない第三者の行為の差止めを請求するものというべきである」から、請求そのものが失当であるという。

したがって，最高裁は，わが国の国民が，どのような場合であれ，米軍隊の使用する航空機の離着陸等の差止を実現する裁判権を有しないとして，実体的な判断をするどころか，門前払いをする。住民はわが国で裁判という法的手段をとりえないと言うのである。この限りで，わが国民は，その差止を実現し，環境権を享受する権利を享有しえない。これがわが国の最高裁の憲法論であり，米軍の条約に基づく治外法権を肯定する所論であることを肝に命ずべきであろう(22)。無論，米軍に代わり，わが国がこれらの被害者である住民に対して，過去の損害賠償を認めることなどは，当然の事柄に属するのであるが，これについても，昭和56年12月16日の大阪国際空港大法廷判決でようやく一部認められたにすぎない(23)。

わが国民が憲法で認められた人間の尊厳と幸福を追求する権利を実現するための救済を，自分の国の最高裁判所で求めることができない現状とは何を意味するのであろうか。

基地内から有害廃棄物や放射性廃棄物が排出されたり，そこが原因でその被害が生じており，さらに，致死的な被害をもたらす危険が生じている疑いがある，さらに，それが濃厚であるような場合，日本国民は，この事態についてどのような法的手段を取りうるのであろうか。朝日新聞の記事中，在韓米軍の垂れ流し事件や相模原総合補給廠からのPCB廃棄物Uターン事件がその参考となる。まず，外務省の考え方によれば，「そもそも廃棄物処理法は米軍には適用の余地がない」というのである。厚生省は，「これは法令適用の問題，米軍は独立している。米軍施設内の食堂に食品衛生法が適用されないのと同じ扱いだ」という。したがって，アメリカ軍属による有害廃棄物の垂れ流しが生じたとしても，その事件に対するわが国の刑事裁判権は拒否されることになろう(24)。

しかし，われわれは，このような外務省や厚生省の理解を決して鵜呑みにしてはならない。地位協定が米軍構成員等に認める特別の「おもいやり」である軍事高権とは，認めるとしても戦時や有事における米軍構成員等による犯罪行為に過ぎないと考えるべきである。米軍属であるから，ただそれだけの理由

で，それらの者の犯罪行為に対してわが国が国民の利益を犠牲にして，特別の対応をする法的理由は何も存在しない。同様に，米軍の行為であるからというそれだけで，一般私人や企業と同様の目的や，同様になされたすべての行為について，例えば，基地から生ずる基地内外に対する環境汚染に対して，わが国の裁判権と法の適用の範囲外であるとする理由は無いと筆者は考えるのである。残念ながら，わが国の政府，官僚そして裁判官，加えて，国際法学者の一部の考え方は，そうではない。以下では，米軍機の飛行差止の問題を含めた，わが国における主権免除の問題について検討する。

(6) 絶対主権免除から制限主権免除への流れを妨げるもの，そして，強制執行の免除　米軍基地に離着する米軍機の騒音にかかる問題についてであれ，有害・放射性廃棄物の問題についてであれ，米軍に対して訴訟がなされる場合の最大の法的障害が地位協定と主権免除である。外国国家に対して裁判権を行使することができるかという，いわゆる主権免除としての裁判権免除の問題がわが国で取り沙汰されたのは，昭和3年12月28日大審院第二民事部の決定にまで遡る。この事件では，中華民国の代理公使が振り出した約束手形の裏書譲渡を受けた原告が支払期日に支払場所である横浜正金銀行東京支店で支払いを求めたところ，中華民国の申出により支払いを拒否された。そこで，原告が中華民国に対して，その支払いを求めて提起したのが本件の事実の概要である。裁判権免除についてリーディング・ケースとなった本判決は，「国家は外国の裁判権から免除される」という国際法上の原則に依拠していたのである。その結果，原告の主張は認められなかった[25]。

　主権免除の原則を絶対的なものと考えるいわゆる絶対免除主義は，国家がもっぱら主権的・公法的な機能を営むだけの時代，19世紀中葉のレッセ・フェールに形成されたものである。ところが国家が経済的な活動に介入するようになるとこの原則は現実に妥当しなくなり，私法（非主権）的行為から生じた訴訟については国家の免除を認めないという制限免除主義が登場した。第二次世界大戦の前後からヨーロッパの諸国はいち早くこの原則をわが物とし，今

日の世界では絶対免除主義を採る国は極めて少数であり、先進工業国では日本以外にはほとんど無い状況である。1976年のアメリカ合衆国主権免除法、1976年発効の国家免除に関するヨーロッパ条約および1978年のイギリス国家免除法をはじめとして立法化も進捗し、国連国際法委員会でも1999年の第51会期に国家免除条約の草案について予備的なコメントを送り、その後審議が継続されているとも伝えられる[26]。

さらに不法行為の問題について具体的にいえば、既に四半世紀前から、ヨーロッパ条約では、主権が免除されない場合の一つとして、法廷地で生じた不法行為が挙げられている。また、イギリスの国家免除法では身体および財産への加害行為が、さらにアメリカ合衆国では不法行為が免除の対象外とされてきた[27]。大寿堂鼎教授は、「国家の主権的活動を他国の権力作用による妨害から保護するため、なお免除を原則とすることに変わりがないが、同時に、私人の権利保護にも適切な配慮を払わなければならないとする認識が、一般化してきたのである」と指摘されたが、この警鐘は、わが国においては具体的な形で生かされてこなかった[28]。地位協定と安保条約に基づく圧力に負けて生活侵害や環境侵害に対しても「臭いものに蓋」という絶対免除主義は採るべきではないし、日本国憲法の認める財産権のみならず人格権を侵害する行為に対する裁判権の否定や実体的な判断を認めない「泣き寝入り」を許してはならないと筆者は考えるのである。しかし、現在でも、わが国では制限免除主義は採用されていない[29]。

(7) アメリカ合衆国における状況　わが国の裁判所の態度は、相変わらず不動である。先に述べた大審院の決定よりこの方、日本に駐留する米軍およびその施設にかかる訴訟事件がしばしば下級審で発生したにもかかわらず、いずれの判断に際してもわずかな例外を除いて裁判権の免除が認められてきた。絶対免除主義が世界の趨勢に著しく遅れていることが顕著になったにもかかわらずである。

筆者は、かねてより、既に絶対免除主義が時代に取り残された原則であり、

少なくとも，国際法上，相手国が制限免除主義を採用している場合には，相互主義の建前上わが国が制限免除主義を採ることには何ら問題はないと考えてきた。対アメリカ合衆国においても事情は異なることはない。アメリカ合衆国においては，1976年の主権免除法（Foreign Sovereign Immunities Act, FSIA と略称される）の制定以来，外国国家は一応主権免除の資格があると推定されるものの，主権免除が否定される範囲を拡張しつつある。国際人権訴訟の分野では，アメリカの裁判所における外国の国内で発生した人権侵害について外国人による外国人に対する訴訟たる Filartiga 事件（1980年），外国に対する訴訟たる Von Dardel 事件（1985年）が一大トピックであった[30]。岩沢氏は，「アメリカの裁判所が，一方では『国際法に対する行政府の行為の優位』又は『政治問題』の理論に基づいて自国政府の人権侵害の国際法上の合法性を審査するのを放棄しながら，他方では外国政府の人権侵害は積極的に審査するというのでは偽善の印象が拭いきれない」[31]と述懐されている。筆者もまさしく同感である。

(8) わが国における差止訴訟の可能性　アメリカ合衆国が外国での外国人による外国人また外国に対する訴訟事件を審理することを認めるというのであるならば，わが国で米国の軍隊により生ずる騒音や有害廃棄物の問題，すなわち人格権にかかわる不法行為についても，わが国の国民がアメリカ合衆国に対して手も足も出せない治外法権の事態は，主権の名のもとに「裁判を受ける権利」を含む国民の基本的人権を否定することに他ならない。日本評論社の『法律時報』2000年3月号の特集「国際法と国際民事訴訟法の交錯」は，横田基地問題を正面に据えた特集号[32]であるが，この中で高作正博助教授は，憲法学の立場から，「主権免除が妥当する権力行為または公法行為であっても，国民の重大な基本的人権の制約をもたらす外国の国家的な活動については，主権免除は及ばない」と解すべきとされ，これらの見解でも不十分といわざるをえないとされる[33]。

　ことは，米軍の活動に対する差止請求の根拠である。まず，国際法上，この

活動が不法行為を構成するものであるとすれば，主権免除は認められるべきではない。制限主権免除を認める諸国にあっても主権免除を否定するのが一般的な潮流である。また，地位協定18条5項は，「日本に駐留するアメリカ合衆国軍隊とその構成員の公務執行中の不法行為に基づく損害賠償に関して，アメリカ合衆国ではなく日本政府が裁判を含む方法に依り解決する」と規定する。これに依拠して，わが国民がアメリカ合衆国に対して，現実に発生する不法行為の発生や被害拡大を防止する損害賠償のみならず差止を求めることが不可能であるとする考え方もあろう。しかし，このような解釈では，例えば，米軍基地から致命的な有害廃棄物が廃棄または遺漏，排出された事態に対峙して，現実の不法行為を差し止めるための実効性を確保する術がないのである。差止請求をする場合には，現実に差止が求められている行為を行っている者に対して請求が向けられなければ実効性がないであろうということである。

　繰り返して思う。ひたすら，日米安保条約や地位協定に基づき，人格権を確保するための裁判を受ける権利も否定する，日本国民の基本的人権を意に介しない法制度，法解釈そしてそれを肯定し，行なう法律家は，一体誰のために，何のために在るのであろうか。

　現実は，さらに，深刻である。アメリカ軍隊よる基地騒音や有害廃棄物問題に限らず，いわゆる国際環境問題に対する訴訟の場合に，たとえ制限的な主権免除主義が認められたとしても，わが国の裁判権が自動的に認められるとは限らない。国際民事訴訟法におけるわが国の裁判管轄権の存在の有無の判断というさらなる問題が生ずるのである。ここでは，国際環境保護のための予防的な差止訴訟提起や強制執行の可否が関わっている。

2　強制執行の免除

　主権免除が否定され，あるいは制限免除主義が採用されて，外国国家の不法行為に対してわが国の裁判権を行使することができ，訴訟手続がつつがなく進行し，被害者であるわが国民の損害賠償や差止を求める主張を認める判決が下されたと仮定しよう。この判決を執行するために，わが国の領域内にある外国

の財産に対する強制執行をすることができるかという問題がある。これが，強制執行の免除の問題である。この問題に対しては，裁判権の免除が認められるにいたって，強制執行についてもこれと一体として免除を認めるべきであるかということである。各国の判例の伝統的な態度は，裁判権免除と強制執行の免除を別の問題であるとして分離し，外国に強制執行免除の抗弁を認めているといわれる。「法廷地国の裁判所が紛争原因と救済方法に対し裁判権を取得するばかりか，外国の財産処分権を侵害する方法で物理的な強制までも加えるのは，その主権・独立・威信を害し両国の外交関係を危うくすることになる」というのがその理由である[34]。しかしながら，残念なことに，学説・実務上は，今でもなお強制執行の免除を広範囲に認めているのである。国家の主権としての裁判権免除と強制執行の免除は，同一の基準によるべきであり，裁判権免除が否定されたとすれば，強制執行を認めることが妥当であるといえないであろうか。絵に描いた餅にしてはならない。

3 国際不法行為事件に関する国際裁判管轄権

(1) 国際不法行為事件　環境汚染問題も益々国際化している。まず，以下のようなケースを想定してみよう。

　A国のY1企業が，B国にペーパーカンパニーである子会社Y2を設立する。Y2は，C国において，C国の許可を得て工場を建設稼動した。しかるに，同工場から排出される汚水がC国の人々のみならず，同国を流れる河川の下流にあるD国，E国並びにF国の人々の生命と身体を侵害し，その財産に損害を与え，また，与え続けている。さらに，同工場から廃棄された有害物がG国またH国に移動され，それらの国々の土壌を汚染した。C国ないしH国の被害者は，誰に対して，どこの国で差止訴訟また損害賠償請求訴訟を提起することができるであろうか。より具体的にいえば，まず，C, D, E, F, G, H国の国民は，身体に対する侵害と財産に対する損害が生じた結果発生地であるそれぞれの居住地国で，また，有害廃棄物が排出されたC国を原因発生地として，さらに，工場建設とか開業を許可をなしたということでC国で，さらに

は、危険であることが十分予想されるにもかかわらず、それに備えてペーパー会社を設立し、業務遂行の指揮、統括と監督をなしてきたＹ１会社の支配・統括・本拠地であるＡ国、またはペーパー会社の所在地であるＢ国の裁判所でこれらの訴えを提起できるかということである。また、被害が依然と続いているような場合、侵害行為を続けている工場の操業を差し止めるために、誰が一体どの国で、どのような法的救済を講ずることができるかということにも発展する[35]。

こうした国際環境問題に関わる不法行為事件について、国際裁判管轄権の有無が深刻な問題となる。というのは、主権の作用として、それぞれの国家がいかなる訴訟事件について裁判権を行使するかをいわば自由に決定することができるからである。その結果として、後述するような二国・多数国間の条約がなければ、同一の不法行為事件について複数の国家が管轄を有するという場合（管轄権の積極的抵触）やいかなる国家も管轄権を主張しない場合（管轄権の消極的抵触）が生ずることになる。そして、これらの事態の発生は深刻である。すなわち、複数の国家で訴訟競合が生ずることは、えてして下された判決の内容が異なる事態、判決の抵触をもたらすこととなり、管轄の消極的抵触の場合には、被害者に対して裁判を受ける機会を閉ざすことになるからである。

このような国際不法行為事件にかかる裁判管轄問題は、すでに多発している。具体的な実例を紹介する。ことは、ヨーロッパを貫くライン川のアルザス塩化カリウム鉱業事業団体による汚染事件である。アルザス塩化カリウム鉱業事業団体が、１日に約１万トンの廃塩を精練しないままライン川に流しこんだ。これにより、ライン川の水に依存するオランダの養樹林業者に損害が生じた。そこで、このオランダの養樹林業者が鉱業事業団体に対して、1974年10月、損害賠償を求める訴えをオランダの民事裁判所であるロッテルダムの区裁判所に提起した。1976年５月12日、同区裁判所は自らの管轄を否定した。そこで、養樹林業者はハーグ裁判所に控訴した。同裁判所は、裁判管轄・執行条約第５条第３項の解釈につき、ヨーロッパ共同体裁判所に付託した。ヨーロッパ共同体裁判所は、1976年11月30日、同項の「有害事項の地（Ort des schädigen

Ereignisses）という文言について，結果発生地の裁判所にも，行動地（原因発生地）の裁判所にも告訴されうる」と回答した。共同体裁判所の回答に基づき，ロッテルダム区裁判所が結果発生地であるオランダの裁判所の国際裁判管轄を肯定する中間判決を下した。本件のその後のプロセスは省略するが，15年の歳月を重ねて，ようやく，結果として，被告が原告に対して損害賠償金を支払うという形で和解したという事件である[36]。

　ヨーロッパの諸国は，一部の国家を除くならば近接しておりしかも陸続きであることから，かねてより国際的な環境汚染問題を抱えてきた。そこで，これらの問題を含む渉外訴訟事件に対応するために，1968年9月27日の「民事および商事事件における裁判管轄権および執行に関する条約（ブリュッセル条約）」を嚆矢として，「ヨーロッパの司法空間」が構築され，ヨーロッパの域内におけるEU加盟諸国の国際裁判管轄にかかる紛議を処理するメカニズムを整えてきたのである[37]。

　(2) 国際裁判管轄の決定の基準　　こうしたヨーロッパ連合のシステムに対して，わが国の国際裁判管轄権の規律や処理，また，不法行為事件に関する訴えについてはどのようであるか。国際裁判管轄の決定の基準については，特別の二国間及び多国間条約は存在しない。また，判例・学説上争いがある[38]。最高裁は，昭和56年10月16日マレーシア航空事件判決により，わが民事訴訟法の国内の土地管轄に関する規定が定める裁判籍のいずれかがわが国にあるときは，被告をわが国の裁判籍に服させるのが条理にかなうとして，国際的管轄権を肯定した（逆推知説）[39]。以来，この学説を類推しつつ，「特段の事情」がある場合には，その規定を適用しないとする考え方（修正逆推知説）が実務，特に下級審判決では主流を占めてきた。しかし，学説をみると，通説は管轄配分説である。この考え方によれば，国際裁判管轄については，成文規定の欠缺を認め，それを条理により補充し，当事者間の公平，裁判の適正・迅速な処理等の目的を実現するために，国内民訴法の土地管轄規定を参酌しながら決定されることとなる。最後の考え方が将来のあり方としても当を得ているといえよ

では，渉外不法行為事件に関する訴えについて，特に被害者側からみると，当事者や事件とどのような土地的な結びつきがあれば，それが裁判管轄の基礎となりうるであろうか。詳述することができないが，被告が，個人であればわが国に住所や居所を，法人であれば主たる事務所や営業所を有するときなどは，当然管轄が肯定される。問題となるのは，「不法行為地」についてである。不法行為地が国際裁判管轄の基礎となることは，学説・判例の認めるところである[40]。証拠収集の便宜，被害者側の訴え提起の利便，加害者側の予見可能性などが存在することがその管轄基準を肯定する理由である。ところで，国際環境破壊のような原因となる行為（加害行為地）と結果が発生した場所（結果発生地）が異なる国に及ぶ隔地的不法行為の場合はどのようであるか。まず，加害行為地の管轄原因としての適格性である。製造物責任の場合を含め，この土地的牽連性は被害者側からの訴えについて肯定されている。これに対して，加害者側から，加害行為地において消極的確認訴訟を提起することが考えられる。この管轄を単純に肯定することになると，被害者がこれに応訴することを強いられることとなり，被害者の救済・保護にもとることとなるであろう。不法行為債権の不存在確認訴訟については，加害行為地の管轄を否定すべきである。次に，結果発生地である。国際環境汚染，製造物責任，インターネットなど，ある行為により複数の国で被害・損害が発生する場合に，すべての隔地的不法行為について，結果発生地の管轄だけを肯定すべきか否かである。加害者の予見可能性や応訴を強いられることを考慮して，この管轄を認める場合には一定の条件をつけるべきであるとするのが多数説である。しかしながら，例えば，原子炉の溶解や有害廃棄物の河川への流入などの国際環境汚染の被害者がその結果発生地国における損害賠償を求める訴訟の管轄権を否定することは，場合によれば，被害者たる者，多くの場合は経済的弱者に救済の道を閉ざすことにもなりかねない。また，被害者の救済にとどまらず，被害の発生の事前の防止を考慮すると原因たる事実が発生している国の管轄を否定することは妥当とはいえないであろう。したがって，加害行為地及び結果発生地，さらに，損

害発生地のいずれの地の管轄を肯定すべきである[41]。

　さらに，考慮すべき管轄原因がある。国際環境破壊をもたらす不法行為事件においては，諸国における国際裁判管轄と不法行為の準拠法の決定のあり方を熟知した上で，ある法人が他国に子会社や合弁会社を設立し，さらに，第三国に工場を設置して，ひいてはその工場が事故や有害廃棄物の産出と汚染をもたらすような場合である。親会社や多国籍企業と呼ばれる企業に対して不法行為に基づく損害賠償請求をなす場合の裁判管轄権の問題である。こうした形態の企業は，責任を問われることとなる汚染物質の輸出にとどまらず，開発の名を借りて，多くの場合には途上国に現地法人と工場を設立し，その工場による事故や有害廃棄物の適正な処理をしないことにより不法行為に対して無責任を装うことがある。例えば，1978年以降，韓国蔚山では「温山病」として知られる，わが国の東邦亜鉛との合弁会社である高麗亜鉛による亜硫酸ガスとカドミウムの排出による公害問題[42]があり，わが国の企業である三菱化成のマレーシアで設立された合弁会社 ARE（エイシアン・レア・アース）による放射性ナトリウムなどの廃棄物の杜撰な処分による住民たちへの健康被害[43]があり，さらに，歴史上最悪ともいわれ数千人以上の死者と50万人以上の負傷者を出した，米国の企業であるユニオン・カーバイド社によるインドボパール化学工場事故[44]がある。過去に自国で公害を発生させ，その発生過程やその恐怖を熟知している企業が，再び途上国に進出し，無反省の内に公害を再発させてきたのである。

　こうした合弁企業や多国籍企業による不法行為の場合には，全体の業務を支配し，統括する企業に責任を負担させることが考えられてしかるべきである[45]。そうでないとすれば，多国籍企業という企業形態を利用することにより，一方では，節税や利益を享受することを認めながら，企業分割による責任の回避を実現することを阻止しないと被害者の救済を不可能にするからである。利益と負担の公平が考慮されなければならない。企業の統括地の確定に多少の困難は伴うとしても，業務統括地（親会社や結合された他の会社の住所地）の裁判所にも管轄を認めるべきである[46]。そうでないとすれば，アメリ

第5章　国際環境汚染に関する国際私法上の対応　287

カ合衆国の多国籍企業であるユニオン・カーバイド社がボパールで引き起こした不法行為事故についての責任を求める損害賠償請求が，アメリカの連邦裁判所において管轄が無いとして却下されたような事態となり，被害者は救済の道をほとんど絶たれてしまうことになる。

(14)　日弁連によれば，沖縄県だけをみても，昭和47年以降平成12年までの米軍構成員等による犯罪は，28年間に計5,006件に上り，殺人・強姦等の凶悪犯罪も527件含まれているという。

(15)　新倉修＝森川恭剛「沖縄基地の犯罪処理・地位協定・軍事高権」『沖縄米軍基地法の現在』(一粒社，2000) 89頁以下，特に120頁以下。

(16)　http://www.jca.ax.apc.or/~iga/OKINAWA/bases/Okinawa　既存の米軍基地による周辺の住民への生活被害に加えて，基地建設による環境破壊問題(名護・辺野古)も看過してはならない。沖縄基地問題については，田山輝明『米軍基地と市民法』(一粒社，1983)，浦田賢治編著『沖縄米軍基地法の現在』(一粒社，2000) 参照。

(17)　朝日新聞 2001年4月18日夕刊。

(18)　アメリカ軍機岩国基地所属のAV8Bハリアー機が，1995年末から1996年にかけて，鳥島射撃場で劣化ウランを含む徹甲焼夷弾1,520発を発射していたことが暴露された。社民党からの抗議や国民の批判を受けて，政府は，そのデータ評価検討会の1998年「劣化ウラン含有弾の誤使用問題に関する環境調査の結果」をホームページに掲載したことがある (http://www.jca.apc.org/keystone/K)。鳥島や久米島の周辺に影響が見られないとの調査報告であるが，極めて疑わしい。また，この薬きょうが鉄くずとして民間業者に払い下げられたという (http://www.ryukyushimpo.co.jp/)。隠蔽や秘密裏の処理が恒常化されている疑いが強い。周知のように，1991年の湾岸戦争では，米・英軍が新兵器として「劣化ウラン弾」をイラク軍に対して使用した。その結果，退役の米・英軍人やその家族にすら放射線被曝による被害が広がっていることは顕著な事実である。我々は，やはり，核兵器をはじめとする環境破壊兵器の存在自体を疑問視しなければならない。

(19)　基地の島が，今，ジュゴンの保護を訴えている。普天間の代用基地となる「キャンプ・シュワーブ水域内」は，珊瑚礁とジュゴンの生息地である。基地建設でこの哺乳類を失うことは，環境のみならず平和そのものの喪失を意味する (http://www.sdcc.jp/，ジュゴン保護キャンペーンセンター編，宮城康博ほか著『ジュゴンの海と沖縄』(高文研，2002))。

(20)　ツナ・パネルについては，例えば，田村次郎『WTOガイドブック』(弘文堂，2001) 197頁以下。

(21)　最高裁一小法廷平成5年2月25日判・判時1456号32頁。また，本判決については，例えば，柳憲一郎「横田基地訴訟」別冊ジュリ公害・環境判例百選 (1994) 132頁。

⑵ 米軍機の飛行差止請求を否定する理由については判例上，一連の流れが見られるので，簡単に引用し紹介する。

①被告（国）に対して，米軍機の飛行等に規制を加えることを求めるのであれば，国は被告適格を欠く，②基地を使用させる条約上の義務を負う被告に対して基地の使用の禁止や制限を求めることは，被告に対して法的に不能を強いることである，③この問題については，わが国の裁判権は及ばない，④米軍機の飛行等の規制等に，アメリカ合衆国と交渉することを被告に義務づけることを求めるのであれば，そのような外交交渉は，統治行為ないし政治問題であるから，三権分立の原理に反する，⑤それは行政上の義務づけ訴訟であり，民事訴訟としては許されない，⑥義務づけ訴訟であるとしても，義務づけの内容が一義的で明白でないから成立の余地がない，⑦米軍に侵害行為を停止させるために有効な作為，不作為を行うことを被告に求めるのは間接的差止請求であり，この請求権を認める私法上の根拠がない（藤村和夫「厚木基地第一次，横田基地第一次・第二次訴訟」『環境法研究22号』(1995) 225頁以下）。

⑶ 最大判昭56年12月16日民集35巻10号1369頁，判時1025号39頁。また，横田基地騒音公害訴訟第一審判決においても，国に対しアメリカ合衆国軍隊の使用する航空機の離発着の差止を請求することができないとされた（東京地裁八王子支部判決平成14年5月30日判時1790号47頁）。

⑷ 米軍基地跡での健康被害が顕在化した。朝日新聞2002年9月23日朝刊によれば，フィリピンの米軍基地であったクラーク空軍基地とスービッツ海軍基地跡では，米軍が放置していった有害物質が原因と見られる健康被害が起きているという。これが事実であるとするならば，筆者も怖れていることであるが，わが国のみならず世界に展開している米軍基地ではそのような健康被害が発生する蓋然性が高いということになる。基地の返還というのは名ばかりで，米軍が有害廃棄物質から逃避した可能性が高い。

⑸ 波多野里望「裁判権免除」『渉外判例百選』［第二版］182～183頁。

⑹ 小田滋・岩沢雄司「裁判権免除」『渉外判例百選』［第三版］192～193頁。

⑺ 原強「主権免除と基地問題——横田基地訴訟鑑定書を中心として」法時72巻3号(2000) 25頁 注⑶。

⑻ 大寿堂鼎「民事裁判権の免除」『新・実務民事訴訟法講座7』（日本評論社，1982）55頁。

⑼ 山本草二『国際法［新版］』（有斐閣，1994）263頁以下，高桑昭「民事裁判権の免除」（澤木＝青山編）『国際民事訴訟法の理論』（有斐閣，1987）147頁以下。外国国家が私人と締結した契約の目的が当該国家の公法的行為を求めるものであることを理由に，裁判権免除を認めるのは，東京高裁平成12年12月19日第16民事部判決（原審，東京地裁平成12年10月6日判タ1067号263頁），ジュリ・平成13年度重要判例百選307頁［臼杵知史］。

⑽ 臼杵知史「米国主権免除法における外国の非商業的不法行為」北法36巻3号（1985）665頁以下。

⑶1 岩沢雄司「アメリカ裁判所における国際人権訴訟の展開（一）（二・完）」国際法外交雑誌87巻2号，5号（1988）26頁以下。
⑶2 村上正子「主権免除について」法時72巻3号（2000）16頁，中谷和弘「国際法の観点から見た主権免除——国際法委員会の最近の動向を中心として」法時72巻3号（2000）35頁以下。
⑶3 高作正博「主権免除と基地問題——憲法学の立場から」法時72巻3号（2000）35頁以下。
⑶4 山本草二『国際法［新版］』（有斐閣，1994）263頁以下参照。
⑶5 石黒一憲『国境を越える環境汚染——シュヴァイツァーハレー事件とライン川』（木鐸社，1991）参照。
⑶6 ヨーロッパ共同体裁判所，裁判管轄・執行条約第5条第3項については，加害者は，被害者の選択に従い，結果発生地の裁判所にも，行動地（原因発生地）にも告訴されうる（楢崎みどり訳（カール・F・クロイツァー著）「環境妨害及び環境損害に関する抵触法上の諸問題」（山内惟介監訳）『国際私法・比較法論集』（中央大学出版部，1995）141頁注⑽）。
⑶7 ヨーロッパ共同体（EEC）当時の初源的な状況について，『フランス国際民事訴訟法の研究』（創文社，1995）参照。
⑶8 池原季雄「国際的裁判管轄権」『新・実務民事訴訟法』31頁，松岡博「国際裁判管轄権」『現代契約法体系』290頁以下，『国際取引と国際私法』（晃洋書房，1993）その他の学説として，類型説，利益考慮説などがある。
⑶9 民集35巻7号1224頁，判例評釈として例えば，高桑昭「国際裁判管轄」『渉外判例百選』〔第三版〕196頁。
⑷0 池原・前掲注⑶8 32頁注㉓，佐藤哲夫「渉外判例百選」（増補版）270～271頁。
⑷1 渡辺惺之（木棚＝松岡＝渡辺編）『国際私法概論』〔第3版〕256～257頁。
⑷2 アジアの環境と開発については，大島堅一，朝日新聞2002年8月24日朝刊。大韓民国における公害において，日韓合弁会社である蔚山無機化学の日本側出資者は，「クロム鉱滓」で社会的な批判を受けていた日本化学である。また，これに隣接する温山の工業団地にあるのが1979年操業を開始した高麗亜鉛である。この企業も安中公害を引き起こした東邦亜鉛との合弁企業である。http://www.rrr.gr.jp/iso/ogawa/papaercp 23.htm
⑷3 AREについては，http://www.eco.keio.ac.jp/staff/tets/kougi/lnote 93/someya.htm マレーシアAREに35％出資している三菱化成は，1972年，四日市公害訴訟の被告として，「有害物質（硫黄酸化物）を発生させる企業は，事前に環境アセスメントを行うべきであるのに，それを怠った，という工業立地上の過失を理由にその責任を厳しく断罪された企業である」。
⑷4 1984年12月3日に生じた，インドのボパール市の化学工場事故の「ボパールの負の遺産」と称される後遺症については，http://www.nifty.ne.jp/forum/fenv/prweb/press

04/00330.htm

(45) 多国籍企業については，1990年代にいたり，国連多国籍企業委員会と国連多国籍企業センターが解散させられ，「国連多国籍企業行動基準草案」が凍結され，むしろ多国籍企業の自由な活動を保障するための多国間投資協定がOECDで論議されてきた。現在，この多国籍企業の形態を利用した環境破壊や人権の蹂躙に正面から対応する必要があろう（小島延夫「わが国企業の海外進出と環境問題」『環境問題の行方（別冊ジュリ）』(1999) 326頁，小島延夫（吉村良一＝水野武郎編）『環境法入門』（法律文化社，1999) 223頁以下）。

(46) 1976年に起きたセベソ事件において，親会社である製薬会社ロシュの子会社のために製造していた過程で生じた農薬工場の爆発につき，親会社でなく，その会社が在るスイス国家がその道義的責任をとったことは，よく知られている。しかし，企業形態のあり方を追求してゆくと親会社の所在する国に裁判管轄原因を認めるべきであろう。

V わが国の国際私法における不法行為規定のいわゆる折衷主義
　　——その時代錯誤性

1 不法行為の準拠法としての累積的適用主義

　国際的不法行為について，次に生ずる問題は，それらの法律関係および紛争に適用される法（準拠法）の選択である。不法行為の準拠法決定については，古今東西様々な考え方が開陳されてきた。しかし，現在のわが国の法例が採用する準拠法の決定のあり方は，被害者にとって比較法上最悪の立法形態であると言っても決して言い過ぎでない。ところで，わが国の不法行為の準拠法を指定する法例11条の規定のあり方は，通説によれば，折衷主義と呼ばれるが，実は，累積的適用主義である。この考え方は，不法行為の成立およびその効力の範囲を限定するものであるが，その規定の内容を具体的にみると，法例11条1項は，「其ノ原因タル事実ノ発生シタル地ノ法律ニ依ル」とし，渉外的不法行為の準拠法としてまず不法行為地法主義を採用し，同条2項は，さらに「外国ニ於テ発生シタル事実カ日本ノ法律ニ依レハ不法ナラサルトキハ之ヲ適用セス」と定め，法廷地法であるわが国の不法行為法を重畳的に適用する。明治31年6月21日制定，同年7月16日施行のこの内容の法例の規定は，このようにし

て法廷地法により不法行為の成立を限定するのみならず，成立した不法行為についても，同条3項により，損害賠償の方法，額ならびにその他の事項についてすべて干渉を認めるというものであった[47]。

この不法行為地法と法廷地法の二つの法が認める場合と同一範囲において，不法行為が成立しその効果が認められるというのである。折衷主義とも称されるこの学説は，不法行為制度の目的や指導理念を瓦解し，喪失せしめることから，その制定当時から，立法論および解釈論上，この学説の厳格性を克服するための幾つかの試みがなされてきたのである。例えば，法例11条2項の「不法ナラサルトキ」との文言を限定的に解釈する，1）主観的違法性に限定する説，2）違法性一般に限定する説などである。これに加えて，不法行為の準拠法決定につき「不法行為地」を機能的に解釈する考え方（機能説）も登場した。この学説によれば，不法行為制度の有する機能が多様化した現実に対応すべく，過失責任と無過失責任の妥当する不法行為に二分化し，行動地と結果発生地がそれぞれにつき不法行為地であるとする。

2 類型説の登場

しかしながら，通説である折衷主義，不法行為地法主義，機能説に対する批判的な見解として，類型説が登場した。すなわち，不法行為一般について通説のように画一的に準拠法を決定し，また，その原則を維持しながらその類型化や連結点決定の柔軟化により硬直した事態に対応する仕方に根本的な疑問を抱く人々，例えば，澤木敬郎教授は，「渉外的な性質をもつ不法行為といってもその態様は多様である。外国人による自動車事故，殺人，詐偽のようなものから，特許権・著作権の侵害，広告などによる名誉毀損や不正競争，プラント・食品，欠陥車などの輸出の結果生じうる事故，さらには国際公害のようなものまで含まれる。このような多様な類型をもつ不法行為について，一律に行動地あるいは結果発生地の法を適用することは妥当であろうか。……（中略）……もしこのようにいえるとすれば，不法行為一般について画一的な準拠法を決定することには無理がある」（『国際私法入門』［第3版］（有斐閣，1990）200

頁）とされ，責任原理を異にするものについては別個に取り扱うべきであるとされたのである。アメリカ合衆国の「最も密接な関係を有する地の法律」，イギリス連邦の「プロパー・ロー」，西ドイツの「重心理論と偏在理論」などの諸外国における渉外不法行為制度の動向に対応したのが類型論であった[48]。

3 国際私法立法研究会の試案

以上のような批判の対象とされてきた法例については，立法論のレヴェルでも再検討がなされてきた。国際私法立法研究会によりなされた「契約，不法行為等の準拠法に関する法律試案」である。1994年10月10日に一橋大学で開催された国際私法学会においても披露された，比較的若手のグループによる成果である[49]。この試案によれば，〔不法行為一般〕は，第8条において規定される。一般規則として，不法行為地法主義と行動地法説が，そして，事件毎に類型化し，各則を設ける考え方が採用された。すなわち，

ア，不法行為は加害行為の行われた地の法律による。その地がいずれの国にも属しない場合には，日本の法律による。
イ，前項の規定にかかわらず，加害者と被害者が同一の地に常居所を有する場合にはその地の法律による。
ウ，前二項の規定にかかわらず，加害者と被害者との間の法律関係が不法行為により侵害された場合には，その法律関係の準拠法による。

しかし，本試案はその後陽の目を見ていない。確かに，スイス国際私法やドイツの民法施行法の改正作業との比較でこの試案の内容をつぶさに検討していくならば，数多くの問題点が指摘されえたであろう。しかし，母法国においても，不法行為の準拠法については，その問題性が指摘され，判例上処理され，近年その法改正もなされた。これに対して，わが国の法例11条は，アナクロニズムに陥ったまま放置されてきたのである。ここでも，国際人権問題で諸外国から顰蹙を買っている，日本という国の国際不法行為事件における被害者の救

済の消極性や劣後性という同質の問題が見て取れる。

4 解釈論の限界を強調する学説とその評価

わが国の法例においては，渉外的不法行為の被害者を十分救済できない成文法規があり，解釈論上克服を困難とする法例11条が存在する。歴代の学者は，この困難性を緩和しようと努めてきたのである。ところが，最近に至り，この歴史的な流れに逆行する学説が提唱されている[50]。その学説では，不法行為地法，原因発生地法主義というルールに関する基本原理を把握する作業の一環として，出版物による名誉毀損を取り上げられ，不法行為の準拠法について，「そもそも，法例11条に於いては『不法行為』の類型分けがなされているわけでなく，『不法行為』は一つの単位法律関係として設定されている以上，解釈論上は，二分論が成立する余地はないと思われる」と明言される。さらに，不法行為制度の目的のうち，不法行為の犠牲者に対する損害の塡補賠償を重視し，「生じてしまった損害を加害者と被害者で分担するかという問題が私法としての不法行為の核心であって，そのバランスを判断するという問題に最も密接に関係する地が，加害行為地ではなく結果発生地である」と主張されたのである。すなわち，不法行為の法律決定について，二分説や類型説は否定すべきであり，すべての不法行為は一つの準拠法である結果発生地法によらしめるべきであるというのである。

解釈論上の厳格性を尊重すべきであるということに立脚する道垣内教授の所説は，別の見地に立つと，驚くべきほどに被害者の救済や被害の発生防止と相容れない内容の学説ではないかとの疑問が生ずる。わが国の母法国であるドイツを散見しよう。既に，ドイツでは，偏在原則，重点理論および当事者による法選択が肯定されてきた。すなわち，ドイツ連邦通常裁判所の一連の判決から，不法行為地法と当事者の本国法と住所地の関連性を定式化して，

(a) 当事者が不法行為地の本国または常居所地であるときには不法行為地法
(b) そのような関係を有せず，不法行為地外に共通常居所をもつときには，

ア．共通常居所地が当事者の共通本国である場合
　　イ．共通常居所地において，当事者がすでに事故発生前に「社会的接触関
　　　係」にはいっていた場合
　　ウ．共通常居所地において，事故車両が登録・保険に付されていた場合に
　　　は，共通常居所地法
　(C) それ以外の場合には，不法行為地法原則が妥当する。

　というように，被害者である当事者は，不法行為地法として自己の有利な法の選択を認めているのである。また，1995年5月に成立し，施行された改正ドイツ民法施行法もその基本的な精神を喪失していない。
　わが国の法例の制定時代における不法行為の状況は，現在と同一でない。現行法例の制定以来130年余を経た今では，既に類型説の支持者により検討されてきたように多種多様の隔地的不法行為が多発し，その減少する気配は全く乏しい。そして，現在の不法行為制度の目的を鑑みるに，法例の制定時代の学説においても主張された不法行為制度の目的としての，被害者に対する損害の塡補賠償，行為者に対する制裁，不法行為の発生抑制の機能に加えるべき機能があるとしても，それらのいずれかが除かれるとは思われないのである。であるとするならば，不法行為制度の目的のうち，不法行為の犠牲者に対する損害の塡補賠償を重視し，「生じてしまった損害を加害者と被害者で分担するかという問題が私法としての不法行為の核心であって，そのバランスを判断するという問題に最も密接に関係する地が，加害行為地ではなく結果発生地である」と結論付けることは，大いに問題である。国際私法上における不法行為制度の目的理解を一面化しすぎているという結果になるからである。また，このような制度理解に基づき，はたして現在を含め将来を見据えた解釈論や立法論がなしうるのであろうかというのが筆者の率直な疑問である。隔地的不法行為を含めた不法行為制度の目的を単に損害の塡補賠償に求めるのではなく，損害の発生防止に求める必要もある。したがって，結果発生地主義の主張は一面的であり，区分説や類型説も一理あろうが，被害者の救済と損害の発生防止には十分

足りえない。わが国においても，偏在原則，重点理論および当事者による法選択を採り入れた立法が一日も早くなされることを希望する。また，立法論的努力に加えて，不法行為の成立，損害賠償の方法と額，事後及び事前差止の困難性について解釈論レヴェルでも実現できる途を模索してゆく必要があろう。

以下では，このための解釈論を検討する。環境破壊や汚染に基づく各種の法的請求は，ある場合には，物権問題として法律関係性質決定されうるであろう。特に不動産の利用・支配から周辺の土地や他の者に損害を及ぼすケースでは，物権の準拠法である目的物所在地法によらしめることができるであろう。しかし，他の場合には，同一の事実関係に基づくものでありながら，その請求が不法行為を構成すると法性決定され得よう。この場合，被害者の救済や環境汚染の防止を実現するためには，不法行為の連結方法を柔軟化することも大いに理由がある。法例11条が自己完結的で隙間がないとして解釈論の限界を強調することよりも，多くの学説が，法例11条が製造物責任には適用がないとして新たな法律関係（連結単位）を構築したように，環境汚染・破壊に対する民事責任についても同様な対応をすべきであろう[51]。この民事責任の一類型である隔地的不法行為の準拠法決定としては，従来の学説（単純又は累積連結）ではなく，加害行為地と結果発生地の選択連結を認めるべきであろう。被害者が，自らの請求全体につき自らに有利な一つの準拠法を選択しうるとするあり方が望ましい。

さらに，国際的環境汚染をもたらした主体が子会社であるが，その企業形態が多国籍企業や合弁会社であり，親会社が子会社を支配・統括していることも日常的である。連結決算制度の導入により税法上も保護されるとするならば，親会社が子会社の責任を負担することとなるのは自明の理に属するのではあるまいか。ボパールの農薬会社の事故の場合では，ユニオン・カーバイド社はアメリカ合衆国に本社を有する優良多国籍企業であったので，3億5,000万ドルの和解金を支払うことが可能であったが，親会社の不法行為責任が否定されるとなると被害者にとっては悲劇的な結果をもたらすことにもなりかねない。親会社を認定することに困難はあり得ようが，準拠実質法上，現実の支配関係か

ら，また法人格否認の法理により親会社の責任を問うことも考えられてよいし，また，親会社独自の不法行為責任を問うことも必要ではあるまいか。

(47) 池原季雄「国際私法」『経営法学全集』（ダイヤモンド社，1967）377頁，山田鐐一『国際私法』（有斐閣，1992）317頁，溜池良夫『国際私法』（有斐閣，1993）377頁以下。

(48) わが国における不法行為の準拠法に関する学説の動向については，拙稿「不法行為の準拠法に関するわが国の学説史―苦悩の末に提唱された解釈論の意味するもの―（一）（二・完）」専法84号，『民事法の諸問題Ⅻ』専修大学法学研究所紀要27，（2002）参照。

(49) 国際私法立法研究会「契約，不法行為等の準拠法に関する法律試案（二）」民商法雑誌112巻3号（1995）484頁。そこでは，「環境汚染によって生じた損害＝環境汚染損害」とは，「大気や水などの物質を媒介とした身体および財産に対する損害である」とされる。即ち，大気や水などの環境そのものは，特定の個人の財産でないから，損害賠償の対象とならずむしろ環境汚染を媒介として生じた私人の健康被害や，農林水産その他の被害が賠償の対象とされるにとどまるのである。また，本試案にいう「損害」とは直接的な損害に限定される。

(50) 道垣内正人「サイバースペースと国際私法」ジュリ1117号（1997）66頁，同『ポイント国際私法（総論）』（1999，有斐閣）240頁，同『ポイント国際私法（各論）』（2000，有斐閣）141頁。また，環境汚染行為の民事責任についても，「現行の解釈論としては11条により損害発生地によることは勿論である」とされた（同「環境損害に対する民事責任――とくに，国際私法上の問題」『国際環境法』前掲書（注(11) 170頁以下）。なお，本稿脱稿後に，横溝大「国境を越える不法行為への対応」ジュリ1232号（2002）126頁以下が，公にされた。

(51) 植松真生「国際私法の観点からみた環境破壊――ドイツの議論を参考にして――」国際99巻5号（2000）51頁以下，高杉直「開発と環境に対する私法的対応」『開発と環境』（三省堂，2001）79頁以下。

Ⅵ 国際環境破壊に対処するための倫理観の再構築

わが国の国際私法，すなわち法例11条の全面的な見直しの作業が不可欠であることに対して，異論は少ないと思われる。しかし，この作業の具体的な開始や進捗に展望が開けないとするならば，当面は，このような解釈を行うしか手段は残されていない。これに対して正面から異論があるかもしれないが，一日も早い立法による手当てが望まれるというしかない。そして，その立法作業に

おいては，多々の課題があるにせよ，被害者の救済，被害の原状回復に止まらず，被害の発生の防止を現実に可能ならしめるための国際私法上のシステムが必要である。

　顧みるならば，わが国では水俣病をはじめとする公害事件が頻発し，これに対して，国家，地方自治体，政府，企業が一体となり未曾有の惨劇に手をこまねいてきた。どのような弁明がなされようとも，わが国では，結果として多くの人々の生命が失われ，身体が傷つけられてきた。しかしながら，わが国の不法行為法は，これらの人々の惨状にいち早い救済の手を差し伸べる法システムではなかったのである。社会的責任をどうしても逃れなくなって，金さえ払えばよいという体質が染み付いてはいないであろうか。そのような倫理観の転換を図ることがいま迫られていると筆者は思う。そして，被害者の救済が損害補償や原状回復の方法でよいという考えから，また，事後的差止の可能性だけを肯定すればよいという発想から，損害発生の積極的な根源的防止へ，さらに，不可逆的な生命や身体に対する侵害については事前差止を可能ならしめることを原則とすることへの転換が必要であり，また，その制度的なシステムとしての不法行為制度が構築されることが早急に望まれる(52)。

　わが国の不法行為法に求められる要請は国際環境汚染などの渉外的な不法行為を規律する法についても事情は同一であり，異なることはありえないであろう。例えば，不法行為のグローバリゼーションが進行する状況において，不法行為のそれを一国家の領土，領海，領空内の問題として処理できるとはおよそ考えにくい。自国と自国の国境内における利益だけを擁護することに，どのような利益が見出せようか。締約国会議（COP）のような国際組織においても，国際主義，国際法のレヴェルでも，必ずしも十分でないことが明らかになりつつある。もはや，大国が自らの主権維持だけを理由に，例えば国際環境汚染・破壊を助長することは認められえないであろう。また，工業発展のために野放しに環境破壊やむなしとする考え方も肯定し得ない。近代が形成してきた自明の理である国家主義も，私的財産制度，私的自治も根本的な再評価を迫られている，といえないであろうか。

今や，普遍主義的な，価値絶対主義的な環境の保護，人間の本性の復権というようなものが不可欠である。われわれは，債権の発生原因として認められるのが，「私人間の正義，衡平を維持しようという公益的目的」であるとし，財産（プラス）の配分的正義だけをことさらの如く巧言し，そのプラスの財についてだけ，夢中になって配分の法システムを構築してきた。しかし，繰り返していえば，このシステムは根本的に再考されるべきである。まず，生命および身体への侵害に対する回避措置を講ずる必要性である。わが国の伝統的な不法行為の基礎をなす倫理観として，唯一無二の生命や身体に，代替可能を認めしかも金銭にも代替してやむなしという非人道的な原理が存在する。塡補賠償が原則であるという思考そのものが速やかに廃棄されるべきであろう。人間は代替可能なロボットではないのである。次に，伝統的な財産法，不法行為法において軽視されてきたとも思われるマイナスの財，社会の負荷についてである。公・個人間の配分を含めその絶対的な配分を考慮せざるを得ないのではあるまいか。そして，まず，可及的にそのような負荷が生じないように務めるべきであろう。

　筆者は，環境問題を含む不法行為制度について，制度目的，法システムに対する関係者の意識などの改革が早急に不可欠であると考えている者の一人である。かけがえのない地球環境の保全のためにも，国際環境に係る法律問題を処理する一分野である国際私法においても，既存の倫理・価値観の転換を図るべきであると思う。しかし，検討すべき課題は，あまりにも多い。伝統的な国家主権の枠組を換骨奪胎して環境保全を確保しなければならない[53]。

(52)　専修大学法学部のスタッフにより構成された環境法研究グループは，「環境リスク・マネージメントの研究」を進めてきた。それにより得られた結論は，従来の不法行為制度の目的に加えるべき重要な目的が，損害発生の事前差止（抑止ではない）であるということである。早稲田大学法学部藤岡康宏教授を研究会にお招きし，この点について検討を加えた。同氏の論文「差止の訴に関する研究序説――その法的根拠と権利（絶対権）について――」北大論集21巻1号108頁以下，および，「私法上の責任」『基本法学5―責任』（岩波書店，1984）211頁以下を拝読し，さらに，不法行為の事前差止を原理化することを基本的に倫理観として据える必要性を再確認した。

(53)　これを実現するためには，極めて高いハードルを越える必要がある。特に外国の公的

機関による許認可を国家主権の関わりにおいて検討する必要がある。近年におけるこの分野に関する論稿として，例えば，石黒一憲『国境を越える環境汚染——シュヴァイツァーハレー事件とライン川——』，楢崎みどり訳「環境妨害及び環境損害に関する抵触法上の諸問題」前掲注 (36)，櫻田嘉章「国際環境私法をめぐる事例ならびにヴォルフの見解について」『京都大学法学部創立百周年記念論文集』第 3 巻701頁以下（有斐閣，1995），植松真生「国際私法の観点からみた環境汚染」前掲注 (51) 61頁以下など。

Ⅶ　むすび

　過去の国際環境問題に対するわが国の法は，不法行為の問題を見ても知り得たように，損害発生予防指向であるというよりも，侵害や損害に対する臨床治療型や死体検案型対応というべきものであった。穿った表現であると言われるかもしれないが，悲劇的なできごとである水俣病やハンセン氏病を例に取りあげたとして，国家，政府や官僚がなしたことは，対応というよりも無視とか放置に等しい状況（いわゆる，物理的措置）であったと断言してもあながち誤りとはいえないであろう。また，ミサイル防衛構想に共鳴し，地位協定を擁護することの方が，わが国に駐留する米軍基地から生じた有害廃棄物や有害物質の排出にわが国の法を適用することより重要であるとし，治外法権の状態を肯定する，または，それを事なかれとする，国家や官僚またそれに迎合する学者や裁判官の姿勢を理解していただけたと思う。こうした事態は，人間の尊厳に基づく地球環境の保全・保護というレヴェルの発想には程遠く，むしろ特定の価値観や宗教観に偏る防衛構想や国益の保護の名目で地球温暖化防止条約化から脱退したアメリカ合衆国大統領や上院のそれと軌を一にするといえないであろうか。

　われわれは，回復不可能となる地球の環境破壊を身近なところから防止し，その被害が可及的に発生しないことを可能にする法の網を構築する必要があると考える。そのためには，まず，国内で生ずるものであれ，国際・遠隔的なものであれ，不法行為にかかる問題を解決するための基本的倫理観と価値観を転

換し，または再確認することが必要である。損害補填の目的は二の次であってよい。まず，生命や身体に対する侵害の事前の回避または阻止を実現することが，最重要な目的であらねばならない。国際（渉外）的な環境破壊にかかる問題に対する分野においても事情は同一である。しかし，わが国の法の世界では，聞こえてくるその足音は未だ極めて小さいのである。

　本章を叙述しながら，感じたことを述べることにする。緒方正人（語り）・辻信一（構成）『常世の船を漕ぎて』は，水俣病を体験した緒方氏の生涯の書である。あとがきには，次のように書かれている。

　「科学技術文明の中で，母なる大地は，資源と見なされ，金に換算されうるものとなった。ここに現代に地球環境の危機の原点がある」[54]。

　まさしく，同感である。ダント（Arthur.C.Danto）も，「芸術と意味」（"Art and Meaning"）の中でいう。古代ギリシャ時代には，「良い芸術（good art）」という言葉や語句の使い方は存在しないけれども，ヨーロッパの社会では，トートロジーに陥るものであるとされたという。すなわち，人間がつくるものはすべて良いものであり，人間による自然や地球そのものの支配が当然とされたのである。しかしながら，現在，こうした自然を犠牲にしてゆく人間中心の考え方に早急な見直しが不可欠である。人間中心主義とか環境主義とか，自然や環境に対する倫理的な思想の位置付けはどのようであれ，また，「自然の権利」が認められるかとか，「動物に権利がある」かという問題はさておき，人間から侵奪された自然の原状回復がまず必要である。そして，人間中心主義を克服し，それに代わるものが生命中心主義であろうと，生態系中心主義であろうと，われわれは，「地球にやさしい」「自然との共生」を基調とする倫理観に立ち戻るべきではあるまいか。

　「良い芸術」ではなく，また，「よい自然（good nature）」でもなく，とにかく，「自然」を取り戻さなければならない。

[54]　緒方正人（語り）・辻信一（構成）『常世の船を漕ぎて』（世織書房，1996）242頁。

附表　国際環境汚染に関する協定・条約

　この附表では,【地球の温暖化】【オゾン層の破壊】【酸性雨】【海洋・河川汚染】【有害廃棄物の越境移動】【生物多様性の減少】【森林の減少と砂漠化】【原子力発電所】,その他地球環境に関係すると思われるものを年代別に列挙した。ただし,月日順となっていない。

1920	トレイル精錬所事件
1940	西半球自然・野生生物保護条約（1942発効）
1946	国際捕鯨取締条約署名（1948発効）
1950	国際鳥類保護条約採択（1963発効）
1951	国際植物貿易条約採択（1952発効）
1952	北大西洋のおっとせいの保存に関する暫定条約（1957署名・発効）
1954	海洋油濁防止条約（油の汚染による汚濁の防止のための国際条約）採択（1975発効）
1959	南極条約採択（1961発効）
1960	原子力の分野における第三者損害賠償責任に関するパリ条約署名（1963発効）
1961	UPOV条約（植物の新品種の保護に関する国際条約）採択，1978年と1991年に改定
1962	原子力船運行者責任条約（未発効）
1963	原子力損害についての民事責任に関するウィーン条約署名（1977発効）
	ライン川汚染防止国際委員会協定作成（1965発効）
1966	月その他の天体を含む宇宙空間の探査及び利用に関する国家活動を律する原則に関する条約採択（1967発効）
1967	トリー・キャニオン号事件（油濁事故）
1969	油濁民事責任条約（油による汚染損害についての民事責任に関する条約）採択（1975発効）
	油濁公海措置条約（油による汚染を伴う事故の場合における公海上の措置に関する国際条約）採択（1975発効）
1971	ラムサール条約（特に水鳥の生息地として国際的に重要な湿地に関する条約）（1975発効）
	細菌兵器（生物兵器）及び毒素兵器の開発,生産及び貯蔵の禁止並びに廃棄に関する条約採択（1975発効）
	油濁補償基金条約（油による汚染損害の補償のための国際基金の設立に

		関する国際条約）採択（1978発効）
1972		危険性の指摘：ローマクラブ報告書『成長の限界』
	.6	「国連人間環境会議」開催（人間環境宣言の採択）（ストックホルム）
		船舶及び航空機からの投棄による海洋汚染の防止に関する条約（1974発効）
		南極のあざらしの保存に関する条約採択（1978発効）
	.10	ロンドン条約の採択（廃棄物その他の物の投棄による海洋汚染の防止に関する条約の採択（1975発効）
		海洋投棄規制条約（廃棄物その他の物の投棄による海洋汚染の防止に関する国際条約）
		世界の文化遺産及び自然遺産の保護に関する条約（1992発効）
	.12	国連環境計画（UNEP）の設立
1973		マルポール73/78条約（船舶の汚染による汚染の防止のための国際条約）附属書Ⅰ．Ⅱ（1983発効）
		ワシントン条約（絶滅のおそれのある野生動植物の種の国際取引に関する条約）採択（1975発効）
		ほっきょくぐま条約（ほっきょくぐまの保全に関する条約）採択（1976発効）
1974		北欧環境保護条約（環境保護に関するデンマーク，フィンランド，ノルウェー及びスウェーデンの間の条約）採択（1976発効）
		発がん性物質規制条約採択（1976発効）
1976		アピア条約（南太平洋における自然保全に関する条約）（1990発効）
		セベソ事件（化学工場爆発）
		ライン川塩化物汚染防止条約採択（1985発効）
1977		大気汚染・騒音・振動規制条約採択（ILO148条約）（1979発効）
		国際砂漠化防止会議（ナイロビ）
1978		パリーラ烏事件発効
	.2	バルセロナ条約（地中海汚染防止条約）採択のための国際会議（1978発効）
	.12	ライン川化学汚染防止条約（1979発効）
		海洋汚染防止条約（1973年の船舶による汚染の防止のための国際条約に関する1978年の議定書）
1979		第1回世界気象会議（ジュネーブ）
		世界気象機関（WMO）の世界気象計画の開始
	3.28	アメリカ合衆国ペンシルバニア州スリーマイル島で加圧水型原子炉（PWR）事故
		長距離越境大気汚染条約の締結（1983年発効）
		ベルン条約採択（ヨーロッパにおける野生動物及び自然生息地の保全に

	関する条約）（1982発効）
	ボン条約（移動性野生動物種の保全に関する条約）採択（1979発効）
1980	核物質の防護に関する条約署名（1987発効）
	南極の海洋生物資源の保存に関する条約採択（1982発効）
1981	南東太平洋環境保護条約採択（1986発効）
1982	国連海洋法条約（海洋法に関する国際連合条約）採択（1994発効）
	環境と開発に関する世界委員会（賢人会議）
	国連人間環境会議10周年記念会合（ナイロビ宣言）
	国連での世界自然憲章採択
.9	OECD：セベソ事件を機に廃棄物の越境移動管理について検討を開始
1983	国際植物遺伝資源取決め採択
1984	ボパール事件発生（インド）（化学工場爆発事故）
.10	OECD：OECD域内における有害廃棄物の越境移動の管理に関する決定・勧告
.12	EC：セベソ指令〔有害廃棄物の越境移動の管理に関する指令〕採択（1989より実施）
1985	ヘルシンキ議定書（硫黄の排出または越境移動の少なくとも30％削減に関する1979年長距離越境大気汚染条約議定書の作成（1987発効）
	アセアン自然保全協定（未発効）
	南極上空のオゾンホール発見を公表
	オゾン層保護のためのウィーン条約採択（1988発効）
.5	アフリカ統一機構（OAU），有害廃棄物のアフリカ持込禁止を決議
.6	OECD：有害廃棄物の越境移動に関する国際協定の作成等について決定
1986.4.26	ソビエト連邦チェルノブイリ原発事故発生
	原子力事故の早期通報に関する条約署名（1986発効）
	原子力事故又は放射線緊急事態の場合における援助に関する条約署名（1987発効）
	南太平洋環境保護条約（南太平洋地域の自然資源及び環境の保護に関する条約）採択（1990発効）
.6	OECD：OECD域外への有害廃棄物の輸出に関する決定・勧告
.11	USA：独自に越境移動の事前通告制度の実施
.11.1	ライン川汚染事件（サンドス化学工場火災，シュヴァイツァーハレー火災事故）
1986頃より	ナイジェリアのココ事件など，欧米よりアフリカ，中南米諸国への有害廃棄物の輸出の顕在化
1987	国連・環境と開発に関する世界委員会の報告「われら共有の未来」で「持続可能な開発」を提唱
	オゾン層を破壊する物質を規制するモントリオール議定書の成立（1989

		発効)
1987.6		UNEP：カイロ・ガイドライン（有害廃棄物の環境保全上適正な管理に関するガイドライン）決定
	.10	UNEP：ブダペスト会議で条約案の作成検討を開始
1988.2		UNEP：ジュネーブで特別作業部会の開催。以後，カラカス（88.6），ジュネーブ（88.11），ルクセンブルグ（89.1），バーゼル（89.1）で開催
		北海のアザラシの大量死事件
		国連環境計画とWMOによる「気象変動に関する政府間パネル」（IPCC）の設置
		ソフィア議定書（窒素酸化物又はその越境移動の規制に関する1979年長距離越境大気汚染条約議定書）作成（1991発効）
		南極の鉱物資源活動の規制に関する条約採択
	.12	OECD：環境委員会において有害廃棄物の越境移動に関する協定案まとまる
1989.1		OECD バーゼル条約：有害廃棄物の越境移動に関する決議
	.3	UNEP：バーゼル条約（有害廃棄物の越境移動問題に対処するためのバーゼル条約）採択外交会議（バーゼル）
		アラスカでエクソン・バルディーズ号による原油流失事故
		南太平洋地域において長距離流し網を用いる漁法を禁止する条約採択（1991発効）
1990		第2回世界気候会議（ジュネーブ）
		OPRC条約（1990年の油による汚染に係る準備，対応及び協力に関する国際条約）採択（1995発効）
		わが国の政府方針「地球温暖化防止行動計画」地球サミットで公約
1991.1		アフリカ統一機構：バマコ条約（有害廃棄物のアフリカへの輸入の禁止及びアフリカ内の有害廃棄物の国境を越える移動及び管理の規制に関する条約）採択（1998発効）
		OECD：回収作業を目的とする廃棄物の国境を越える移動の規制に関する理事会決定
		湾岸戦争でのペルシャ湾原油による汚染
		ジュネーブ議定書（VOC議定書）（揮発性有機化合物の排出又は越境移動の規制に関する1979年長距離越境大気汚染条約議定書）作成（1997発効）
		米加大気質協定の成立・発効
		ドルフィン・ツナ事件（海洋哺乳動物の保護とキハダマグロの漁法）
		環境保護に関する南極保護議定書採択（1998発効）
1992		気候変動枠組条約（気候変動に関する国際連合枠組条約）採択と155ヵ国署名（1994発効）

		国連環境開発会議（地球サミット，リオデジャネイロ）
		アジェンダ21
	.5.5	UNEP：バーゼル条約発効
	.6	環境と開発に関するリオデジャネイロ宣言
		産業事故による越境影響に関する条約（2000発効）
		OSPAR条約（北東大西洋海洋環境保全条約）採択（1992発効）
		北大西洋における溯河性魚類の系群の保存のための条約採択（1993発効）
		バルト海環境保全条約採択（2000採択）
		生物多様性条約（1993発効）
		黒海汚染防止条約（1994発効）
		森林に関する原則声明
		バーゼル条約不遵守手続の採択（議定書第4回締約国会合）
1993		ルガノ条約（環境上危険な活動による損害に関する民事責任条約）採択
	.9	UNEP：日本バーゼル条約に加入
		化学兵器の開発，生産，貯蔵及び使用の禁止並びに廃棄に関する条約採択（1997発効）
		エスポ条約（越境環境評価条約）採択（1997発効）
		公海上の漁船による国際的な保存・管理措置の遵守を促進するための協定採択
	.12.16	日本：「特定有害廃棄物等の輸出入等の規制に関する法律」施行
	.12	エイシアン・レア・アース事件上告審判決
1994		原子力の安全に関する条約署名（1996発効）
		国連海洋法条約発効
		オスロ議定書（硫黄の排出の更なる削減に関する1979年長距離越境大気汚染条約議定書）の作成（1998発効）
		国際熱帯木材協定採択（1997発効）
		深刻な干ばつ又は砂漠化に直面する国（特にアフリカの国）において砂漠化に対応するための国際連合条約採択（1996発効）
1995		ワシントン陸上起因海上汚染防止行動計画
		国連社会開発サミット（コペンハーゲン）
		国連世界女性会議（北京）
	.7	日本：国連海洋法条約発効
	.9	UNEP：第3回締約国会議においてバーゼル条約改正決議（OECD加盟国からの非OECD加盟国への輸出禁止）
1996		ライン川船舶廃棄物条約
		国連人間居住会議（イスタンブール）
		世界食糧サミット（ローマ）
		海洋生物資源の保存及び管理に関する法律

1996	HNS条約（有害及び有害物質の海上輸送の賠償責任及び補償に関する国際条約）採択
1997.1	島根県隠岐島沖，ロシア船籍のタンカー「ナホトカ号」による大規模な油流失事故
	使用済み燃料・放射性廃棄物管理安全条約採択（2001発効）
.6	UNEP：アジェンダ21の更なる実施のためのプログラムの作成
	原子力損害に対する補完的補償に関する条約（未発効）
	気候変動に関する国際連合枠組条約第3回締約国会議（＝COP3）で京都議定書採択
1998.2	第4回バーゼル条約締約国会議開催（マレーシア）（条約の規制対象及び規制対象外の廃棄物を示すシルトを付属書として採択）
	地球温暖化対策の促進に関する法律の制定
	オースフス条約（環境に関する情報の取得，環境に関する決定過程への公衆参加及び司法救済に関する条約）（2001発効）
	環境刑法条約（刑法による環境保護のための条約）採択
	PIC条約（ロッテルダム条約）（特定有害化学物質・農薬の国際取引に関する事前通報同意条約）採択
1999	イェーテボリー議定書（酸性化，富栄養化及び地上レベルオゾン低減のための1979年長距離越境大気汚染条約議定書）作成
.12	UNEP：民事損害賠償責任議定書（有害廃棄物の国際移動及び処分に伴う損害に対する責任及び補償に関する議定書）の採択，「環境上健全な管理に関するバーゼル宣言」
	HNS議定書（有害及び有毒物質による汚染事故に対する準備，対応及び協力に関する議定書）採択
2000	国連ミレニアム・サミット
	生物安全議定書（生物多様性条約の下の生物安全性に関するカルタヘナ議定書）採択
	中部太平洋高度回遊性魚種保全管理条約
.11	UNEP：バーゼル条約作業部会による紛争解決メカニズムの分析
2001	POPs条約（残留性質有機汚染物質に関するストックホルム条約）採択
	燃料油濁損害民事責任条約採択
	公開漁業協定発効
	COP7（モロッコ）最終合意（京都議定書の最終合意）
2002	日本京都議定書を批准
	環境開発サミット（ヨハネスブルク）

索　引

▶あ 行

RCRA　215
アジェンダ21　206
アフリカ統一機構　209, 232
アムステルダム条約　222
安保条約(＝日米安保条約)　51
EU 環境法　220
意思　185
１号請求　123, 124, 128, 129
一般的規則　156
一般廃棄物処理施設　7
違法侵害説　14
違法性二段階説　5, 48
違法性の承継　125
違法性減殺事由　84
医療廃棄物　212
宇宙船地球号　203
宇宙飛行士経済　203
叡知的存在相　177
越境移動規制論　232
越境移動禁止論　232
NIMBY 症候群　200
エンバイロテック　272
欧州自由貿易連合(EFTA)　228
欧州連合条約　222
汚染三物質　41
汚染者負担原則　224
汚染に国境なし　202
おもいやり　277
温山病　286

▶か 行

カイロ・ガイドライン　231
カウボーイ経済　203
加害行為地と結果発生地の選択連結　295
隔地的不法行為　266
格率　185, 192
かけがえのない地球　204
ガットを緑に　226
カテゴリー　167
神　188

仮処分　14, 15
仮処分申請人　15
仮処分被申請人　14
環境アセスメント　17, 21
環境安全確保　268
環境監査　219
環境危険　267
環境基準値　39
環境基本法　96
環境行政　95
環境行政訴訟　97
環境共有の法理　74
環境権　95, 107
環境権説　14
環境市民訴訟　109
環境上適正なる管理　239
環境訴訟　97
環境損害　267
環境と開発に関する世界委員会　205
環境への負荷　95, 96
環境保護に関する北欧条約　268
慣習国際法　267
感性の形式　164
間接強制　40
間接的差止請求　53, 68
キアン・シー号事件　210
機能説　291
義務　154
義務づけ訴訟　53, 116, 117, 118, 119
共感　140
強制執行　40
強制執行の免除　281
行政訴訟　98
京都会議　264
京都議定書　264
業務統括地　286
金銭賠償　1
空港管理権　50
国の供用施設　62
「国の支配の及ばない第三者の行為」　55
グローバル・コモンズ　267
軍事高権　274
経験的存在相　177
経済協力開発機構　213

継続的合意形成条項　239
契約，不法行為等の準拠法に関する法律試案　292
結果発生地　284
結果発生地主義　294
嫌悪施設　7
原告適格　75, 102, 103, 104, 105, 106, 107, 108
現象　164
現状回復　2
現代型訴訟　91
「権利侵害から違法性へ」　81
権利的構成　76
行為の善価値性　142
行為の適切性　142
「公害健康被害の補償等に関する法律」　29
公害訴訟　97
公共性　5
航空機騒音　47
航空行政権　50
公健法(＝公害健康被害の補償等に関する法律)　29
「公権力」の行使　52
公定力　55, 66
国際環境法　267
国際慣習法　59
国際裁判管轄権　282
国連環境計画(UNEP)　202, 203
国連国際行動計画　205
国連人間環境会議　203
ココ事件　209
悟性による綜合的認識　165
個別的因果関係　42

▶さ 行

最高存在者・神　178
財務会計上の行為　122, 123, 124, 125, 126
差止　2
差止違法　82
差止請求　128
差止訴訟　280
差止と権利的構成　14
差止と不法行為的構成　14
差止の法的構成　14
産業廃棄物処理施設　7
産業廃棄物の不法投棄　12

三権分立　65
思惟する主観　170
恣意選択　176, 185
資源保護回復法　213, 215
事後的アプローチ　230
事後的差止　2, 297
自己の有利な法の選択　294
施設の公共性・公益性　14
施設の社会的有用性　14
事前的アプローチ　230
事前的差止　2
自然の摂理　146, 156
自然の創造主　153, 155, 157
事前防止措置原則　224
持続可能な開発　205
持続可能な開発委員会　207
執行停止　109, 110
執行不停止原則　109
実践的自由　186
実践理性　163, 184
司法制度改革審議会　89, 90
「司法の壁」　62
司法判断適合性　49
社会的有用性　82
自由　172, 184, 192
終局的差止　2
集団的因果関係　42
住民訴訟　122, 123
主権免除法　280
ジュゴン　275
受忍限度　5
受忍限度論的利益考量　5
シュレーダー首相　249
循環型社会形成推進基本法　92
純粋悟性概念　167
純粋不法行為説　14
渉外的不法行為　265
処分性　99, 100, 101, 102
人格権説　14
新国際経済秩序　269
新受忍限度論的不法行為説　14
心神・霊魂　171, 188
スーパーファンド法　213, 218
ストックホルム会議　204
ストックホルム宣言　204
正義　150
制限主権免除　278

索 引　309

制限的免除主義　59
成長の限界　202
世界実施文書　249
積極行政　94, 95
絶対権　41, 76
絶対主権免除　272
絶対免除主義　59
セベソ事件　208, 290
善意の購入者の抗弁　219
善行・徳義　152
潜在的責任当事者　219
全部差止　82
相関関係説　80
綜合的命題　182
「損害賠償から差止へ」　3
損害賠償責任議定書　239

▶た　行

代位請求　128, 129
第一次的判断権　118, 119
代替執行　40
対象認識の三様態　165
多国間環境条約(MEA)　229
地位協定(＝日米地位協定)　52, 274
地球環境保護　267
地球サミット　202
中間的差止　2
抽象的差止請求　39
抽象的不作為請求　5
ツナ・パネル　228
鉄道騒音　47
統治行為(論)　51
道路騒音　47
徳論　190
都市型大気汚染　28
トリー・キャニオン号　270
取消訴訟　99

▶な　行

ナホトカ号事件　270
ニース条約　222
日米地位協定　60
人間環境宣言　202, 204
人間中心主義　300

▶は　行

バーゼル条約　210
廃棄物処理行政　93, 94
廃棄物処理施設　7
廃棄物処理法(廃棄物の処理及び清掃に関する法律)　7, 91, 93, 94, 101
賠償違法　82
発生源での対応原則　224
バマコ条約　232
被害発生の蓋然性　17
被告適格　53
非財務会計行為　122
日の出一般廃棄物処分場　200
「不可分一体」論　67
不作為の違法確認訴訟　116
物権的請求権説　14
部分差止　82
不法行為地の決定　271
不法行為の構成　76
不法行為の準拠法　271
ブルントラント　205
分析的命題　182
紛争解決メカニズム　241
平穏生活権　16
米軍機の差止請求　276
偏在理論　292
返戻　101
法　192
防衛行政権　51
貿易と環境に関する委員会(CTE)　227, 269
法律上の利益　103
法律上保護された利益説　103, 106, 107, 108
法例11条　292
法論　190
北米自由貿易協定(NAFTA)　228
保護に値する利益　107
保護に値する利益説　107, 108
ボパール化学工場事故　286

▶ま　行

無条件的なもの　169
物自体　164

「門前払い」判決　68

▶や　行

有害廃棄物の越境移動　201
ヨーロッパの司法空間　284
予防原則　221
4号請求　123, 128, 129, 130, 131

▶ら　行

ラブ・キャナル事件　218
利益考量（衡量）論　80
リオ宣言　206
理論理性　168
類型説　291
累積的適用主義　271
レイチェル・カーソン　202
劣化ウラン弾　287

▶わ　行

枠組条約　268
われら共有の未来　206

執筆者紹介 （掲載順）

田口文夫（たぐち・ふみお）
　1949年生まれ。専修大学大学院法学研究科博士課程単位取得退学。現在，専修大学法学部助教授。専攻，民法（財産法）。
　『講説　民法（債権各論）』（分担執筆，不磨書房，1999），「不法行為に基づく損害賠償請求権と長期の期間制限（一）（二）」（『民事法の諸問題　Ⅶ』専修大学法学研究所紀要17号，1992），専修法学論集58号（1993），「共同不法行為の要件論とその再構成」専修法学論集33号（1981）。

平田和一（ひらた・かずいち）
　1951年生まれ。名古屋大学大学院法学研究科博士課程退学。現在，専修大学法学部教授。専攻，行政法。
　「フランスにおける行政裁判所の判決の執行」専修法学論集45号（1987），「フランスにおける行政改革」（『現代行政法の理論』所収，法律文化社，1991），「『司法改革』と行政訴訟」法律時報72巻1号（2000）。

坂本武憲（さかもと・たけのり）
　1950年生まれ。北海道大学大学院法学研究科修士課程修了。現在，専修大学法学部教授。専攻，民法（財産法）。
　「請負契約における所有権の帰属」『民法講座　5巻』有斐閣，1985），「「意思自律の原則」についての一考察」（『日本民法学の形成と課題（上）』星野英一先生古稀記念，有斐閣，1996），「序説・カント哲学における法と権利」（『民法学と比較法学の諸相』山畠正男・五十嵐清・藪重夫先生古稀記念，信山社，1998）。

編者・矢澤曻治（やざわ・しょうじ）
　1948年生まれ。東北大学大学院法学研究科博士課程退学。現在，専修大学法学部教授，弁護士（第二東京弁護士会所属）。専攻，国際私法・国際民事訴訟法。
　『カリフォルニア州家族法』（国際書院，1989），『ハワイ州家族法』（国際書院，1992），『フランス国際民事訴訟法の研究』（創文社，1995）。「バーゼル条約の紛争解決のメカニズム」（『民事法の諸問題　Ⅹ』専修大学法学研究所紀要26号，2001），「国際破産事件における市民債権者の保護」（『倒産法体系』弘文堂，2001）。

専修大学社会科学研究所　社会科学研究叢書4
環境法の諸相
――有害産業廃棄物問題を手がかりに

2003年3月31日　第1版第1刷
2005年8月5日　第1版第2刷

編　者	矢澤　昇治	
発行者	原田　敏行	
発行所	専修大学出版局	
	〒101-0051　東京都千代田区神田神保町3-8-3	
	㈱専大センチュリー内	
	電話　03-3263-4230㈹	
印　刷	電算印刷株式会社	
製　本		

Ⓒ Shoji Yazawa et al.　2003 Printed in Japan
ISBN 4-88125-140-6

◎専修大学出版局の本◎

専修大学社会科学研究所　社会科学研究叢書

①グローバリゼーションと日本
専修大学社会科学研究所 編　　　　　　　　　Ａ５判　本体3500円

②食料消費のコウホート分析―年齢・世代・時代―
森 宏 編　　　　　　　　　　　　　　　　　Ａ５判　本体4800円

③情報革新と産業ニューウェーブ
溝田誠吾 編著　　　　　　　　　　　　　　　Ａ５判　本体4800円

④環境法の諸相―有害産業廃棄物問題を手がかりに―
矢澤昇治 編　　　　　　　　　　　　　　　　Ａ５判　本体4400円

⑤複雑系社会理論の新地平
吉田雅明 編　　　　　　　　　　　　　　　　Ａ５判　本体4400円

社会保障の立法政策
坂本重雄　　　　　　　　　　　　　　　　　Ａ５判　本体6800円

クリントンの時代―1990年代の米国政治―
藤本一美　　　　　　　　　　　　　　　　　Ａ５判　本体2800円

学校から職業への迷走
―若年者雇用保障と職業教育・訓練―
中野育男　　　　　　　　　　　　　　　　　Ａ５判　本体2800円